Messung der Oberflächengüte

Ihre praktische Anwendung auf die Funktion zusammenarbeitender Teile

Von

Dr.-Ing. Georg Schlesinger †

ehemals Professor an der Technischen Hochschule
Berlin-Charlottenburg

Mit 154 Abbildungen
und vielen Zahlentafeln

Springer-Verlag Berlin Heidelberg GmbH
1951

ISBN 978-3-642-49051-4 ISBN 978-3-642-92560-3 (eBook)
DOI 10.1007/978-3-642-92560-3

Ursprünglich erschienen bei Springer-Verlag OHG., Berlin/Gottingen/Heidelberg 1951
Softcover reprint of the hardcover 1st edition 1951

Vorwort.

Die Werkstätten des Maschinen- und Instrumentenbaus wollen Erzeugnisse hoher Arbeitsgüte herstellen. Die einzelnen Teile müssen daher nicht nur die gleichen Abmaße in zulässigen Grenzen besitzen, sondern auch eine Oberflächengüte aufweisen, die den Anforderungen der künftigen Zusammenarbeit zweier Teile, mögen sie mit Spiel-, Gleit- oder Ruhesitzen zusammenarbeiten, genügt.

20 Jahre emsiger Entwicklungsarbeit aller technisch hochstehenden Völker haben Prüfverfahren und Instrumente geschaffen, die das schwierige Gebiet theoretisch und praktisch gründlich geklärt haben. Zahlreiche Werkstätten auf dem europäischen Festland, in England und in den Vereinigten Staaten machen entweder von einer richtigen Messung der „O-Güte“ oder doch von einem beurteilenden Vergleich der Werkstücke mit erprobten Musterteilen Gebrauch. Wir stehen allerdings vor der merkwürdigen Tatsache, daß die eine Gruppe von Forschern die O-Güte allzu genau und schwierig feststellen will und daher ihre Einführung und Verbreitung hemmt, die andere Gruppe der Nur-Praktiker sie immer noch als überflüssig ansieht, weil die Schlosser im Zusammenbau von Gruppen oder fertigen Maschinen eine unerläßliche Zusatzarbeit von Hand doch leisten müssen, ohne die Maschinen nun einmal nicht zum einwandfreien Laufen gebracht werden können.

Hier liegt der springende Punkt der kommenden Entwicklung. Ist zweckmäßige und gleichförmige O-Güte, hervorgebracht durch Maschinen, der letzte Schritt zum wahllosen Austauschbau, der die Handarbeit des Schlossers praktisch ausschaltet, so muß er richtig vorbereitet und dann auch gemacht werden. Der Konstrukteur muß daher in der Lage sein, die erforderliche O-Güte aller wichtigen Teile auf der Zeichnung vorzuschreiben und zusammen mit den Betriebsleuten, in der Arbeitsvorbereitung und in den Werkstätten, die Schlichtverfahren anzugeben, die unter Berücksichtigung des vorhandenen Maschinenparkes jeweils bestgeeignet für die Ausführung sind.

Es ist sicher richtig, daß sich diese Angaben auf das wirklich nötige Mindestmaß erstrecken müssen, die Zeichnungen dürfen nicht mit Ziffern und Symbolen überladen werden, sondern sie sollen nur das wirklich Notwendige enthalten. Vor allem aber ist in den künftigen Normvorschriften über O-Güte jeder Hinweis auf konstruktive Eigenheiten bestimmter Meßinstrumente zu unterlassen, die vielleicht morgen schon überholt sind.

Daraus ergibt sich das dringende Bedürfnis nach sicheren Kenntnissen über erprobte O-Güte von erstklassigen Maschinenteilen aus möglichst vielen guten Industrien. Das sind die Oberflächen von Teilen, die ihre Aufgabe als arbeitende Elemente bereits erfüllt haben, sei es von vornherein beim Einbau durch den Schlosser, sei es nach einer kurzen Einlaufszeit, aber ohne daß die Menschenhand mit irgendeinem Hilfsinstrument die von der Maschine hergestellte O-Gestalt und O-Güte verändert hat.

In sehr ähnlicher Weise wie vor rd. 50 Jahren die ersten brauchbaren Grenzwerte für die Passungssysteme durch Betriebsaufnahmen in führenden Fabriken festgestellt wurden, die dann in den folgenden Jahrzehnten zu der heute international anerkannten ISA-Normung ausgebaut wurden, ist vor etwa 10 Jahren vom Verfasser eine umfassende Messung erprobter O-Güten von wichtigen Teilen hochstehender Industrien in England im Auftrage der ,,Institution of Production Engineers, London" durchgeführt worden.

In der Hauptsache bestand diese Prüfung in der zahlenmäßigen Ermittlung der mittleren Rauhigkeit (h_{rms} oder h_{ave}*), der größten Rauhigkeitstiefe (h_{max}) und der Formfaktoren für Material (F_1) und Höhlungen (F_2). Ein kleiner Teil der Arbeit war der beurteilenden Vergleichsprüfung gegen geeichte Musterstücke gewidmet.

Es unterliegt kaum einem Zweifel, daß die Zukunft beiden Möglichkeiten gehört. Je nach Art und Größe des Betriebes werden entweder anerkannte Maßzahlen als objektive Wertungsziffern oder gemessene Musterteile als Vergleichsgegenstände gewählt werden. Hauptsache ist, daß die vorgeschriebene Prüfart schnell, zuverlässig und billig angewendet werden kann.

Die erwähnten Teile wurden vom Verfasser zusammen mit den Produktionsleitern der Fabriken so ausgewählt, daß sie einen wirklichen Querschnitt der Fabrikationsgüte der Werkstatt gaben. Es wurden naturgemäß nur erstklassige Firmen hinzugezogen und meist solche Oberflächen gemessen, die bereits eingelaufen waren, oder von denen man sicher war, daß sie *die* Oberfläche darstellten, die von der betreffenden Werkstatt als normal angesehen wurde. Vier Assistenten bzw. Arbeiter waren bei der Durchführung der Messungen von 1939 bis 1940 tätig.

---

* *ave* = Abkürzung für average = Durchschnitt oder mittel; *rms* = root mean square = Wurzel aus mittleren Quadraten. h_{rms} ist in den Vereinigten Staaten, h_{ave} in England in Gebrauch; es ist der durch elektrische Integration gemessene Mittelwert.

An Industrien waren vertreten:

1. Flugzeugbau, 2. Automobilbau, 3. Lastwagen, 4. Teile von Eisenbahnfahrzeugen, 5. Werkzeugmaschinen, 6. Elektrische Maschinen und Ausrüstungen, 7. Zahnräder, 8. Genauigkeitsinstrumente, 9. Rollenlager, 10. Lehren, 11. Endmaße und Meisternormstücke.

Außerdem wurde die Wirkung einiger Kühlmittel nach Art und Konzentration auf die O-Güte untersucht, besonders bei Feinschleifarbeiten, die ja stets naß ausgeführt werden.

Die Werkstattsinstrumente, die 1940 zur Messung benutzt wurden, sind heute grundsätzlich die gleichen geblieben, sind aber naturgemäß im Laufe der Jahre bis 1949 erheblich vervollkommnet worden.

Es wurden drei richtig durchkonstruierte Taster-Instrumente: Abbotts Profilometer, Brush Surface-Analyser, Talysurf, und von den optischen Apparaten: das Lichtschnitt-Mikroskop von Schmaltz nebeneinander, und sich gegenseitig kontrollierend, zur Messung derselben Oberflächen benutzt.

Die optischen Vergleichsinstrumente für Schnellprüfung ohne zahlenmäßige Messung wurden unter Benutzung geeichter Meisterstücke in üblicher Weise verwendet.

In den letzten Jahren hat eine sehr eingehende, wissenschaftliche, öffentliche Erörterung der vorhandenen Prüfgeräte und der zweckmäßigen Meßmöglichkeiten sowohl auf dem Kontinent, vor allem in Deutschland und Frankreich, aber auch in England und den Vereinigten Staaten stattgefunden. Das verfügbare Schrifttum in Zeitschriften und Büchern ist so reichhaltig und tiefgründig, daß es vielfach das praktische Ziel dieses neuen Teils der Betriebswissenschaft überschattet und es so schwierig erscheinen läßt, daß, wie oben erwähnt, manche Werkstattspraktiker abgeschreckt werden, ihre bisher erprobten Arbeits- und Vergleichsverfahren zugunsten einer schwer durchführbaren, zahlenmäßigen Abschlußprüfung aufzugeben. Und doch muß der abschließende Schritt zur O-Messung des gewissermaßen „letzten Schliffes" gemacht werden. Dazu soll dieses Buch die Anregung geben.

In den ersten grundlegenden Abschnitten des Buches sind manche Verfahren, Begriffe und Meßeinheiten als dem Leser bekannt angenommen worden, auf die erst später im einzelnen eingegangen wird. Eine gewisse Vorkenntnis der Oberflächenkunde wird vorausgesetzt; die später, überall folgenden genauen Begriffsbestimmungen mögen dann nicht als Wiederholungen angesehen werden, sie sollen die Vertiefung der anfänglich nur gestreiften Angaben bilden.

Die im Anschluß an die Messung der O-Güte durchgeführte Vervollkommnung der Hauptarbeitsverfahren, wie Feindrehen und Bohren sowie Feinstschleifen (Läppen, Honen und Superfinish), sind in besonderen Abschnitten zusammengefaßt.

Zum Schluß wird über die Anwendung der O-Güte-Messung zur Auffindung der günstigsten Arbeitsbedingungen beim Feinschlichten durch Drehen und Schleifen berichtet.

Die Wiedergabe der englischen Betriebsstatistik beschränkt sich auf eine gedrängte Übersicht der noch nicht veralteten Ergebnisse von 1941 als Grundlage und berichtet dann über die Entwicklung der Verfahren und Ergebnisse bis heute, insbesondere bringt sie die heutige Anwendung und Kontrolle der damals gemachten Vorschläge in der Praxis, ihre Abänderungen und Fortentwicklung in England und den Vereinigten Staaten.

Der Hauptnachdruck ist auf die praktische Anwendung der O-Messung für zusammenarbeitende Teile gelegt worden. Hier liegt ihr erzieherischer Wert sowohl bei der Herstellung der Einzelteile als auch bei der Durchorganisation des ganzen Betriebes. Alle Anweisungen zur Ausführung müssen daher in solcher Form gegeben werden, daß ohne schwierige und zeitraubende Neuerungen das hohe Ziel der O-Messung zwangläufig erreicht wird: „Unbeschränkte, d. h. wirkliche Austauschbarkeit, maschinell bearbeiteter, maschinenfertiger Teile in der Einzel-, Reihen- und Massenfabrikation unter Wahrung des Sparsamkeitsprinzips durchzuführen."

Wembley-London, Oktober 1949.

G. Schlesinger.

Inhaltsverzeichnis.

I. Grundlagen und Begriffe.

Bei der Herstellung von Maschinen, sei es einzeln, in Reihen- oder in Massenfabrikation, muß der Arbeiter in Dreherei, Hobelei, Fräserei, Schleiferei usw. Einzelstücke herstellen, wobei er in der Regel nicht weiß, in welchem Zusammenhang die von ihm anzufertigenden Stücke mit der vollendeten Maschine stehen. Infolge der Arbeitsteilung zwischen Stückherstellung und Zusammenbau hat der Arbeiter an der Werkzeugmaschine die Aufgabe, mit gegebenen Mitteln ein austauschbares und maschinenfertiges Stück herzustellen, da bei der Anfertigung einer Anzahl gleicher Stücke jedes einzelne für irgendeine Maschine oder ein Gerät der herzustellenden Reihe verwendbar sein muß.

Die Austauschbarkeit der Arbeit verlangte bisher vor allem, daß die Größenabmessungen, z. B. jedes wichtigen Absatzes einer vielgestuften Welle od. dgl., in bestimmten zulässigen Grenzen gleich sind. Diese Grenzen sind beispielsweise in dem ISA-Passungssystem für alle Ruhe- und Bewegungssitze (vgl. Zahlentafel 17) als Maßeinheit mit 0,001 mm $= 1\ \mu$ ($=$ 1 Mikron) festgelegt.

Die zweite Bedingung der *maschinenfertigen* Arbeit verlangt, daß das Stück von der letzten Bearbeitungsmaschine, die die arbeitende Oberfläche fein schlichtet, so geliefert wird, daß tunlichst jede zusätzliche Handarbeit durch den Schlosser oder Monteur ausgeschaltet wird. Bei gehärteten Stücken ist das ohnedies nicht anders möglich, aber auch weiche Stücke sollen von der Hand des Arbeiters. etwa durch Feile, Schaber oder Schmirgelleinwand nicht mehr berührt werden, weil dadurch nicht nur ihre Größe verändert und ihre äußere Form beschädigt werden kann, sondern die Güte der Oberfläche unter allen Umständen leidet. In den meisten Werkstätten erfolgt aber heute noch die Abnahme der O-Güte durch Arbeiter, Meister und Revisor mittels Auge oder Finger. Das Bestreben geht jedoch dahin, das an den Arbeiter gebundene (qualitative) Sehen und Fühlen durch eine wirkliche zahlenmäßige (quantitative) Messung zu ersetzen.

In der Zeit von 1931 bis heute haben in den Vereinigten Staaten, auf dem Kontinent und in England Bestrebungen Platz gegriffen mit dem Ziel, durch Verwendung zuverlässiger Meßgeräte Verfahren zu entwickeln, um die feingeschlichtete Oberfläche durch eine zahlenmäßig meßbare und international vergleichbare Maßeinheit, dargestellt durch eine oder mehrere Maßzahlen, auf ihren Verwendungszweck hin zu kontrollieren.

Die Oberfläche muß eben so gut ausfallen, daß der zu erwartende Verschleiß von Spindel und Lager oder von Zapfen und Büchse, der Profilkurve von kämmenden Zahnrädern usw. bei dem nötigen Lagerspiel für Laufsitze und der zulässigen Pressung für Festsitze in erträglichen Grenzen bleibt, d. h. eine lange Lebensdauer zusammenarbeitender Teile verbürgt.

Die Genauigkeit der Größenabmessung ist seit jeher Aufgabe der Passungssysteme gewesen, die Güte der Oberflächen hängt von ihrer Rauhigkeit und Tragfähigkeit ab. Dazu ist es nötig:

1. die Hauptfaktoren zu kennen, die eine gute Oberfläche kennzeichnen;

2. eine wirkliche Betriebsgrundlage zu beschaffen, die die Größenordnung der heute in den Werkstätten üblichen Rauhigkeitsgrade in enger Verbindung mit den möglichen Feinschlichtverfahren sichert.

Zur Durchführung einer Betriebsuntersuchung (vgl. S. 88) als sichere praktische Grundlage wurde, wie im Vorwort erwähnt, eine richtige Aufnahme in wichtigen Zweigen der hochentwickelten englischen mechanischen Industrie durchgeführt; d. h. es wurde durch tatsächliche Messung der Rauhigkeit von Oberflächen wichtiger Maschinenteile festgestellt, mit welchem Gütegrad gearbeitet wurde, um erfahrungsgemäß zufriedenstellende Ergebnisse zu zeitigen. Die in 20 Fabriken ausgesuchten Teile wurden vom Verfasser und seinen Mitarbeitern in dem früheren Versuchslaboratorium der Institution of Production Engineers in Loughborough (England) einer systematischen Oberflächenmessung unterzogen. Sämtliche Teile (meist eingelaufen) wurden ohne besondere Vorbereitung aus der laufenden Fabrikation entnommen; sie stellten einen guten Durchschnitt hoher Herstellungsgüte von wichtigen Oberflächen dar.

Da die verfügbaren Oberflächenmeßinstrumente bei Durchschnittsmessungen (elektrischer Integration) meist nur kleine Strecken von etwa 3 bis 6 mm Länge bestreichen, die für die Beurteilung von großen und eigenartigen Oberflächen, wie z. B. 6hübigen Kurbelwellen (vgl. Abb. 57), usw. naturgemäß nicht ausreichen, um die ganze Oberfläche zu beurteilen, so wurden durchschnittlich 6 bis 10 zweckmäßig über die ganze Oberfläche verteilte Messungen gemacht, so daß schließlich im ganzen etwa 6000 Einzeluntersuchungen vorlagen, die nach dem System der Häufigkeitskurven (vgl. Abb. 15) gewertet und dann zu einem Normvorschlag (vgl. Zahlentafel 5) vereinigt wurden. Es war das eine Art Großzahlforschung, die in dieser Form wohl zum ersten

Male für die O-Normung der Qualitätsindustrie eines technisch hochentwickelten Landes angewendet worden ist. Sie ist nach meiner Meinung die einzige Möglichkeit, eine erste wirklich brauchbare, praktische Unterlage für die Weiterentwicklung des überaus schwierigen Problems zu schaffen, Oberflächen so zu messen, daß die erzeugten Teile maschinenfertig geliefert werden können.

Die späteren Ergänzungen, die der Verfasser in den Jahren 1944 bis 1949 selbständig durchgeführt und besonders durch einen Besuch in USA 1946 vorbereitet hat, betreffen die Verfeinerung der Arbeitsmethoden und die Entwicklung der benutzten Meßinstrumente. Das Ziel ist, überall festzustellen, ob ein geliefertes Stück von vornherein brauchbar, d. h. austauschbar in den Abmaßen und maschinenfertig in bezug auf die Oberfläche, d. h. unbeschränkt verwendungsfähig, ist.

II. Erzeugung und Gestaltung der Oberfläche[1].

Die Vorgänge bei der Bearbeitung entscheiden über die Art der Oberfläche. Es genügt für unseren Zweck, zunächst nur die zerspanende Formgebung zu betrachten.

Die Darstellung einer z. B. durch Hobeln bearbeiteten Fläche (Abb. 1) zeigt augenfällig, daß eine Unterscheidung getroffen werden muß zwischen der Rauhigkeit in der Schnittrichtung (Längsrauhigkeit L_1 L_2) und der Rauhigkeit in der Richtung quer dazu, d. i. meist in der Vorschubrichtung (t) des Werkzeuges (Querrauhigkeit V_1 V_2).

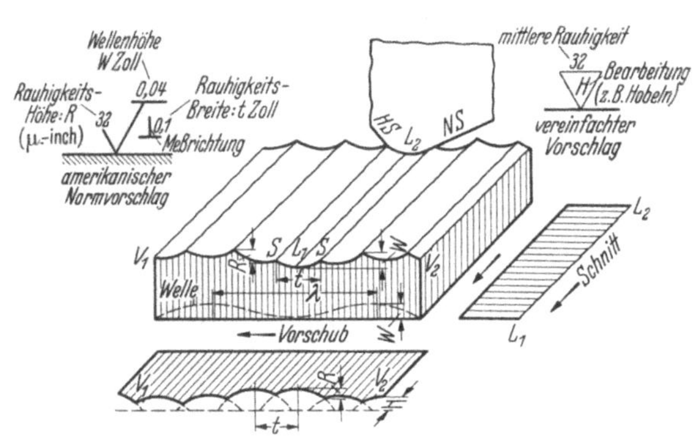

Abb. 1. Form der Oberfläche.
Vorschub (t), Rauhigkeitstiefe (R), Wellenlänge (λ), Welligkeitshöhe (W), Schnittiefe (H), Symbole: amerikanischer Normvorschlag — vereinfachter Vorschlag.

Die Längsrauhigkeit hängt im wesentlichen von dem Bildungsprozeß der Späne vor der Schneide ab, das ist der eigentliche Zerspanungsvorgang. In zweiter Linie wird sie durch eine elastische Verformung des Werkstücks, des Werkzeugs und der Werkzeugmaschine beeinflußt.

[1] Schmaltz, G.: Technische Oberflächenkunde. Berlin: Springer 1936. Rosenhain u. Sturney: Proc. Instn. Mech. Engrs., Lond. 1925, Bd. 1, S. 141. F. Schwerd: Stahl u. Eisen Bd. 51 (1931) S. 481; Z. VDI Bd. 76 (1932) S. 1527.

Wenn die Schnittrichtung gradlinig ist, wie beim Hobeln und Stoßen, so verlangt ihre Messung keine besonderen Einrichtungen der gebräuchlichen Oberflächenmeßgeräte. Wenn sie dagegen kreisförmig ist wie beim Drehen und Schleifen oder z. B. bei Zahnrädern Evolventenform hat, so sind bei den zwangläufig geführten Fühlerinstrumenten besondere Einrichtungen notwendig, um den Verlauf der Längsrauhigkeit zu verfolgen (vgl. S. 65).

Die Querrauhigkeit kann angenähert aus der Form des Meißels und seiner Bewegung zum Werkstück abgeleitet werden. Sie wird erst in zweiter Linie von den Verformungsvorgängen bei der Zerspanung bestimmt.

Die Profilkurve (vgl. Abb. 10b) zeigt die Kerben eines Diamantdrehstahles beim Vorschlichten einer Kupferdruckwalze mit 0,06 mm Vorschub und 9 μ-inch = 0,225 Mikron (vgl. Zahlentafel 1) Rauhigkeit. In der Mehrheit der Fälle wird die Rauhtiefe (R), d. i. die senkrechte Tiefe der Vorschubkerbe, quer zur Schnittrichtung gemessen, weil sie am leichtesten erfaßbar ist. Die Rauhigkeit als Mittelwert gemessen, ist aber von der Zahl der Vorschubkerben je Meßlänge abhängig, daher scheint die Bezeichnung Rauhigkeit als Ergebnis von Rauhtiefe und Vorschub treffender zu sein.

Die Messung erfolgt beim Drehen und Schleifen parallel zur Achse des Stückes in Vorschubrichtung und erfordert in der Regel keine zusätzlichen Apparate. In Abb. 1 sind zwei Schnitte durch das bearbeitete Werkstück gelegt. Die Profilkurve L_1L_2 in der Längsrichtung hat meist eine feine Oberfläche, sie läuft hier parallel zur Hauptführung der Werkzeugmaschine, die bei guten Hobelmaschinen sehr sorgfältig und sauber ausgeführt ist. Der Schlichtspan wird in der Regel mit großer Geschwindigkeit und mit geringer Tiefe genommen und verursacht keine großen Kräfte, die etwa das Werkstück verformen können.

Das Profil der Schnittfurche in der Vorschubrichtung V_1V_2 dagegen ist beim Hobeln, Drehen usw. gegeben durch die Form der Schneide und die Vorschubteilung (t), die der Entfernung zweier Oberflächenspitzen (S) entspricht. Die Profilkurve längs oder quer entsteht durch die Spur[1], die die Hauptschneide „*HS*“ und die Nebenschneide „*NS*“ auf dem Werkstück hinterlassen.

Es leuchtet daher ein, daß beim Messen der Rauhigkeit, wie oben erwähnt, in der Vorschubrichtung die verbleibende Rillenhöhe (Rückstand) R — nicht zu verwechseln mit der Spantiefe H — und die Vorschubteilung (t) die Gestalt der erzeugten Oberfläche und den Grad der Rauhigkeit im wesentlichen bestimmen.

In manchen englischen Veröffentlichungen ist die Vorschubteilung (t) mit Oberflächenwelle bezeichnet worden. Von der Länge dieser

[1] Vgl. H. KLOPSTOCK: Berichte des Versuchsfeldes für Werkzeugmaschinen, Heft 8, Berlin 1926.

„Welle“ sind insbesondere die elektrisch registrierenden und integrierenden Fühlerinstrumente abhängig. Man findet sie als „selektives Wellenband“ (wavelength, cut-off, waveband) bezeichnet, da der Arbeitsbereich, in dem diese Fühlerinstrumente richtig anzeigen, auf eine Höchstteilung (t) des Vorschubes begrenzt ist. Werden auf der Oberfläche längere Wellen erzeugt, als es die Abstimmung des Instrumentes erlaubt, so ergeben die Integralmessungen falsche Anzeigen. Da verschiedene Instrumente verschiedene Wellengrenzlängen (cut-off) benutzen können, so darf man sich nicht wundern, wenn unter Umständen für dieselbe Oberfläche von drei verschiedenen Fühlerinstrumenten drei ganz verschiedene Rauhigkeiten angegeben werden. Moderne Fühlerapparate geben dem Benutzer in der Regel drei obere einstellbare Vorschubgrenzen zur Benutzung für Integralmessungen: z. B. 0,01 — 0,03 — 0,1 Zoll = 0,25 — 0,75 — 2,5 mm, die sicher für den ganzen Bereich der Vorschlicht- und Feinschlichtarbeiten ausreichen dürften, aber natürlich von Fall zu Fall richtig eingestellt werden müssen. Für die Aufschreibung von Profilkurven trifft diese Einschränkung nicht zu; sie zeigen alle Einzelheiten stets richtig an, da sie ja nicht elektrisch integrieren, d. h. automatische Mittelwerte (h_{rms} oder h_{ave}, vgl. S. 32) anzeigen.

Wir wollen im folgenden unter der „Welligkeit“ einer Oberfläche nur solche Wellen verstehen, die vom zwangläufigen Vorschub unabhängig sind, die gewissermaßen vom Zufall abhängen und immer unerwünscht sind (Abb. 1 — W für Strecke $V_1 - V_2$). Ursachen solcher Zusatzwellen können sein: 1. ein zu großer Schnittdruck, der die Form des Werkstückes verändert; 2. unstarre Einspannung des Werkzeuges; 3. zu schwacher Werkzeugschaft; 4. Nachgiebigkeit oder Schwäche der tragenden Maschinenteile; 5. Erzitterungen und Resonanzerscheinungen, hervorgerufen durch Unbalanz schnell kreisender Teile, wie Spindeln, Scheiben, Räder usw.

Die amerikanischen Begriffsbestimmungen der ASA-Norm von 1947 lauten:

„*Rauhigkeit* (R) entspricht den relativ fein verteilten Oberflächenunregelmäßigkeiten. Die Rauhigkeit von Oberflächen, die durch die Abhebung von Spänen und durch Schleifarbeit geschlichtet wurden, wird durch Unregelmäßigkeiten als Folge der Schneidtätigkeit von Werkzeugschneiden und Schleifkörnern und durch den Vorschub der Maschine hervorgebracht. Die Rauhigkeit ist also einer gegebenenfalls vorhandenen welligen Oberfläche überlagert (vgl. Abb. 1 u. 3).

Welligkeit: Wellen (W) sind Unregelmäßigkeiten der Oberfläche, deren waagerechte Zwischenräume (λ) größer sind als die der Rauhigkeitsvorsprünge (t). Solche Unregelmäßigkeiten können auf bearbeiteten Flächen erzeugt werden, durch Verformungen der Werkzeugmaschine, des Werkstücks, der Werkzeugbefestigung oder durch Vibrationen des ganzen Systems usw. Auch innere Spannungen und Verformungen können das gleiche Ergebnis haben.

Meßrichtung: Die Meßrichtung soll der vorherrschenden Form der Oberfläche folgen (= parallel zur Schnittrichtung; $\perp$ senkrecht zur Schnittrichtung).“

Es muß festgestellt werden, daß weder diese allgemeinen Begriffsbestimmungen des amerikanischen Normblattes noch die wenigen dort gegebenen Ziffern über die Rauhigkeits- und Welligkeitshöhe (vgl. S. 39) dem Konstrukteur, der Werkstatt und dem Revisor einen brauchbaren Anhalt geben, wie er nun eigentlich eine bestimmte Arbeit so anzuordnen beziehungsweise so auszuführen und zu prüfen hat, daß sie den gewollten Zweck erfüllt. Die durch eine unerwünschte Ursache hervorgerufene Welligkeit (W) soll man vermeiden oder beseitigen. Das ist oft sehr schwer. Die Vorschubmarken (t) aber sind als etwas Unabänderliches abhängig von der Form der Werkzeugnase gegeben.

Da die meisten Schlichtvorschübe zum Beispiel beim Feindrehen mit Diamanten und auch Hartmetallen keinesfalls größer als 0,1 bis 0,2 mm (0,004 bis 0,008 Zoll) für eine Umdrehung des Werkstückes gewählt werden und die guten Oberflächenmeßinstrumente ihr Wellenband in dieser Grenze, oft bis 0,4 mm, halten, so soll im folgenden auf diese Fehlermöglichkeit nicht weiter eingegangen werden. Das ist Sache des korrekten Instrumentenbaues. Die Verformungsvorgänge interessieren uns hier nicht als solche, sondern nur in ihrer Wirkung auf die Quer- und Längsrauhigkeit. Man muß sich darüber klarwerden, daß auch abgerundete Meißel beim Drehen und Hobeln am Rande der Spanfurche Material anstauchen können, ferner, daß der Werkstoff keineswegs gleichförmig ist, daß vielfach einzelne Kristalle oder auch zusammenhängende Körner herausgerissen, verformt, zerquetscht und wieder zusammengestaucht[1] werden können. Dazu kommen dann die Unregelmäßigkeiten in der Führung der arbeitenden Teile. Hier bildet die Lagerung der Arbeitsspindel der Werkzeugmaschine eine Hauptfehlerquelle entweder für das nachgiebige Werkstück (Drehbank) oder für das auf dem Dorn unstarre Werkzeug (Fräsmaschine). Das gleiche gilt von der Bewegung des Arbeitsschlittens, der entweder das Werkzeug (Drehbank) oder das Werkstück (Fräsmaschine) trägt.

Aus diesen Betrachtungen geht hervor, daß ein Normblatt über Oberflächengüte nicht nur Angaben über die Rauhigkeit und Welligkeit der Oberfläche enthalten muß, sondern auch eine Vorschrift über die zweckmäßige Meßrichtung, die mit der Bewegung und Führung des erzeugten Werkstückes eng zusammenhängt. Das amerikanische Symbol (Abb. 1 links) schlägt drei Ziffern für Rauhigkeitstiefe (rms-μ-inch), Rauhigkeitsbreite (Zoll-linear), Welligkeitshöhe (Zoll-linear) als erforderlich vor, die leicht zur Überladung der Zeichnung führen und Anforderungen an die Kenntnisse des Konstrukteurs stellen, die er selten haben dürfte. Der vorläufige englische Vorschlag (Abb. 1 rechts) enthält nur Rauhigkeit und Verfahren, ist einfach und durchführbar (vgl. S. 40).

[1] SWIGERT, A., u. D. WALLACE: Story of Superfinish — Lynn Publishing Co., Detroit 1940: Fragmented, Smear, Non-Crystalline Amorphous Metal.

III. Anforderungen an das Werkstück.

A. Abmessungen.

Der Konstrukteur ist in allen Fällen für die richtige Auswahl des Materials für ein Werkstück verantwortlich. Er kennt die Beanspruchung, die ein Stück auszuhalten hat und bestimmt daher zuerst die Abmessungen des Stückes auf Grund der auftretenden Kräfte. Dann wählt er das Material aus, für dessen Auswahl nicht nur die Festigkeit, sondern auch die elastische Widerstandsfähigkeit gegen fortgesetzte mechanische (Dauerwechselfestigkeit) und chemische Einflüsse maßgebend ist. Für Maschinen, die in trockener Luft arbeiten, genügen normale Metalle, für solche, die in feuchter, z. B. Seeluft, arbeiten, müssen Metalle gewählt werden, die den nötigen Widerstand gegen Korrosion entgegensetzen. Das gilt auch insbesondere für alle Einrichtungen, die in chemischen Fabriken benutzt werden, wo Säuren, Alkalien usw. Schaden anrichten können, oder die starken Staub entwickeln.

Im allgemeinen ist der Widerstand gegen Abnutzung, hervorgerufen z. B. durch Reibung, einer der Hauptfaktoren guter Oberflächenbeschaffenheit. Von Einfluß sind daher:

1. die richtige Größenbemessung;
2. die metallurgisch-chemische Zusammensetzung der Werkstoffe;
3. ihre physikalischen Eigenschaften;
4. die zweckmäßige Oberflächengüte.

In der ganzen Welt haben wissenschaftliche Untersuchungen und eine weitgehende Normung der chemischen Bestandteile der Metalle entsprechend dem Verwendungszweck und ihrer physikalischen Eigenschaften, wie Festigkeit, Dehnung und Härte, stattgefunden.

Für die zuverlässige Oberflächenkennzeichnung dagegen liegen brauchbare Normen noch nicht vor, auch nicht in dem hier fortgeschrittensten Lande, den Vereinigten Staaten von Amerika. Aber es wird in Amerika, England und auf dem europäischen Festlande sehr ernsthaft daran gearbeitet, für die Oberflächengüte Richtlinien aufzustellen, die praktisch brauchbar sind und hoffentlich von vornherein international anerkannt werden. Dazu ist es nötig, die Bedingungen zu kennen, die von Fall zu Fall über die Oberflächengüte entscheiden. Ihre richtige Wahl ist in der Mehrheit der Fälle von außerordentlicher Wichtigkeit und entscheidend für die richtige Funktion zusammenarbeitender Teile.

Bisher hat man sich damit begnügt, die Passung, ob Spiel- oder Ruhesitz, vorzuschreiben. Damit glaubte man auch die Feinheit der Oberfläche gekennzeichnet zu haben. Man hat es aber dann dem Schlosser beim Zusammenbau einzelner Gruppen und dem Monteur bei der Fertigstellung der Maschine überlassen, die endgültigen Einpaßarbeiten meist von Hand vorzunehmen, die oft sowohl bei den Spiel- als den

Ruhesitzen erforderlich waren, um die zuverlässige Funktion des eingebauten Elementenpaares zu sichern. Spindel und Lager mußten zusammenlaufen, einerseits ohne unzulässig erwärmt zu werden oder gar zu fressen, andererseits ohne zu großes Spiel zu zeigen, das sich dann in Vibration oder (bei Werkzeugmaschinen) Ungenauigkeit der hergestellten Stücke zeigte. In vielen Fällen entschied die Größenordnung der Reibung zwischen den beiden Teilen. Zu viel Reibung ergab zunächst Abnutzung, dann Zerstörung des Elementenpaares, zu viel Spiel zu ungenaue Ergebnisse. In beiden Fällen mußte verhütet werden, daß sich die beiden Metalle von Lager und Welle berührten, also trockene Reibung verursachten. Es muß dann zwischen beide eine Schmierflüssigkeit eingeführt werden, die das Vorhandensein flüssiger Reibung sichert.

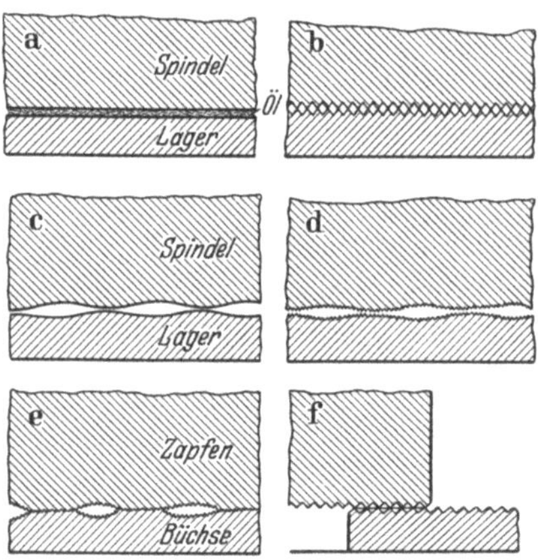

Abb. 2 a–f. *Spielsitze:* a glatt und eben; b rauh und eben; c glatt und wellig; d rauh und wellig; *Festsitze:* e rauh und wellig; f rauh und eben.

Um das Zusammenwirken von Rauhigkeit und Welligkeit eindeutig zu klären, sei hier als einfaches Beispiel eine Spindel bzw. ein Zapfen im Lager oder in der Büchse besprochen (Abb. 2a–f).

Abb. 2a zeigt glatte und ebene Abgrenzungen für beide Teile, ein idealer Fall, der in der Wirklichkeit weder für Spiel- noch für Ruhesitze vorkommt. In Abb. 2b haben beide Teile feine, gleichmäßige Querrauhigkeiten, die eben verlaufen, ein Fall, der bei feinen Schlichtarbeiten die Regel bildet. Diese Querrauhigkeit wird in der Regel durch die Nase eines Werkzeuges erzeugt und hängt von dem Radius der Abrundung ab. Abb. 2c setzt eine wellige, aber glatte Oberfläche voraus. Spindel und Lager berühren sich nur in wenigen Punkten, ein Fall, der häufig genug vorkommt, wenn die Arbeitsbedingungen ungünstig sind. Abb. 2d entspricht mehr der Wirklichkeit, sie zeigt die Überlagerung der feinen Rauhigkeiten über vorhandene Wellen.

Zu diesen vier Spielsitzen kommen die Ruhesitze (Abb. 2e) mit einer welligen und rauhen Oberfläche und einem Völligkeitsgrad von etwa 30% und der Preßsitz (Abb. 2f) für ebene, aber rauhe Oberflächen, abgeleitet aus Abb. 2b, mit einem Formfaktor von etwa 60%, der durch gutes Schleifen stets erreichbar ist.

Die Werkstatt muß danach streben, mit den Oberflächenformen von Abb. 2b–f auszukommen, da der ideale Fall „a“ nur selten erzielbar sein wird.

Die Oberfläche eines Körpers stellt somit die Grenzschicht dar, die ihn einmal nach außen hin in sich abschließt, dann den ganzen Körper von dem mit ihm zusammenarbeitenden Teile trennt wie das Lager von der Welle, den Schlitten vom Bett.

Wir sind gewohnt, die Größe der Grenzfläche zweidimensional zu messen, d. h. bei einer Ebene: Länge und Breite, bei einem Zylinder: Durchmesser und Länge usw. anzugeben und kommen mit diesen beiden Größenangaben auf der Zeichnung aus, so daß die Werkstatt den gezeichneten Körper richtig ausführen kann.

Die Güte einer Oberfläche ist aber nicht an die Flächenausdehnung eines Körpers gebunden, sondern, wie erwähnt, an die Feststellung, ob sie rauh oder glatt, eben oder wellig ist, und daher müssen wir als dritte Maßgröße die Tiefe der Bearbeitungsfurche einführen, die zusammen mit der Breite des Werkzeugvorschubs den Gütegrad der Oberfläche kennzeichnet.

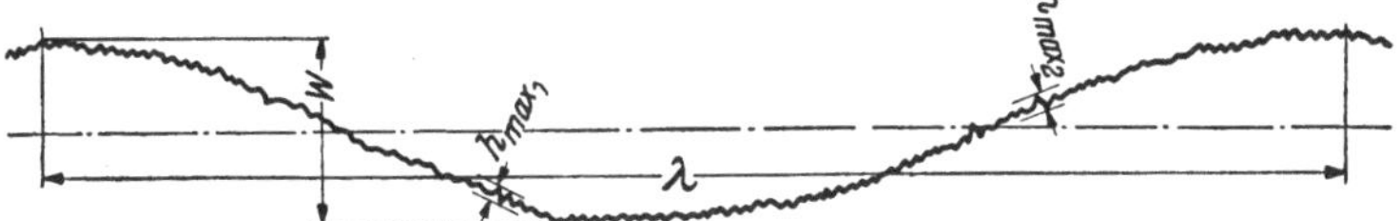

Abb. 3. Sehr feine Oberfläche mit großer Welligkeit.
Mittelwert h_{ave} = 1 μ-inch = 0,025 Mikron (elektrisch integriert).
Höchsttiefe h_{max} = 5 μ-inch = 0,125 Mikron (linear).
Wellenhöhe W = 40 μ-inch = 1,0 Mikron (linear).
Wellenlänge λ = 280 μ-inch = 7,0 Mikron (linear).

Die mittlere (h_{ave}*) Rauhigkeit (Abb. 3) fein geschlichteter Flächen ist so gering, verglichen z. B. mit den feinsten Grenzmassen der Passungen, daß sie eine besondere ausführliche Erklärung rechtfertigt.

Als Maß der Rauhigkeit wird in metrischen Ländern der tausendstel Millimeter (1 Mikron = 1 μ) als recht grobe Einheit, in den Zoll-Ländern aber mit Recht der viel feinere millionstel Zoll (0,000001 Zoll = 1 Mikroinch oder 1 μ-inch = 1 μ'') als Feinmaß benutzt. Das ist wohl der einzige Fall, in dem eine zöllige Maßeinheit kleiner ist als das metrische Maß für den gleichen Zweck. Es ist nun:

$$1 \text{ Mikron} = 40\,\mu\text{-inch};$$

$$1\,\mu\text{-inch} = \frac{1}{40}\text{Mikron} = 0{,}025 \text{ Mikron}.$$

Da aber in den metrisch messenden Ländern bisher noch keine Normung der Oberflächengüte und Meßeinheiten besteht, während in den Vereinigten Staaten und England als konventionelle Meßeinheit von $h_{mittel\ (ave\ \text{und}\ rms)}$ der μ-inch = 0,000001 Zoll einheitlich in der Praxis und im Schrifttum verwendet wird, so soll in diesem Buch der μ-inch

* $h_{ave} = h_{average} = h_{mittel}$.

Zahlentafel 1. Umrechnungswerte von μ-inch in Mikron sowohl für lineare (h_{max}) als auch für Mittelwerte (h_{mittel}, *ave*, *rms*).

μ-inch	Mikron	μ-inch	Mikron	μ-inch	Mikron
0,25	0,0063	19	0,475	80	2
0,50	0,0125	20	0,5	90	2,25
0,75	0,0188	21	0,525	100	2,5
1	0,025	22	0,55	110	2,75
2	0,05	23	0,575	120	3
3	0,75	24	0,60	125	3,13
4	0,100	25	0,625	160	4
5	0,125	28	0,70	200	5
6	0,150	30	0,75	240	6
7	0,175	32	0,80	250	6,25
8	0,20	35	0,875	300	7,5
9	0,225	38	0,95	400	10
10	0,25	40	1	500	12,5
11	0,275	42	1,05	600	15
12	30	45	1,13	700	17.5
13	0.325	50	1,25	800	20
14	0,35	55	1,37	900	22,5
15	0,375	60	1,50	1000	25
16	0,40	63	1,57	—	—
17	0,425	70	1,75	—	—
18	0,45	75	1,87	—	—

Einheiten:

1 μ-inch = 0,000001 Zoll = 0,025 Mikron
= 0,000025 mm

1 Mikron = 1 μ = 0,001 mm = 40 μ-inch
= 0,00004 Zoll

ebenfalls verwendet werden, unter Angabe des metrischen Gegenwertes, wo es nötig ist.

Die Zahlentafel 1 gibt die Umrechnungswerte von μ-inch in Mikron, verwendbar sowohl für lineare als für Mittelwertmessungen (*ave* und *rms*). Abb. 4b, a–l zeigen Profilkurven der Ergebnisse der verschiedenen üblichen Bearbeitungsverfahren mit ihrer Anwendung auf einen im Schnitt gezeigten Automobilmotor (Abb. 4a). Die Kurven sind mittels eines Tasterinstrumentes verzerrt gezeichnet mit einer Größenverzerrung von 2000fach senkrecht zu 20fach waagerecht.

Abb. 4a.

Erfahrungsgemäß gewöhnen sich sowohl Arbeiter wie Revisoren und Wissenschaftler des Laboratoriums sehr schnell daran, diese Kurven trotz ihrer Verzerrung richtig zu lesen und zu werten. Es gibt kein anderes Mittel, um über die Schwierigkeit hinwegzukommen, überaus feine

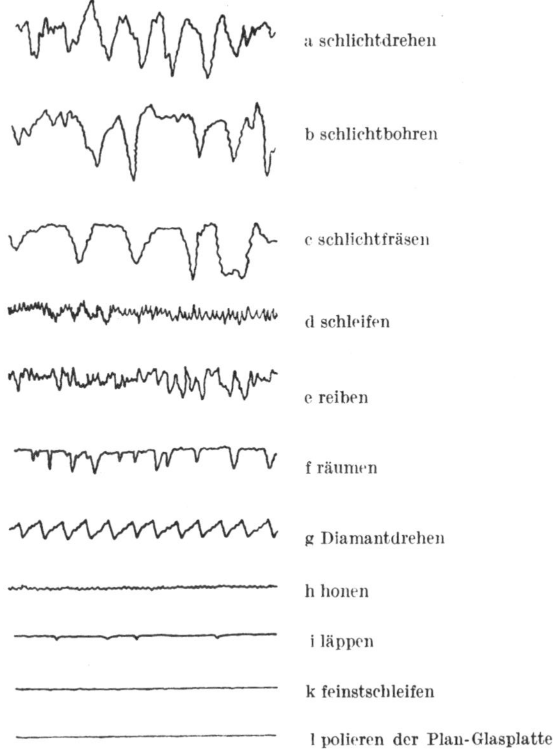

Abb. 4b a–l.
Profilkurven von gebräuchlichen Arbeitsverfahren, verwendet in einem Automobilmotor.
Vergrößerungen: senkrecht 2000 mal, waagerecht 20 mal.
c, f, i–l zeigen oben flach begrenzte Vorsprünge, die gut tragen (40—90% Tragfläche).
a, b, d, e, g zeigen scharfe Vorsprünge, die durch Einlaufen oder Nachschlichten (h—l) abgeflacht d. h. abgerieben werden müssen (zunächst 25—35% Tragfläche).
h, i, k, l sind Feinstflächen mit 60—95% Traganteil.

Rauhtiefen von z. B. 1 μ-inch = 0,025 Mikron mit einem waagerechten Vorschub von 120 μ-inch = 3 Mikron (sehr fein) sinnfällig zu verknüpfen. Abb. 3 zeigt eine wirkliche, aufgenommene wellige Kurve, die eine sehr feine mittlere Rauhigkeit $h_{mittel} = 1\,\mu$-inch = 0,025 Mikron, eine größte Rauhtiefe (an einigen Stellen) von $h_{max} = 5\,\mu$-inch = 0,125 Mikron, eine Welligkeitshöhe von $W = 40\,\mu$-inch = 1 Mikron, bei einer Wellenlänge von „λ" = 280 μ-inch = 7 Mikron zeigt.

Abb. 5a und b zeigen eine wellige Oberfläche einmal mit 200facher, dann mit 50facher waagerechter Vergrößerung mit demselben Instru-

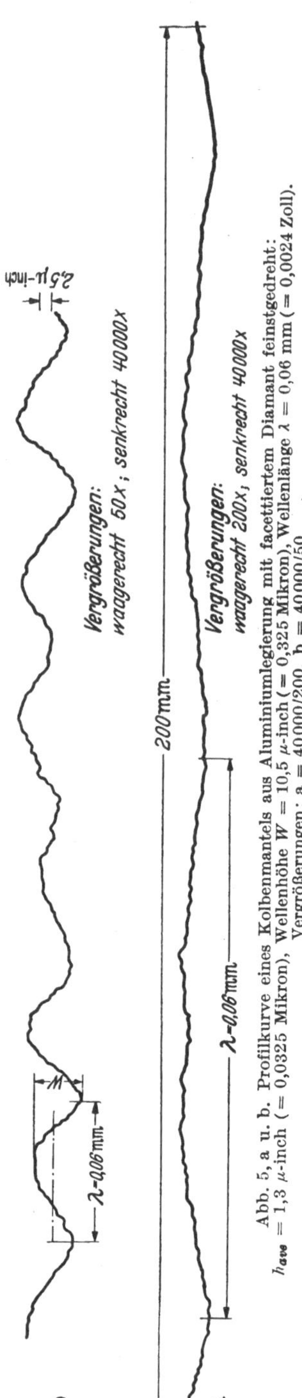

Abb. 5, a u. b. Profilkurve eines Kolbenmantels aus Aluminiumlegierung mit facettiertem Diamant feinstgedreht: h_{ave} = 1,3 μ-inch (= 0,0325 Mikron), Wellenhöhe W = 10,5 μ-inch (= 0,325 Mikron), Wellenlänge λ = 0,06 mm (= 0,0024 Zoll). Vergrößerungen: a = 40000/200, b = 40000/50.

ment aufgenommen, das diese Umschaltung 1 : 4 schnell gestattete. Der Wert der unabhängigen Einstellung von der 40000fachen senkrechten (Rauhtiefe) zu der 200fachen waagerechten (Vorschub und Welligkeit) Vergrößerung wird offenbar, ebenso der beiden im Verhältnis 4 : 1 (200 : 50) wirkenden waagerechten Vergrößerungen, von denen die kleinere die Schädlichkeit der Welligkeit besonders eindringlich aufzeigt. Würde man senkrechte und waagerechte Vergrößerung gleich (optische Messung) machen, so wäre die „Welle" bei Streckung im Verhältnis $\frac{40000}{200} = \frac{200}{1}$ zwar kaum sichtbar, aber der Schlosser würde ihre schädliche Wirkung beim Einlaufen sehr schnell merken.

B. Zweckmäßige O-Güte: Makro- und Mikrogeometrie.

Da jede Oberfläche, die durch Spanabhebung erzeugt wird, die Spuren der Herstellung durch Vorsprünge und Vertiefungen zeigt (Abb. 4b, a–l), so kommt es darauf an, auf dieser rauhen Oberfläche nur solche Rauhigkeiten zuzulassen, die nach Form und Zahl genügen, um z. B. bei Spielsitzen, Schmierflüssigkeiten festzuhalten oder den Ölkeil zu bilden und so reine flüssige Reibung zu sichern. Dazu müssen die Oberflächen so glatt und so eben sein, daß eine Tragfläche entsteht, die ausreicht, um den spezifischen Flächendruck, hervorgerufen durch die z. B. in einem Lager wirkenden Kräfte, ohne Veränderung des Gefüges, auszuhalten (vgl. S. 155).

Den Traganteil der Oberfläche nennt man auch Völligkeitsgrad und mißt ihn durch einen Formfaktor (F), der die mittlere Höhe (h_m) der Rauhigkeitsvorsprünge von der Grundlinie aus zu der größten Flächenhöhe H ins Verhältnis setzt:

$F = \frac{h_m}{H}$ (Abb. 6) und der zwischen 30% (schlichtgedreht) und 90% (Superfinished), wie die beiden Beispiele beweisen, schwanken kann.

Für Ruhesitze dagegen, bei denen metallische Berührung, also trockene Reibung, Voraussetzung für das richtige Arbeiten ist, mag es ein Schiebe-, Keil-, Preß- oder Schrumpfsitz sein, liegen die Verhältnisse, vom Gesichtspunkt der Reibung aus gesehen, anders. Büchse und Zapfen (Abb. 2f) z. B. sind miteinander so fest zu verbinden, daß die Reibung zwischen beiden ausreicht, um kleine oder unter Umständen sehr große Kräfte zu übertragen, z. B. bei der aufgeschrumpften Bandage eines Eisenbahnrades. Jedoch muß auch hier der Formfaktor so groß gewählt werden, daß an den Tragflächen der beiden zusammengepreßten Teile trotz rein trockener Reibung keine Zerstörung eintritt, wenn sie dem Arbeitsdruck im Fahrdienst ausgesetzt werden.

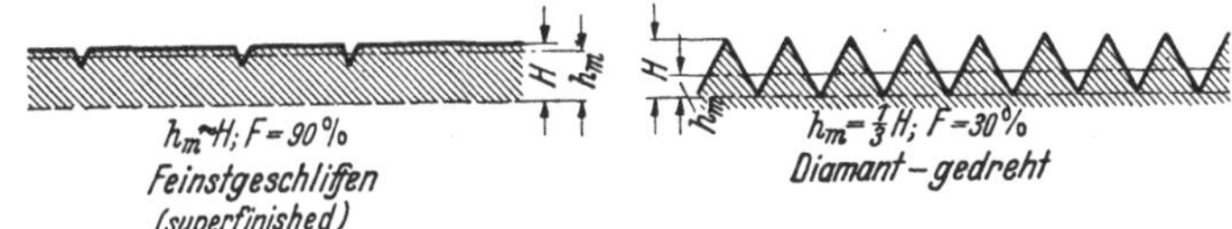

Abb. 6. Formfaktor.

Für die Größe der Tragfläche ist es wesentlich, daß die unvermeidlichen Flächenrauhigkeiten parallel zur Bezugsfläche liegen; das mag eine ebene Fläche, ein Zylinder, ein Kegel, eine Zahnevolvente oder sonstige Form sein, während jede zusätzliche Welligkeit soweit wie irgend möglich ausgeschlossen sein muß, weil sie die Berührung zweier Teile unter Umständen auf einzelne Punkte verringert, auch wenn die Oberflächen selbst glatt (vgl. Abb. 2c) sind. Es sind also die beiden Fundamentalbedingungen zusammenarbeitender oder ruhender Teile (Abb. 2a–f) gekennzeichnet durch 1. Ebenheit, 2. Glattheit.

Die Ebenheit, d. i. der Ausschluß von Welligkeit irgendwelcher Form, ist von hervorragender Bedeutung für den Völligkeitsgrad. Die Glätte, d. i. die Verringerung der Rauhigkeit, ist von geringerer Bedeutung, weil sie durch das Einlaufen bewegter Teile ähnlicher Gestalt und richtiger Lage unter allen Umständen verbessert und schließlich vollendet wird, entweder durch künstliches oder durch Einlaufen hervorgerufenes Abreiben der Vorsprünge oder durch Verlagerung der vorspringenden Teile in die benachbarten Täler (verquetschen, rollieren usw.). Bei ausgesprochener Welligkeit findet sehr häufig nicht nur kein Einlaufen im obigen Sinn statt, sondern es kann vorkommen, daß auch sehr glatte, aber wellige Oberflächen Gegenwellen im zugehörigen Teil erzeugen, die sich zunächst in Vibration und dann in weitgehender Zerstörung der Oberfläche äußern können. Rauhigkeitsunregelmäßigkeiten durch irgendeine Vorschubteilung sind unvermeidlich, sie sind daher auch welligen Oberflächen stets überlagert (vgl. Abb. 3). Die Rauhigkeiten feingeschlichteter Oberflächen liegen in der Regel zwischen 0,5 und 160 μ-inch (= 0,0125 und 4 Mikron); sie liegen durchweg im mikrogeometrischen Meßgebiet. Gröbere Rauhigkeiten als 160 bis 250 μ-inch = 4 bis 6 Mikron dürften nur statistisches Interesse haben. In den Werkstätten der Feinmechanik und des guten Maschinenbaues finden sie nur ausnahmsweise Verwendung.

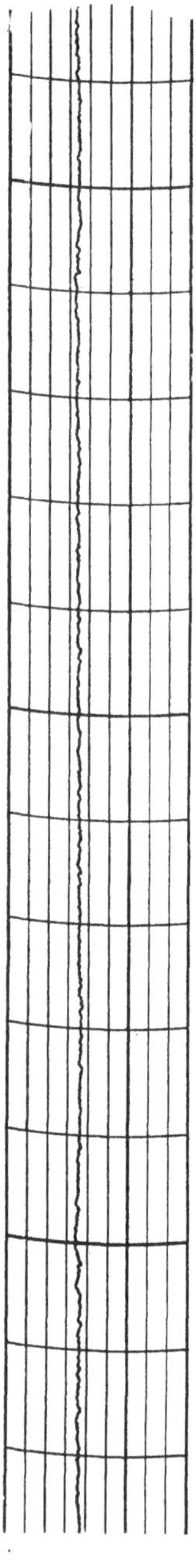

Abb. 7a. Proficorder-Kurve eines Endmaßes. (Physicists Research Company-Ann Arbor, Mich.) 10000 mal senkrecht, 50 mal waagerecht. I_{rms} = 1 μ-inch.

Bei den Untersuchungen, die Verfasser von 1940 bis 1949 hat ausführen lassen, hatte keine Spindel und Lager, keine zusammenarbeitenden guten Zahnräder usw. eine größere mittlere Rauhigkeit als h_{mittel} = 63* μ-inch. Nur die Radbandagen rollender Eisenbahnwagenräder hatten, schlichtgedreht, eine Rauhigkeit h_{mittel} = 160 μ-inch = 4 Mikron, die aber schon nach eintägiger Laufzeit auf die Hälfte (80 μ-inch = 2 Mikron) heruntergewalzt und nach einer Dienstwoche auf die endgültige Laufrauhigkeit von 8 bis 10 μ-inch (=0,2 bis 0,25 Mikron) geglättet (eingelaufen) waren.

Um 0,4 bis 2 μ-inch = 0,01 bis 0,05 Mikron als Rauhigkeit, z. B. feiner Endmaße, sichtbar (Abb. 7a, b) zu machen, verwendet man senkrechte Vergrößerungen von mindestens 10000 mal bis 100000 mal und sieht dann im Profilbild noch Höhen von 0,25 bis 2,5 mm.

Die Rauhigkeit von 160 μ-inch = 4 Mikron einer schlichtgedrehten betriebsfertigen Eisenbahnradbandage wird bei 2000 facher Vergrößerung mit 8 mm Höhe in der Profilkurve sichtbar.

Alle diese Größen gehören in das Gebiet der Mikrogeometrie, Welligkeiten dagegen kommen oft bis in das Gebiet der richtigen Größenabmaße; sie sind meist schon durch normale Schraublehren, das ist makrogeometrisch nachweisbar (vgl. Abb. 3 u. 5).

Die Abnutzung durch Einlaufen vergrößert in allen Fällen das Spiel zwischen Zapfen und Bohrung, Spindel und Lager usw. Eine Vorschubmarke von 0,025 mm ($\simeq$ 0,001 Zoll) ist wohl bereits die unterste Grenze beim Diamantdrehen; sie steigt in der normalen Dreherei meist bis 0,1 mm = 0,004 Zoll für Schlichtarbeiten. Eine Vergrößerung von 20 bis 200

* 63 gehört zu den Normzahlen (preferred numbers).

ist hier schon reichlich. Sie würde die waagerechte Wellengröße (Vorschub) von 200mal 0,025 = 5 mm bis 200mal 0,1 = 20 mm (oder mit 20mal 0,1 = 2 mm) deutlich sichtbar machen.

Wird aber bei der Herstellung verlangt, daß ein mit dem gleichen Nennmaße bezeichneter Körper, z. B. ein Vollzylinder von 50 mm Durchmesser, verschiedene Funktionen ausführen soll, Spielsitz im Lager oder Festsitz in einer Büchse, so müssen zahlenmäßig solche Abweichungen vom Nennmaße angegeben werden, z. B. bei Einheitsbohrung 50 − 0,020 mm (laufend) oder 50 + 0,026 mm (fest), daß die verlangte Funktion eintritt. Diese verhältnismäßig großen geometrischen Toleranzabweichungen, die mit gewöhnlichen Werkstattinstrumenten festgestellt

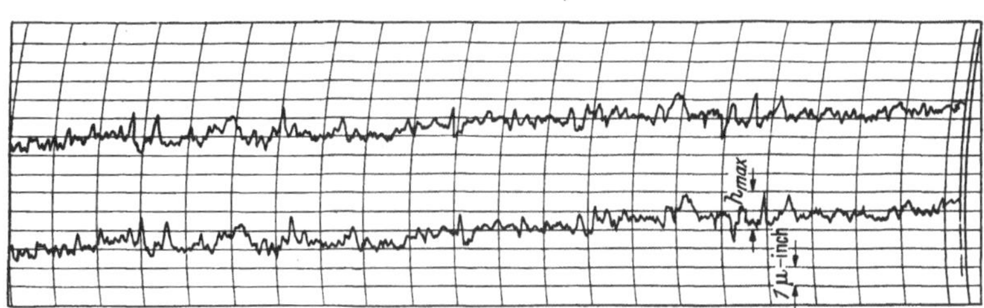

Abb. 7b. Gehonter Stahl-Innenzylinder (Talysurf). 100000mal senkrecht, 200mal waagerecht. h_{ave} = 0,4 μ-inch = 0,01 Mikron, h_{max} = 2 μ-inch = 0,05 Mikron. Wiederholungskurven auf der gleichen Stelle.

werden können und deren Wirkung jeder Arbeiter schon durch das geschulte Gefühl wahrnimmt und mißt, werden als makrogeometrisch bezeichnet und sollen künftig — willkürlich, aber gestützt auf Tausende von Betriebsmessungen — mit der Höchstabweichung von 4 Mikron = 160 μ-inch nach unten abgegrenzt werden.

Die Oberflächenmessung ist durchweg mikrogeometrisch. Arbeitende Feinflächen liegen in den Grenzen von 0 — 63 μ-inch = 0 — 1,5 Mikron. Vorarbeiten, insbesondere Vordrehen, liegen zwischen 64 und 160 μ-inch = 1,58 bis 4,0 Mikron, höchstens 250 μ-inch ≃ 6 Mikron, greifen also bereits in die kleinsten Arbeitstoleranzen der Passungen ein, die für den Schiebesitz j : − 1 bis + 4 Mikron = − 40 bis + 160 μ-inch betragen und mit Meßschrauben gemessen werden.

Die in dem amerikanischen Vorschlag (1947, vgl. S. 39) genannten Rauhigkeiten von 200 bis 1000 μ-inch = 5,0 bis 25 Mikron können nur für rohe statistische Feststellungen in Frage kommen und ebensogut durch Vergleich mit Mustern mittels Gesicht und Gefühl beurteilt werden.

Die außerordentlich feinen Meßeinheiten zwangen den Werkstattmann sein ganzes meßtechnisches Denken auf eine ungewohnt feine Stufe einzustellen und Gefühl und Gesicht, nur unterstützt durch gemessene gute Musterstücke, weiter zu benutzen.

Wir haben seit jeher gedreht, gebohrt, gefräst, geschliffen, gehont, geläppt, auch mit verschiedenen Gütegraden. Dazu kommt eben heute, daß wir den Gütegrad der Oberfläche entsprechend der späteren Funktion des richtig bemessenen Stückes von vornherein zahlenmäßig festsetzen wollen und nunmehr Meßeinrichtungen schaffen müssen, die objektiv festzustellen gestatten, ob diese erforderliche Oberflächengüte (Tiefe) innerhalb erprobter Rauhigkeitsgrenzen erreicht wurde, ähnlich wie wir mit Grenzlehren prüfen, ob die richtige Passungsgröße erzeugt wurde.

Es wird daher zweckmäßig sein, die Tiefenmaße der üblichen mikrogeometrischen O-Rauhigkeiten, die wir ja heute kennen, mit den genormten Passungstoleranzen der feinsten makrogeometrischen Größenordnung (Edelpassung — ISA-H 6 der normalen Bohrung) zunächst einmal zahlenmäßig zu vergleichen und dazu ein schematisches Bild des Oberflächenaussehens zu geben.

Zahlentafel 2 gibt Verfahren und Oberflächenquerschnitte (Nr. 1, 2, 3, 4) oder charakteristische Aufsichten (Nr. 5, 6, 7), dann die beiden mechanischen Kennzeichen der Rauhigkeit: Vorschub (t) und Rauhtiefe (R) entsprechend den groben Vorschubbreiten von 0,030 mm bis 0,20 mm (0,0012 bis 0,008 Zoll) und den sehr feinen mittleren Rauhigkeiten, $h_{mittel} = 0{,}5\ \mu$-inch ($= 0{,}012$ Mikron) beim Feinstschleifen (Läppen, Mikrohonen, Superfinish) bis 32 μ-inch beim Normalschliff ($= 0{,}80$ Mikron).

Betont sei nochmals $h_{mittel} = h_{ave} = h_{rms}$ sind *konventionelle* Maßgrößen und nicht etwa lineares Maß (vgl. S. 33). Sie können nicht wie h_{max} mit dem Maßstab oder der Meßschraube gemessen, sondern müssen durch elektrische Integration ermittelt werden.

Die letzten drei Spalten von Zahlentafel 2 geben die Passungsmaße für ISA-H 6, die z. B. für 30 bis 50 mm Einheitsbohrung von 0 bis $+ 0{,}016$ mm ($= 0$ bis 640 μ-inch) schwanken. Das entspricht bei 32 μ-inch Rauhigkeit einem Verhältnis von $\frac{640}{32} = \frac{20}{1}$ für mittlere Güte und $\frac{640}{0{,}5} = \frac{1280}{1}$ für feinste Rauhigkeit und erklärt, warum, wie bereits erwähnt, die Instrumente zur Messung der Oberflächengüte für die senkrechte Rauhtiefe mindestens bis 40000fache Vergrößerung brauchen (vgl. S. 14), um bei der feinsten Fläche von 0,5 μ-inch noch etwas zu sehen, z. B. $40000 \times 0{,}5 \times 10^{-6} \times 25{,}4 \simeq 0{,}5$ mm, während selbst beim feinsten waagerechten Vorschub von 0,01 mm eine Vergrößerung von 200fach ausreichen würde, um eine Größe von 2 mm in einer Profilkurve aufzuzeigen.

Das ist auch die sachliche Erklärung, warum in der Oberflächenmessung die Apparate heute herrschen, die erlauben, Tiefen und Vor-

Zahlentafel 2. Vergleich von Vorschub und Markentiefe, welche die Oberflächenrauhigkeit verursachen, mit den Toleranzen der ISA-H 6 (Edel-) Bohrung.

Nr.	Arbeitsverfahren	Schematische Oberflächenform	t Vorschub mm	R Größte Rauhigkeit[1] h_{max} mm	Mittlere Rauhigkeit h_{mittel} (ave/rms) μ-inch
1	Feindrehen	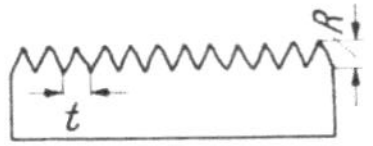	0,03 bis 0,20	0,0025 bis 0,010	25 bis 125
2	Diamant-Drehen und Bohren	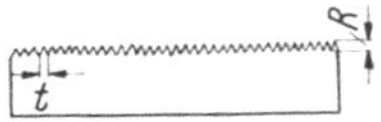	0,0025 bis 0,050	0,00025 bis 0,0020	2 bis 16
3	Normaler Schliff	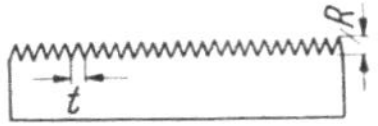	0,01 bis 0,05	0,0015 bis 0,0030	16 bis 32
4	Feinschliff	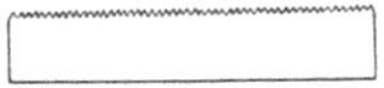	0,002 bis 0,02	0,0006 bis 0,0015	2 bis 16
5	Honen		regelmäßige feine schräge Marken	0,00006 bis 0,00080	0,5 bis 8
6	Läppen		regellose feine Marken	0,00006 bis 0,00060	0,5 bis 5
7	Feinstglänzen (Superfinish)		regellose sehr feine Marken	0,00005 bis 0,00030	0,5 bis 4

Toleranzen für Einheitsbohrungen ISA-H 6 (Edel)		
Lochdurchmesser mm	Max. Toleranz 1 Mikron 0,001 mm	Max. Toleranz μ-inch 0,000001 inch
1 — 3	+ 7	280
3 — 6	+ 8	320
6,1— 10	+ 9	360
10,1— 18	+11	440
18,1— 30	+13	520
30,1— 50	+16	640
50,1— 80	+19	760
80,1—120	+22	880
120,1—180	+25	1000
180,1—250	+29	1160

1 μ-inch = 0,000001 Zoll;
1 Mikron = 0,001 mm = 1 μ
= 0,000040 Zoll
= 40 μ-inch

[1] $h_{max} \simeq 3—5\ h_{mittel}$.

schubmessung, welche zusammen die Rauhigkeit bedingen, zu trennen und mit beliebig verschiedenen Vergrößerungen zu messen, von 1000- bis 100000fach für die senkrechte Rauhigkeit (Tiefe) und von 20- bis 200fach für die waagerechte Rauhigkeit (Vorschub). Das tun alle Tasterinstrumente (vgl. Abb. 31 bis 42), während alle optischen Meßinstrumente gleichmäßig vergrößern. Sie sind daher aus der Werkstatt verdrängt und auf das Laboratorium beschränkt.

Der Lichtschnitt ist bei gleicher Tiefen- und Breitenvergrößerung auf etwa 170- bis 300fache Vergrößerung beschränkt, die für die wichtigen feinen Gütegrade von 0,5 bis 10 μ-inch nicht ausreichen. Der photographische Lichtschnitt (Abb. 8a) z. B. zeigt zwar gleichzeitig

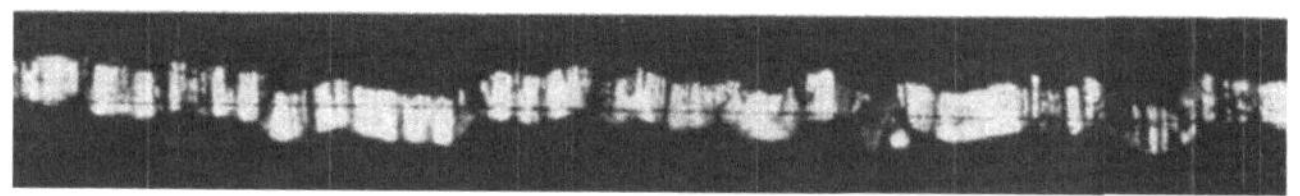

Abb. 8a. Gehärtete ebene Stahlplatte. Vergr. 162mal.
10 Messungen von h_{max} waren nötig.
Mittelwert h_{max} = 3.2 Mikron = 128 μ-inch (linear).
(Schwankung: 1,9 bis 4,5 Mikron.)
Profilometer-Messung: h_{rms} = 135 μ-inch $\sim$ 3.35 Mikron.

Abb. 8b. Gehärteter und geläppter Kolbenbolzen. Vergr. 162mal.
Lichtschnitt-Messung nicht möglich, da feiner als 20 μ-inch = 0,5 μ,
Talysurf-Ablesung: h_{ave} = 2,5 μ-inch = 0,063 Mikron,
aus Profilkurve h_{max} = 9,5 μ-inch = 0,24 Mikron.

Abb. 8a u. b. Lichtschnittmessungen.

und anschaulich Höhe und Breite (Gestalt) des Oberflächenprofils mit gleicher Vergrößerung, also unverzerrt, gibt aber naturgemäß einen viel zu kleinen Ausschnitt des Profils bei ungenügender Vergrößerung. 0,5 mm Profilbreite verlangt bei 300facher Vergrößerung 150 mm Mattscheibenbreite und zeigt bei 0,05 mm Vorschub 10 Rillen. Dazu kommt, daß das optische Auflösungsvermögen des Lichtschnittinstrumentes bei 0,5 Mikron = 20 μ-inch endet (normal schon bei 30 μ-inch = 0,75 Mikron), also bei allen wesentlichen Feinmessungen versagt (Abb. 8b). Nur die optischen Interferenzapparate (vgl. S. 71) erlauben Messungen bis etwa 0,02 Mikron = 0,8 μ-inch Feinheit.

Da sich die Vorschubriefen beim Schlichten in der Regel überdecken (vgl. Abb. 9), so ist die endgültige Rauhtiefe (R) stets viel kleiner als die eingestellte Schnittiefe (H) des Werkzeuges. Man sieht, daß die mehr oder weniger scharfen Vorsprünge der beiden zusammenwirkenden Oberflächen verschieden große Tragflächen haben werden, die von der Feinheit der Vorschubteilung (t) und der Größe der Überlappung der einzelnen Werkzeugspuren abhängen. Abb. 9a und b zeigt einen zweiseitig gerundeten facettierten Diamanten, der

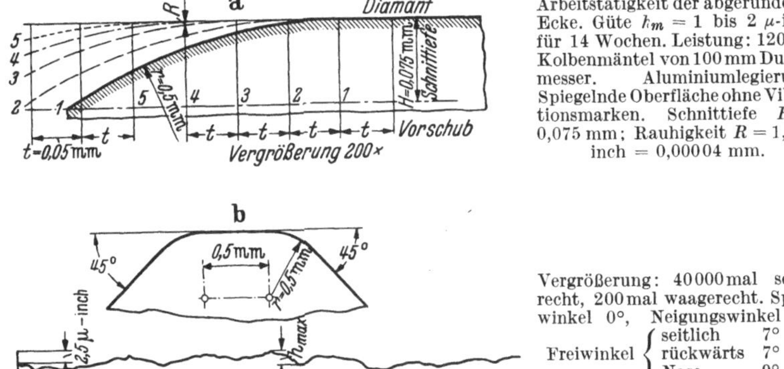

Arbeitstätigkeit der abgerundeten Ecke. Güte $h_m = 1$ bis 2 μ-inch für 14 Wochen. Leistung: 120000 Kolbenmäntel von 100 mm Durchmesser. Aluminiumlegierung. Spiegelnde Oberfläche ohne Vibrationsmarken. Schnittiefe $H = 0{,}075$ mm; Rauhigkeit $R = 1{,}6$ μ-inch = 0,00004 mm.

Vergrößerung: 40000 mal senkrecht, 200 mal waagerecht. Spanwinkel 0°, Neigungswinkel 0°, Freiwinkel { seitlich 7°, rückwärts 7°, Nase 9° }. Einstellwinkel 45°.

Abb. 9, a u. b. Diamantwerkzeug mit Mittelfacette und 2 abgerundeten Ecken.

mit dem Vorschub $t = 0{,}05$ mm mit starker Überlappung beim Arbeiten wirkt.

Die durch das fein polierte Schlicht-Diamantwerkzeug erzeugte Oberfläche der Kupferdruckwalze (Abb. 10a) ist praktisch wellenfrei und hat nur 1 μ-inch (= 0,025 Mikron) mittlere Rauhigkeit, ist z. B.

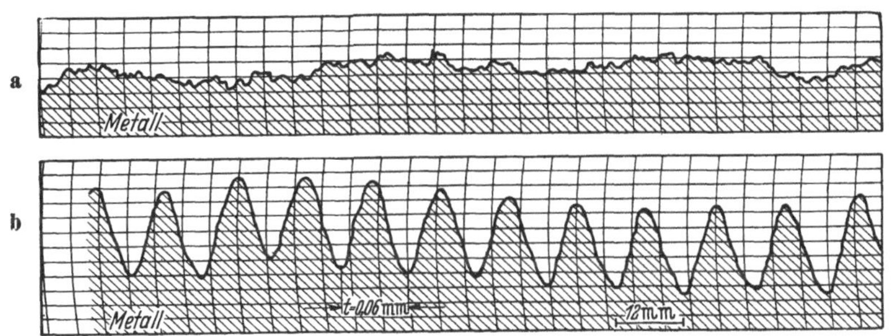

Abb. 10, a u. b. Kupferdruckwalze.

a Diamant feingedreht, $h_{ave} = 1$ μ-inch = 0,025 Mikron, Vorschub = 0,02 mm/U, Vergrößerungen: 20000 mal senkrecht, 200 mal waagerecht. Einzelne gröbere Tiefenrisse. b Diamant vorgedreht, $h_{ave} = 9$ μ-inch = 0,225 Mikron, Vorschub = 0,06 mm/U, Vergrößerungen: 20000 mal senkrecht, 200 mal waagerecht.

glatter als der normale Schliff. Abb. 10b zeigt die mit einem spitzeren Diamanten vorgedrehte Oberfläche dieser Walze.

Gerade unter dem Einfluß der O-Messung besteht das Bestreben, störende Wellen zu beseitigen, entweder von vornherein durch geeignete Ausgestaltung von Werkstück, Werkzeug und Werkzeugmaschine oder hinterher durch ein verfeinerndes Zusatzverfahren (Superfinish). Welligkeit wird aber immer auftreten, wenn man mit normalen, mehr oder weniger abgenützten Maschinen und unsachgemäß vorbereiteten Werkzeugen schlichtet.

Es kommt vor, daß durch ein Glättungsverfahren, z. B. Polieren, Glänzen, Schwabbeln usw., die feinen Rauhigkeitsspitzen beseitigt werden. Dann entstehen glatte, aber wellige Flächen (vgl. Abb. 2c), bei denen sich nur die Wellenberge berühren, so daß ein ungenügender Völligkeitsgrad (d. i. die wirkliche Tragfläche) die Folge ist, der zunächst zum Warmlaufen und dann entweder zum Fressen von Spindel und Büchse oder zu übergroßem Lagerspiel führt. Solche Wellenberge sind nicht durch bloßes Einlaufen, sondern nur durch feinste, mechanische Nacharbeit zu beseitigen, wenn man also ein wirkliches Feinschleifverfahren, wie Mikro-Honen oder Superfinishing, als letzte Arbeit vorschreibt (vgl. S. 146).

Es ist wohl klar, daß diese für Bewegungssitze gemachten Erörterungen auch für die Festsitze gelten, bei denen unter Umständen sehr große Kräfte zu übertragen sind. Bei diesen wirkt dann bei einer ebenen, aber rauhen Fläche (vgl. Abb. 2f) eine verhältnismäßig große Zahl von Tragpunkten, die sich beim Einpressen des Zapfens verbiegen oder wegquetschen, während bei welligen Flächen (vgl. Abb. 2e) zusammentreffende Täler eine unausfüllbare und stets schädliche Lücke in der Übertragungsfläche bedeuten.

Ähnliche Erörterungen, wie für Ruhe- und Bewegungssitze, gelten, wenn ein Körper auf einen anderen Wärme zu übertragen hat. Die Übertragung ist dann bei völlig ebenen und glatten Flächen ideal (vgl. Abb. 2a), während sie bei rauhen und ebenen Flächen in ähnlicher Weise gestört wird, wie das in Abb. 2, b–f für die Spiel- und Ruhesitze dargestellt worden ist. Aus diesen Betrachtungen sieht man, daß die Güte der Oberfläche wesentlich schwieriger zu beurteilen ist und eine oft weittragendere Bedeutung hat als die Herstellung eines Abmaßes mit einer oberen und unteren Toleranz, wenn man sich um die spätere Funktion zunächst nicht kümmert.

Die Profilkurven, gezeichnet durch ein Tasterinstrument, verdeutlichen die Wirkung der Verzerrung, Abb. 11a hat $\frac{2000}{150} = \frac{13,3}{1}$, Abb. 11b $\frac{8000}{150} = \frac{53,5}{1}$. Streckt man in beiden Fällen die waagerechte Ordinate auf die wirkliche Größe zur richtig wiedergegebenen Tiefe, das eine Mal 13fach, das zweite Mal 53fach, so erhält man die in den Abbildungen gezeichneten, gestreckten unter den vom Apparat gezeichneten stark zusammengedrängten Schaulinien. Man will eben viele Vorschubteilungen gleichzeitig sehen, um einen guten Begriff von der Oberfläche zu haben und drängt daher in waagerechter Richtung stark zusammen. Da wohl in allen Veröffentlichungen von Profilkurven waagerecht verkürzte, also verzerrte Linien wiedergegeben sind, so muß sich der Flächenbeurteiler zunächst daran gewöhnen, diese Darstellungen richtig

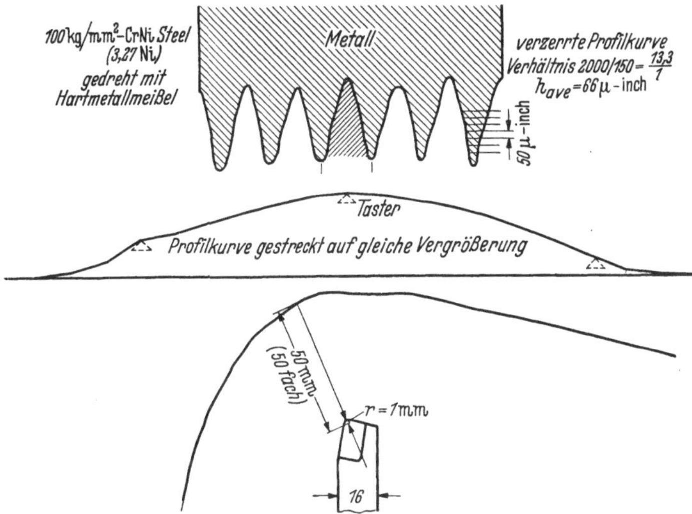

Abb. 11a. Verzerrte und gestreckte Profilkurven eines mit Hartmetallwerkzeugen gedrehten Stahlzylinders, h_{ave} = 66 μ-inch.

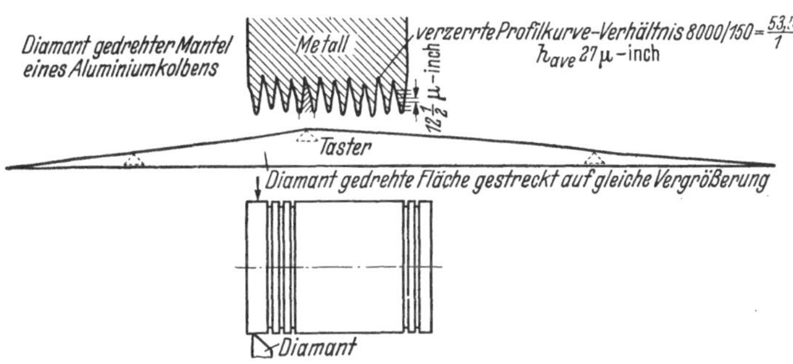

Abb. 11b. Verzerrte und gestreckte Profilkurven eines diamantgedrehten Aluminiumkolbens, h_{ave} = 27 μ-inch.

einzuschätzen. Sie geben auch die Erklärung, warum die Tasterspitzen so stumpfe Winkel von 90° (Talysurf) oder von 60° (Profilometer) einschließen können und doch auf den Grund sehr feiner Vertiefungen der Oberflächenrillen bis $< 1\ \mu$-inch (= 0,2 Mikron) eindringen können, ohne die Rillenwand zu berühren. Abb. 11a zeigt eine verhältnismäßig rauhe riefige O-Fläche von 66 μ-inch (= 1,65 Mikron) Tiefe, und doch geht der eingezeichnete Diamanttaster von 90° Spitzenwinkel völlig frei an dem sehr langen Wellental entlang. Bei dem flacheren Tal der feineren Fläche (Abb. 11b) von 27 μ-inch (= 0,68 Mikron) ist das naturgemäß noch stärker ausgeprägt. Rauhtiefen sind meist überaus flach, das muß man stets im Gedächtnis behalten, wenn man sich die sogenannten kennzeichnenden Oberflächenformen der üblichen Arbeitsverfahren (vgl. Abb. 4b, a–l) einprägen will. Das menschliche Auge kann niemals „sehen“, was eine 40000fache Vergrößerung selbstverständlich aufdeckt.

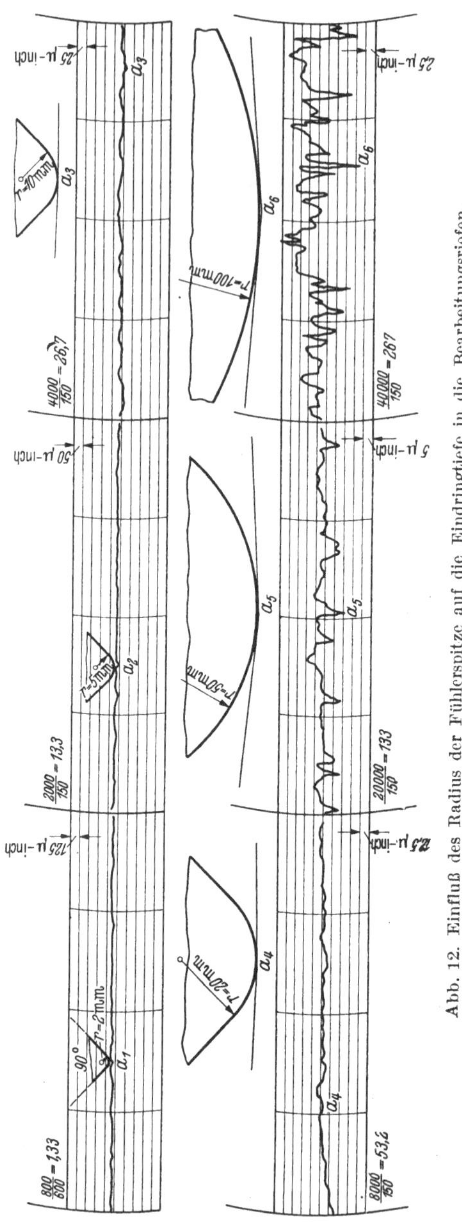

Abb. 12. Einfluß des Radius der Fühlerspitze auf die Eindringtiefe in die Bearbeitungsriefen.

Von schädlichen Tangentialbeanspruchungen der langsam und gleichförmig über die überaus flachen Täler und Vorsprünge gezogenen Tasterpyramide von 90° Spitzenwinkel kann wohl keine Rede sein. Daher reicht auch ein Andruck von 0,1 g auf den Fühler aus, um die Berührung mit der Oberfläche dauernd zu sichern.

Die übergroße Mehrheit mechanisch hergestellter feingeschlichteter Flächen aber haben lange Strecken mit regellosen flachen Riefen, so daß bei Berücksichtigung dieser Strecken die Außerachtlassung von scharfen Zufallrissen von vernachlässigbarem Einfluß auf die Durchschnittsmessung ist.

Tiefe Täler sind in Abb. 12 bei a_2, a_3, a_4, a_5, a_6 in Abhängigkeit von einer wachsenden senkrechten Vergrößerung von 2000mal bis 40000mal gezeigt, während die waagerechte Vergrößerung von 150fach für a_2

bis a_6 erhalten blieb. Nur für a_1 ist versucht worden, mit dem verfügbaren Apparat eine fast unverzerrte Kurve mit 800fach senkrecht zu 600fach waagerecht direkt zu erhalten. Über den verzerrten Profilkurven ist ein Stück der wirklichen unverzerrten (gestreckten) Kurve für a_3 bis a_6 eingezeichnet worden, wobei dann auch die entsprechende zeichnerische Vergrößerung des Fühlerradius berücksichtigt wurde. Es würde 4000mal 0,0001 Zoll = 0,4 Zoll $\simeq$ 10 mm sein und 40000mal 0,0001 Zoll = 4 Zoll $\simeq$ 100 mm. Da man der Einfachheit halber annimmt, daß in den Kopffiguren (Abb. 12) die beiden Neigungswinkel des Kurvenstückes nach links und rechts gleich sind, so konnte man hier für die stärkste Vergrößerung von 40000mal weniger als

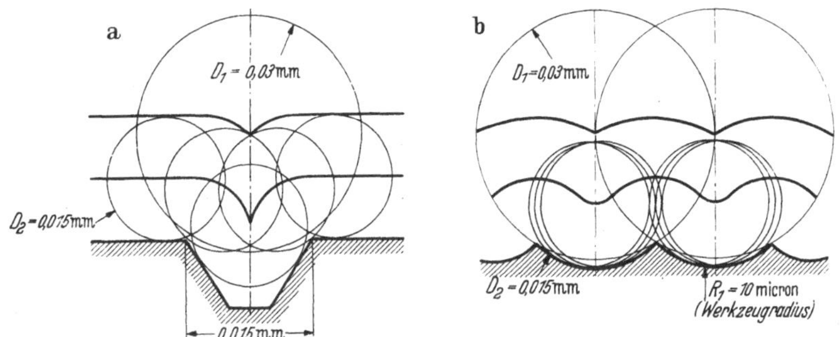

Abb. 13, a u. b. Fühlerradien: $R_1 = \frac{30}{2} = 15$ Mikron, $R_2 = \frac{15}{2} = 7{,}5$ Mikron.

1% Abweichung bei dem Fühlerradius von 0,0001 Zoll $\simeq$ 0,0025 mm für alle feinsten Diamant gedrehten und geschliffenen Oberflächen feststellen. Kein gutes Fühlerinstrument wird heute einen Fühlerradius von mehr als 0,012 mm = 0,0004 Zoll benutzen. Die hier benutzten waren viel feiner, von 0,0001 bis 0,00005 Zoll. Ferner haben wir bereits für die Feinuntersuchung eine obere Grenze von 160 μ-inch (= 4 Mikron) vorgeschlagen. Sind die Oberflächen noch rauher, so dringt die Fühlerspitze sicher auf den Grund aller Riefen, ferner können sie entweder mit dem nackten Auge oder einem Vergrößerungsglas leicht beobachtet werden.

Naturgemäß wächst die Verfälschung der Profilkurve mit der Größe des Tasterradius. In Abb. 13a und b sind verglichen: Fühlerdurchmesser von D = 15 Mikron (= 0,0006 Zoll) und 30 Mikron (= 0,0012 Zoll). Abb. 13a zeigt die Verfälschung bei der Abfühlung der scharfen Ecken eines Maßstabrisses und Abb. 13b für eine Vorschubkurve, hergestellt mit rundnasigem Werkzeug, dessen Radius gleich 0,01 mm (= 0,0004 Zoll) war. Es müssen natürlich die wirklichen, gestreckten, das sind die unverzerrten Oberflächenkurven, verglichen werden (vgl. Abb. 11a und b) und nicht die, welche eine große senkrechte und eine kleine waagerechte Vergrößerung als übliche Tasterkurve verbinden.

Abb. 13a und b beweisen, daß wirkliche Rundungen auf der Oberfläche des Prüflings scharf in der verzerrten Profilkurve und umgekehrt scharfe Ränder auf der Oberfläche abgerundet als Folge der Verzerrung, die der Fühlerradius hervorbringt, erscheinen können. Jedoch werden scharfkantige Risse, wie sie die Maßstabkerbung (Abb. 13a) darstellt, wohl nie durch ein Feinschlichtverfahren auf einer Oberfläche hervorgerufen. Diamanten und Hartmetalle haben gerundete Nasen, die nie kleiner sind als 0,5 bis 1 mm für Hartmetalle und 0,25 bis 0,5 mm für Drehdiamanten (vgl. Abb. 9). Verglichen damit, ist der Tasterradius von 0,0001 inch = 0,0025 mm so fein, daß er die Wände der breiten (0,25 mm) und flachen Kurven nie berühren dürfte.

Bei den Schleifkörnern von Feinschliff-, Läpp- und Honwerkzeugen finden so starke Überdeckungen statt bzw. sind die Risse meistens flacher, so daß das Auflösungsvermögen zeitgemäßer Tastinstrumente sicher bis 1 μ-inch (= 0,025 Mikron) mittlere Rauhigkeit ausreicht.

Die verdienstvollen Kontrollversuche, die Stewart Way (Pittsburgh 1940) mit dem Zeiss-Linnik-Interferenzmikroskop gegen Tasterradien größer als 0,0001 Zoll durchführte, sind heute durch die Verwendung von genügend kleinen Radien mit Erfolg verwertet worden.

Die Oberflächenmessung muß wie die Größenmessung eine werkstattsmäßige Schnellmessung sein, d. h. sie muß Arbeiter und Revisor in den Stand setzen, in etwa 1 bis 2 Minuten am Werkstück, häufig direkt auf der Maschine (vgl. S. 201), festzustellen, ob die Oberfläche den auf der Zeichnung angegebenen Arbeitsbedingungen in den zulässigen Grenzen entspricht. Es ist in vielen Fällen bei schweren oder großen Stücken nicht möglich, das Werkstück in den Revisionsraum zu befördern, schon deshalb nicht, weil eine maschinelle Nacharbeit oft nicht möglich ist, wenn das Stück von der Maschine abgespannt ist. Der geübte Schleifer z. B. weiß, wie sorgfältig die Körnereinsenkungen gemacht und gereinigt werden müssen, damit ein wiederholt ausgespanntes Stück auf 0,002 mm immer wirklich läuft. Kreisende Reitstockspitzen sind für Schlichtarbeiten zu vermeiden. Ihre Laufruhe ist in der Regel nicht gut genug. Eine Nacharbeit der O-Güte durch Feinstverfahren ändert die bereits fertige Größe des Stückes nur unmerklich (vgl. S. 154).

Bei der Oberflächenmessung feiner Flächen haben wir es stets mit 0,0004 mm = 16 μ-inch und weniger zu tun. Eine Verdopplung dieser Größe auf etwa 0,001 mm greift schon in die Meßgröße der Grenztoleranzen ein, so daß also die Oberflächenbearbeitung vom Normalschleifen auf Feinstschleifen nur geändert werden kann, wenn besondere Maschinen und Einrichtungen bestehen. Diese Überlegungen zeigen wieder, welche großen sachlichen Unterschiede zwischen den normalen Größenabmaßen und der O-Rauhigkeit bestehen. Es ist empfehlenswert, in der letzten Arbeitsstufe Größe und Feinheit zusammen (z. B. Schleifen und Honen) zu vollenden, erst die tolerierte Größe und in sofortigem Anschluß die zweckmäßige Oberfläche fertig zu schlichten, die das Größenmaß nicht mehr merkbar ändert. Jedoch ist bei richtiger Organisation auch die Trennung in zwei Stufen auf zwei Maschinenarten, Schleifen, Läppen und Feinstschleifen durchführbar.

Es darf dabei nicht übersehen werden, daß z. B. in großen Flugzeug- und Automobilfabriken, die mit zehntausend, zwanzigtausend und mehr Arbeitern arbeiten, tausend, fünfzehnhundert und mehr Revisoren tätig sind, deren Anschauung nach gleichartigen Gesichtspunkten geschult sein muß, damit gleichförmig gute Arbeit geliefert wird, gleichgültig, welcher Revisor die Stücke abnimmt. Für diese große Anzahl von Abnahmebeamten muß naturgemäß eine Stelle da sein, die, von der persönlichen Auffassung unabhängig, unparteiisch entscheidet. Und das ist der Oberflächenmeßapparat. Von diesen Apparaten können nur wenige vorhanden sein, nicht nur wegen ihres hohen Preises, sondern auch, weil es unmöglich ist, jedes einzelne Werkstück einer quantitativen Güteprüfung zu unterziehen. Es wird daher meistens auf Stichprobenmessung hinauskommen. Man darf auch nicht vergessen, daß die durch Einzelziffer (h_{mittel} oder h_{rms}) geprüfte Meßlänge auf der Oberfläche häufig 3 mm ($^1/_8$ Zoll) bis 6 mm ($\sim {^1/_4}$ Zoll) nicht überschreitet und daß sie sich auf Durchschnittsmessungen an ganz wenigen Stellen beschränkt.

Bei einer waagerechten Vergrößerung von 150mal würde eine Profilkurve für 3 mm Oberflächenlänge bereits 450 mm Papierstreifen verlangen, und da bei einem Stück von 500 mm Länge wenigstens fünf gut verteilte Messungen gemacht werden müssen, um einigermaßen sicher zu sein, daß die Oberfläche gleichmäßig ausgefallen ist, so sieht der Werkstattsfachmann bereits aus dieser Überlegung, welchen Umfang eine übertriebene Oberflächenrevision annehmen kann und daß sie durch sachkundige Organisation auf das richtige Maß beschränkt werden muß, um lebensfähig zu bleiben.

C. Verwendungszweck.

Nach vorstehender Erörterung ist in allen Fällen der Verwendungszweck für die Beschaffenheit der Oberfläche maßgebend, wobei die Sicherung der Maßgenauigkeit eines Körpers, er mag zylindrisch, eben oder profiliert sein, selbstverständlich ist. Es liegt nahe, die Güte einer Oberfläche mit Hilfe eines geeigneten Instrumentes möglichst mit einer Ziffer festzustellen, die aber nur zur Beantwortung einfacher Fragen genügen kann (vgl. S. 6) und der man dann, um höheren Ansprüchen zu genügen, weitere Kennziffern, z. B. Welligkeit, Meßrichtung, Tragfähigkeit oder die graphische Darstellung aller Einzelheiten durch eine Profilkurve, hinzufügt.

In ähnlicher Weise kennzeichnet der Konstrukteur einen Baustoff für eine Maschine zunächst durch seine Festigkeit und fügt dann zur besseren Bestimmung die Dehnungs- und Härteziffern hinzu oder ein besonders kennzeichnendes Element der chemischen Analyse, wie Chrom, Mangan, Nickel, Kobalt, Wolfram usw.

Der Anschauung am nächsten und für unsere Betrachtung am wichtigsten ist die mittlere Rauhigkeitsziffer einer Oberfläche, die die Rauhtiefe (R) und den Vorschub (t) einbegreift (vgl. Abb. 1). Daraus erklärt sich die Tatsache, daß bei den wichtigsten gebräuchlichen Meßgeräten in allen Fällen das Rauhigkeitsmaß angegeben wird; allerdings unter Benutzung verschiedener Meßeinheiten (h_{mittel} oder h_{max}).

Soweit die Herstellungswerkstatt in Frage kommt, sind die folgenden Angaben erwünscht:

1. die Art des Betriebes, aus dem das Stück stammt;
2. das angewendete Bearbeitungsverfahren;
3. die Vergrößerungen, mit der die Rauhigkeit in der waagerechten und senkrechten Richtung bestimmt wurde;
4. der Formfaktor oder Völligkeitsgrad, mit dem man die Größe der Tragfläche (Traganteil) kennzeichnet, die sich aus der Messung der Rauhigkeit ergibt, und die für Reibung, Abnutzung, Wärmeleitung von ausschlaggebender Bedeutung ist.

Wichtig ist ferner die Untersuchung der Oberflächengüte auf ihren Einfluß auf Korrosionserscheinungen bei eisernen und nichteisernen Arbeitsstücken, hervorgerufen durch Verunreinigung der Luft, wie durch Flüssigkeiten und Dämpfe.

Die Festigkeit eines Körpers und die Beschaffenheit der Oberfläche hängen deshalb zusammen, weil Körper mit glatten „rißfreien" Oberflächen unter sonst gleichen Umständen eine höhere Festigkeit haben als solche mit Rissen oder Riefen. Das Wort: „der Oberflächenriß ist der Beginn eines Bruches" ist von besonderer Bedeutung für solche Teile, bei denen man bis an die äußerste Grenze der Werkstoffausnutzung gehen muß, um sie für einen bestimmten Konstruktionsfall auf das zulässige Mindestmaß ihres Gewichtes und ihrer Wandstärke zu bringen. Typische Beispiele liefern bei Flugzeugmotoren: Kurbelwellen, Steuerwellen, Pleuelstangen, Kolben, Zahnräder usw. Diese Teile müssen sehr fest und doch sehr leicht sein, um mit Mindestgewichten auszukommen, weil diese Maschinen in gefährlicher Höhe sicher arbeiten müssen und ein Bruch eines wichtigen hochbeanspruchten Teiles eine schwere Gefahr ist. Hier sprechen die Bedingungen mit, die zur frühzeitigen Ermüdung der Metalle führen können. Jede Oberflächenbeschädigung, z. B. durch einen tiefen Bearbeitungsriß, hat Einfluß auf die Biegungs- und Schwingungsfestigkeit. Es ist daher von großer Bedeutung, ob die Oberfläche bei ihrer letzten Bearbeitungsstufe durch einen Drehstahl aus Wolfram-Karbid, einen Diamanten oder durch eine Schleifscheibe und schließlich durch ein Glättverfahren vollendet wurde.

Die Messung der Rauhigkeit, besonders die graphische Wiedergabe eines langen Flächenstückes mit allen Einzelheiten (vgl. Abb. 4b, a–l) durch eine Profilkurve, d. h. ein Tiefenschnitt durch das Profil, zeigt drastisch, ob die geschliffene Oberfläche den Festigkeitsanforderungen des Triebwerkes, z. B. eines Automobilmotors, entspricht. Die handelsüblich geschliffene Fläche (Abb. 4b, d) zeigt zwar feine, aber scharfe Risse, die geläppte (Abb. 4b, i) und die feinstgeschliffene (Abb. 4b, k) sind praktisch rißfrei. Es steht jedenfalls fest, daß alle Bearbeitungsriefen die Festigkeit, insbesondere die Wechselfestigkeit (vgl. Zahnräder Abb. 145), stark beeinträchtigen. Der Konstrukteur muß auch wissen, daß viele Metalle bei abnehmender Temperatur spröder werden; was wiederum beim Flugzeug in großen Flughöhen von Bedeutung werden kann.

Diese Betrachtungen sind notwendig, weil sich die Messung der Oberflächenrauhigkeit mikrogeometrisch, d. h. in einer Größenordnung, abspielt, die in der normalen Werkstatt in der Regel noch unbekannt ist. Nehmen wir als Beispiel die Arbeitsgenauigkeit eines hochwertigen Zahnrades, das auf einer Maschine geschliffen wurde, deren Arbeitsgenauigkeit für:

1. Teilungsfehler;
2. Abweichung von der theoretischen Profilkurve (Evolvente);
3. konzentrische Lage aller einzelnen Zähne zum Mittelpunkt des Stirnrades;
4. parallele Lage der Flanke zur Achse

nur sehr kleine Abweichungen gestattet, die alle im Mittel zwischen 2 und 5 Mikron liegen ($\sim$ 0,0001 bis 0,0002 Zoll). Das sind immerhin Größen, die, linear gemessen, etwa 4- bis 6mal so groß sind wie die gröbste Oberflächenrauhigkeit, die man für ein gut hergestelltes Zahnradprofil zuläßt.

Für die Messung der Passungstoleranzen genügen Werkstattinstrumente; für die Oberflächenmessung der Lehrenflächen aber braucht man Instrumente, die noch $h_{mittel} = 0{,}0000005$ Zoll ($= 0{,}0000125$ mm) nachweisen können. Sie haben sich trotz ihrer Empfindlichkeit doch heute in vielen guten Werkstätten eingeführt, werden aber wohl nur benutzt, wenn sie als Schiedsrichter im Streite, als Sachverständiger, angerufen werden müssen. Mit den normalen (makrogeometrischen) Meßinstrumenten arbeitet bis auf 1 Mikron jeder Arbeiter ständig, mit den feinen (mikrogeometrischen) Oberflächenmessern in der Regel nur der Revisor. Von einigen Ausnahmen abgesehen, befindet sich das Oberflächeninstrument im Meßraum unter Aufsicht und unter Verschluß, und seine Hauptanwendung besteht, wie gesagt, in der Kontrolle der ausgeübten Arbeitsverfahren durch Stichprobenmessung und zur Anlernung und Gleichrichtung der Revisionsmannschaft. Die systematische Messung der O-Güte kann auch in einer Versuchswerkstatt zur Ausarbeitung günstigster Arbeitsvorschriften benutzt werden (vgl. S. 133).

Reibung und Abnutzung sind die beiden wichtigsten Fragen, die durch die systematische laufend kontrollierte Messung der Oberflächen und durch Nutzanwendung der Ergebnisse einer befriedigenden Lösung von Fall zu Fall entgegengeführt werden können.

D. Die Meßrichtung der Rauhigkeitsprüfung.

Es ist stets notwendig festzustellen, ob sich die zusammen arbeitenden Teile in Richtung des Schnittes oder quer dazu (Vorschub) bewegen (vgl. Abb. 1). Danach ist die Meßrichtung des Tasters zu wählen. Die Schlittenbewegung auf dem Drehbankbett, die Tisch- und Bettführungen der Hobelmaschine oder die Flanken der Stirn- oder Kegelräder haben (vgl. S. 194) bessere Tragflächen und daher geringere Abnutzung, wenn die Richtung der Gleitbewegung parallel zu der Bearbeitungsrichtung wirkt.

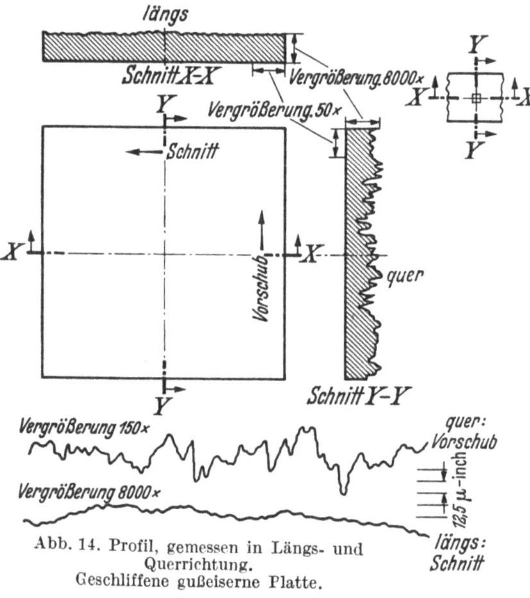

Abb. 14. Profil, gemessen in Längs- und Querrichtung. Geschliffene gußeiserne Platte.

Tisch und Bett der Hobelmaschine, gehobelte Kegelräder, gestoßene Stirnräder usw. gleiten stets in der glatten Bearbeitungsrichtung aufeinander, während die gedrehten oder geschliffenen Oberflächen einer Arbeitsspindel und ihres fein gebohrten Lagers in Schraubenlinien aufeinandergleiten, die besser durch das regellose Muster von Läppen, Honen, Superfinishen (vgl. Abb. 123) ersetzt werden sollten.

Abb. 14 zeigt die verzerrten Profilkurven einer geschliffenen gußeisernen Oberfläche sowie die großen Unterschiede in den Ergebnissen, einmal, wenn die Flächen quer, dann längs des Schnittes untersucht werden. Unterschiede bis zum 4fachen der mittleren Rauhigkeit wurden beobachtet. Die obenerwähnten Gleitführungen der Hauptteile von Werkzeugmaschinen sowie die Flanken der Zahnräder sind typische Fälle.

Bei gedrehten und normal geschliffenen Teilen ist das nicht zu erreichen, da die Bearbeitungsspuren auf Spindel und Lager Schraubenlinien sind und die Drehbewegung senkrecht zum Vorschub vor sich geht.

Von besonderer Wichtigkeit ist die richtige Wahl der Meßrichtung auf den Völligkeitsgrad, der unmittelbar von der Abtastung der wirksamen Führungslinie abhängt. Daraus mögen sich die großen Unterschiede erklären, die im Schrifttum gerade in bezug auf den Formfaktor zu finden sind.

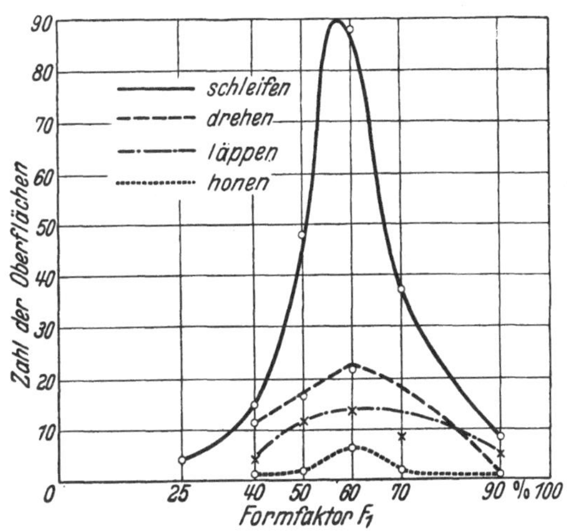

Abb. 15. Frequenzkurven für den Formfaktor des tragenden Materials von der Grundlinie.

Arbeits-verfahren	Formfaktor Anteil % 25	40	50	60	70	80	100	Zahl der gemessenen Oberflächen
Schleifen	4	15	48	88	37	8	—	200
Drehen	—	12	17	22	6	2	—	59
Läppen	—	5	13	14	9	5	—	46
Honen	—	1	2	7	2	2	—	14
				Normal-werte				Summe 319

Guten Einblick geben die Häufigkeitsübersichten der erzielten Formfaktoren des tragenden Materials (Abb. 15): $F_1 = \frac{h_1}{h_{max}}$. Die Messung von mehr als 400 Prüfstücken aus der besten englischen Praxis mit Oberflächen hergestellt durch Schleifen, Feinbohren, Feindrehen, Läppen und Honen zeigen, daß der durchschnittliche Formfaktor etwa 60% betrug. Jedoch sollten fein geschliffene Spindelzapfen in ihren Lagern bei hoher spezifischer Flächenpressung mindestens 70% Tragfläche besitzen. Es ist meist leichter, den Außendurchmesser der zylindrischen Welle sehr fein zu bearbeiten als den Innendurchmesser der zugehörigen Lagerschale. Jedoch können innere und äußere Oberflächen mit mehr als 60% Formfaktor durch Läpp-, Hon- oder Superfinishingverfahren (vgl. S. 180) auf Sonderwerkzeugmaschinen hergestellt werden.

Die Tatsache, daß die Formfaktoren aus Profilkurven nur durch Anwendung des normalen Planimeters gefunden werden können, welches das „arithmetische Mittel" mißt, war einer der Hauptgründe, warum in Großbritannien die durchschnittliche Abweichung der Profilkurven $h_{average}$ (h_{mittel}) gewählt wurde und nicht die amerikanische Maßeinheit h_{rms} (root mean square = Wurzel aus den mittleren Höhenquadraten).

IV. Die Meßeinheit.

Aus dem Vorangehenden geht hervor, daß die Betrachtung eines Schnittes senkrecht zur Oberfläche eines Werkstückes alle Einzelheiten enthalten muß, die zur Ableitung der Meßgrößen für Rauhtiefe und Breite erforderlich sind. Abb. 16a und 16b zeigen abgetastete Profilkurven von etwa gleicher mittlerer Rauhigkeit (h_{mittel} = 3 bis 4 μ-inch) gemessen durch den elektrischen Integrationsapparat, aber die eine eben und die andere wellig.

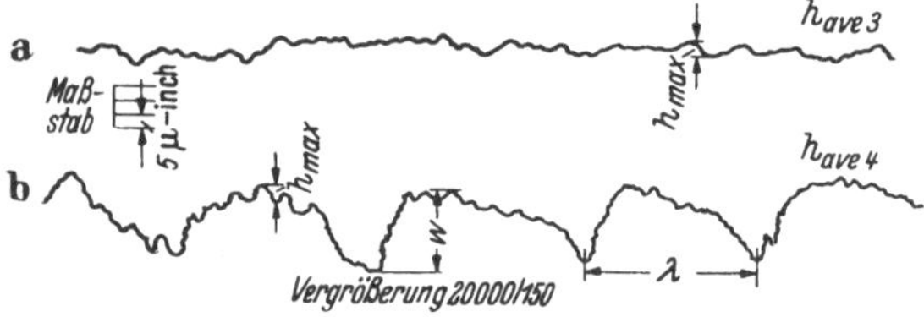

Abb. 16, a u. b. Ebene und wellige Flächen mit etwa gleichem Rauhigkeitsgrad. a ebene Fläche mit h_{ave} = 3 μ-inch; b wellige Fläche mit h_{ave} = 4 μ-inch. Bei etwa gleichem Rauhigkeitsgrad ist aber die Fläche b wegen ihrer Wellen w unbrauchbar.

Abb. 17 greift ein beliebiges Kurvenstück von der Länge „L" heraus. Die zur Hauptrichtung der Fläche parallelen Linien (ab) und (cd) bilden

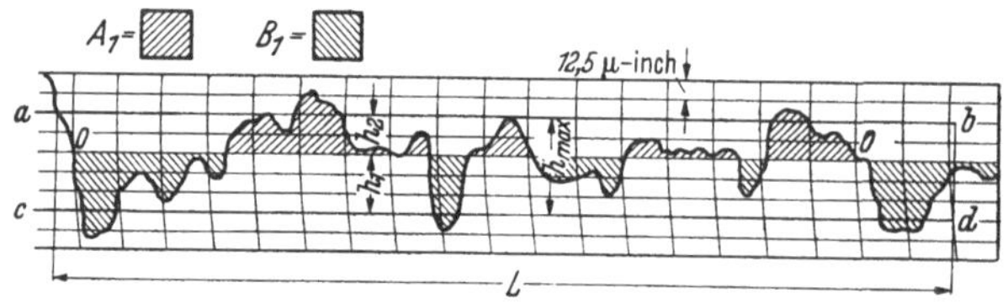

Abb. 17. Darstellung des Formfaktors (tragende Fläche). (c–d Grundlinie, a, b, c, d Gesamtfläche, h_1 durchschnittliche, h_{max} maximale Höhe der Gesamtfläche).

die obere und untere Begrenzung, Linie (00) die mittlere Bezugslinie des Oberflächenstückes.

Die Mittellinie (00) ist so gelegt, daß die Summe der Flächen A_1, A_2 usw. (Metall) oberhalb der Mittellinie (00) mit der mittleren Höhe h_2 gleich ist der Summe der Flächen B_1, B_2 usw. (Höhlungen) unterhalb (00) mit der mittleren Höhe h_1, alles bezogen auf die Länge „L".

Die Entfernung von (ab) zu (cd) sei gleich dem Mittelwert von h_{max}, wobei einzelne Vorsprünge, die über „ab“ oder „cd“ hinausgehen, als Ausreißer, ausgeschieden sind.

Es lassen sich dann die folgenden Bedingungen für die Rauhigkeitsmessungen aufstellen[1] (Abb. 18, a–f):

1. h_{max} = die absolute Entfernung von der höchsten Spitze bis zum tiefsten Tal (Abb. 18a).

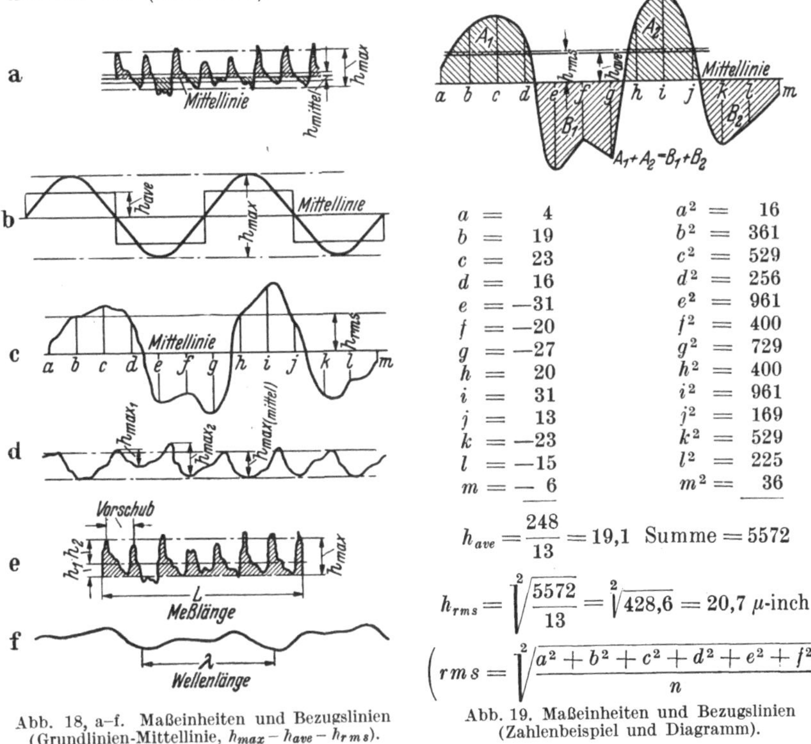

Abb. 18, a–f. Maßeinheiten und Bezugslinien (Grundlinien-Mittellinie, $h_{max} - h_{ave} - h_{rms}$).

Abb. 19. Maßeinheiten und Bezugslinien (Zahlenbeispiel und Diagramm).

2. $h_{max\,(mittel)}$ = die mittlere größte Entfernung von Spitzen und Tälern, weil es meist mehrere größte Werte h_{max1}, h_{max2}, h_{max3} gibt, die noch dazu in verschiedener Lage zur Grundlinie liegen, und die daher verschiedenen Einfluß auf die Rauhigkeit der Fläche haben können (Abb. 18d).

3. h_1 = die durchschnittliche Höhe des Profiles von der Grundlinie gemessen (die Metallhöhe A (Abb. 18e und 19), definiert durch die Formel

$$h_1 = \frac{1}{L} \int_0^L y\,dx,$$

[1] Stewart Way, Westinghouse Research Laboratories. Decription and Observation of Metal Surfaces. Massachusetts Institute of Technology. June 1940.

worin „y“ irgendeine Ordinate über der Grundlinie (cd) in irgendeinem Punkte „x“ innerhalb des Abschnittes ($abcd$) (vgl. Abb. 17) sein kann.

Für die mittlere Linie (00) nimmt das Integral den Wert Null an.

4. h_2 = die durchschnittliche Höhe der Vertiefungen B unter der Kopflinie (ab) (vgl. Abb. 17) (Höhlungen) bestimmt durch die Beziehung:

$$h_2 = h_{max} - h_1 \text{ (Abb. 18e).}$$

5. h_{mittel} (in England h_{ave}) (Abb. 18b) = das algebraische Mittel der Höhen- und Tiefenabweichungen, jedoch nur *halbseitig* oberhalb der Mittellinie genommen, so daß es gewissermaßen die absolute Abweichung von der Mittellinie als Bezugslinie darstellt, gegeben durch

$$h_{mittel} = \frac{1}{L} \int_0^L (y - h_1)\, dx:$$

das ist das übliche Rauhigkeitsmaß.

6. h_{rms} (USA.) = die root mean square-Abweichung (Wurzel aus dem Mittel der Quadrate), wieder nur halbseitig oberhalb der Mittellinie gemessen, gegeben durch (Abb. 18c)

$$h_{rms} = \sqrt{\frac{1}{L} \int_0^L (y - h_1)^2\, dx}\,.$$

h_{rms} ist genau genug = h_{mittel}; beide Maße werden daher gleichmäßig als Rauhigkeitsmaß benutzt. Das Zahlenbeispiel (Abb. 19) gibt nur etwa 8% Unterschied.

7. $\frac{h_1}{h_{max}}$ = das Verhältnis der durchschnittlichen Metallhöhe von der Grundlinie, der Formfaktor (nach SCHMALTZ) als Maß der Tragfläche (Abb. 18e).

8. $\frac{h_2}{h_{max}}$ = der Tiefenfaktor (nach NICOLAU) als Maß der Höhlungen oder Undichtheiten unter der Oberkante $a\,b$ bzw. Mittellinie 00 (vgl. Abb. 17).

9. $\frac{\lambda}{h_{max}}$ = das Verhältnis der Welligkeitslänge λ zur maximalen Höhe, wenn die Fläche eine zusätzliche Welligkeit (Abb. 18f) besitzt.

Jeder, der sich mit der Messung der Oberflächenrauhigkeit befaßt, muß sich mit diesen Größen vertraut machen.

Zu den einzelnen Punkten sind daher Erklärungen erforderlich.

Das Maß h_{max} wird gefunden, indem man zwei parallele Linien (ab) durch die Spitzen und (cd) durch die Täler zieht (Abb. 17) und dabei gleichzeitig alle ungewöhnlichen „Ausreißer“ ausscheidet. Die Wahl der Linien (ab) und (cd) ist daher durch die persönliche Meinung des Beobachters beeinflußt. h_{max} gibt nur die größten Tiefen bzw. Spitzen der

Fläche als Einzelwert, der aber als Gütemesser für die Rauhigkeit bedeutungslos ist (vgl. Abb. 18). Besser ist der Wert $h_{max\,(mittel)}$, der aber in der Praxis auch keine Verwendung gefunden hat. $h_{max\,(mittel)}$ verlangt viele Messungen und Wertungen, ist zeitraubend zu finden und erfordert aufmerksame Bedienung des Apparates (Abb. 18d).

h_1 für den Völligkeitsgrad und h_2 für den Undichtigkeitsgrad sind wertvolle Größen, die durch Planimetrierung der Profilkurven oder durch den Traganteilmesser (vgl. S. 75) ermittelt werden können. Zusammen mit $h_{max\,(mittel)}$ geben sie die Formfaktoren $F_1 = \frac{h_1}{h_{max}}$ und $F_2 = \frac{h_2}{h_{max}}$, von denen F_1 für die tragende Metallfläche, das ist der Völligkeitsgrad, und F_2 für die Höhlungsfläche, das ist der Undichtigkeitsgrad, von Bedeutung ist.

Spindel und Lager sollen gut tragen und lange leben (F_1). Pumpen für Gas- und Wasserdruck, Zerstäubernadeln usw. sollen gegen hohe Drücke dichthalten (F_2) (vgl. Abb. 127 und 132). Die Welligkeit λ (Abb. 18f) kann sowohl die feinste Tragfläche als auch die glatteste Dichtungsfläche zerstören: sie muß daher, wo immer möglich, beseitigt oder doch auf das Kleinstmaß verringert werden.

$h_{mittel} = h_{ave} \simeq h_{rms}$ sind die heute allgemein verwendeten Werte für die mittlere Rauhigkeit einer Oberfläche (Abb. 18b, c). Sie sind unabhängig von den einzelnen Höhen und Tiefen des Profils. Sie werden von der Mittellinie als Bezugslinie gemessen und erfassen alle Rauhtiefen und Vorschubkerben.

$h_{mittel} \simeq h_{rms}$ ist also, wie bereits erwähnt, kein lineares Maß im üblichen Sinne, sondern beruht auf einer internationalen Vereinbarung, gefunden durch elektromechanische Integration aller durch einen Fühler ohne Unterbrechung abgetasteten Höhen und Tiefen (Abb. 18b, c). Es ist, wie bei einem Voltmeter, eine *Einzelziffer*, die sich direkt auf dem Zifferblatt des Durchschnittmessers ablesen läßt. Es wird im angloamerikanischen Arbeitskreise zwar mit μ-inch = 0,000001 Zoll benannt, ist aber nicht mit dem linearen Maßstabe oder Mikrometer etwa so wie h_{max} meßbar.

Form und Güte der Oberfläche liegen aber durch die Ermittlung der Einzelintegrationsziffer (h_{mittel} oder h_{ave} oder h_{rms}) keinesfalls fest. Sowohl h_{mittel} wie h_{max} können für ganz verschiedene Oberflächen gleiche Werte besitzen. Das sei durch die Profilkurven bewiesen:

Abb. 20, a–c, zeigen drei Oberflächenkurven für die gleiche Höchsttiefe, z. B. $h_{max} = 2\,\mu$ und auch die gleiche mittlere Höhe, z. B. $h_{mittel}\,(rms) \simeq 1\,\mu$, während die Vorschubteilung dargestellt ist: bei a als Welle $\lambda = 40$ mm; bei b als Grobvorschub $t = 6$ mm und bei c als Feinvorschub $t = 0{,}08$ mm (nicht maßstäblich).

Kurve *a* ist typisch wellig und glatt, während Kurven *b* und *c* beide als eben, aber von verschiedenem Vorschub und Rauhigkeit bezeichnet werden müssen, da sie zwar gleiche Tiefe h_{max} haben, aber waagrechte Vorschübe, die sich wie 6 : 0,08 = 75 : 1 verhalten. Kurve *c* hat einen so feinen Vorschub, daß sich die Oberflächenspitzen schnell abnutzen, das ist „einlaufen" werden. Kein Ingenieur würde die drei Oberflächen schon nach Auge und Gefühl als gleichwertig ansehen, trotzdem sowohl die Tasterinstrumente für alle drei gleiche Mittelwerte und das Lichtschnittverfahren gleiche Höchstwerte anzeigen. Hier helfen nur die aufgezeichneten Profilkurven, die alle Einzelheiten klären. Nur bei Benutzung der gleichen Werkzeugmaschinen, mindestens

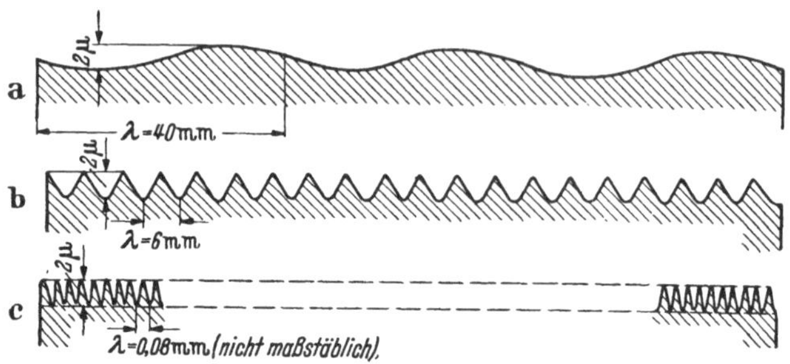

Abb. 20, a–c. a lange Wellen $\lambda = 40$ mm; $h_{max} = 2$ Mikron, b grober Vorschub $\lambda = 6$ mm; ebene Form; $h_{max} = 2$ Mikron, c feiner Vorschub $\lambda = 0{,}08$ mm; ebene Form; $h_{max} = 2$ Mikron, $h_{mittel\,(rms)}$ ist für a, b, c gleich groß.

aber gleicher Arbeitsverfahren, ist der mittlere Zahlenwert ein brauchbares Vergleichsmaß (vgl. Zahlentafel 3).

Das beliebig herausgegriffene Beispiel einer Profilkurve (Abb. 19) gibt aus 13 Ordinaten $h_{ave} = 19{,}1$ und $h_{rms} = 20{,}7$, also etwa 8% Gesamtunterschied, während alle Taster und optischen Meßapparate bis zu $\pm$ 15% Abweichung, das ist etwa das Vierfache, zulassen müssen, schon wegen der Ungleichförmigkeit aller normal geschlichteten Oberflächen.

Der positive Nachweis, daß beide Maßeinheiten praktisch gleichwertig sind, wurde dadurch geführt, daß mehrere Hunderte von Flächen sowohl mit dem englischen Talysurf (h_{mittel} oder $h_{average}$) als auch mit dem amerikanischen Profilometer (h_{rms}) bei der Betriebsstatistik (vgl. Einleitung und S. 88) gemessen, verglichen und als praktisch gleich festgestellt wurden. Etwa 80% stimmten überein, bei dem Rest war es fraglich, ob die beiden benutzten Instrumente (amerikanisches Profilometer und englischer Talysurf) auf das gleiche Wellenband richtig abgestimmt waren (vgl. S. 5).

Für die Rauhigkeit von Oberflächen, die durch Welligkeit (λ) nicht oder wenig gestört werden, ist $h_{mittel\,(rms)}$ das übliche Rauhigkeitsmaß als Einheitsziffer, in der Tiefe, Vorschub der Riefe und der Einfluß der Welligkeit gleichzeitig enthalten sind.

$F_1 = \frac{h_1}{h_{max}}$ (Abb. 6, 17 und 18e) als Formfaktor ist die zweite wichtige Einheitsziffer, die die Tragfähigkeit einer Fläche mißt, die für alle Spiel- und Ruhesitze von größter Bedeutung ist. Der Oberflächenprüfer (MECHAU-ZEISS) und das Surfascope (NICOLAU) wurden als etwa gleichartige Instrumente entwickelt, die den Formfaktor in gewissen Grenzen unmittelbar abzulesen gestatten (vgl. S. 75).

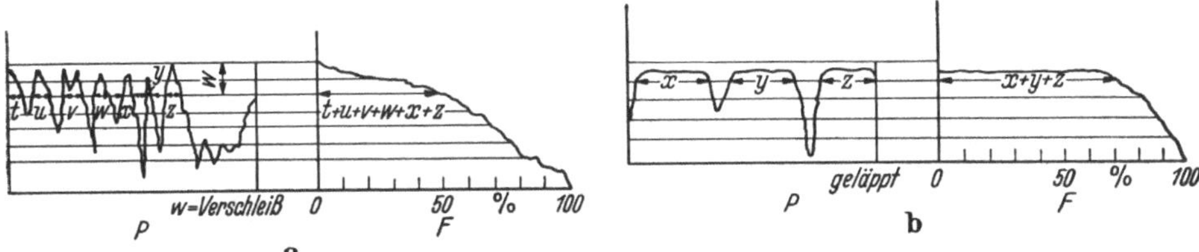

Abb. 21, a u. b. Tragflächenkurven und Abnutzung (Abbott und Firestone).

Die Metallfläche über der Grundlinie (cd) (Abb. 17), deren mittlere Höhe mit h_1 bezeichnet wurde, kann durch Planimetrieren gefunden und mit der Gesamtfläche ($abcd$) mit der Höhe h_{max} verglichen werden. Der Formfaktor bestimmt die Tragfläche einer Oberfläche, bevor die Einlaufperiode beginnt.

Die Tragflächenkurven zeigen den Anstieg der Tragfläche in dem Maße, wie die Spitzen des Profiles durch mechanischen Eingriff entfernt werden, sei es künstlich durch Läppen (vgl. Abb. 82) oder Feinstschleifen (Superfinishing) oder durch die natürliche Abnutzung.

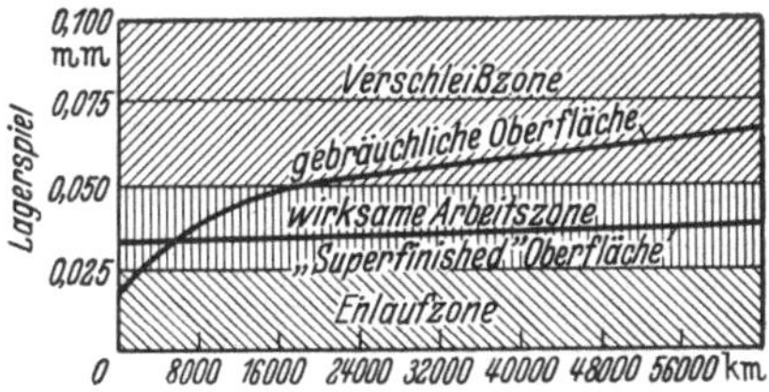

Abb. 22. Einlaufen und Verschleiß eines Automobilmotors.

Ein gutes Verfahren, die Tragfläche der Profilkurve zu verdeutlichen sowie den Grad des steigenden Einlaufens oder Abnutzens zu zeigen, wurde zuerst durch ABBOTT und FIRESTONE in USA. angegeben (Abb. 21). Das Profilschaubild (P) ist durch in geeigneter Weise eingezeichnete parallele Ebenen geschnitten. Die Breiten t–u–v–w–x–y–z der abgenutzten Köpfe werden dann addiert und in das Formfaktordiagramm (F) auf der rechten Seite des Oberflächenschaubildes eingetragen. Wenn das für jeden Höhenschnitt durchgeführt wird, ergibt sich eine neue Kurve, die den Zuwachs an Tragfläche darstellt und die von Null oder einem Anfangswert oben bis zu einem Maximum an der Grundlinie ansteigt. Abb. 22 verdeutlicht als Beispiel den relativen Einfluß der korrekten

Tragfläche bei der Dauerbenutzung eines Automobils, indem sie das anfängliche Spiel im neuen Wagen mit dem Spiel der eingelaufenen Teile vergleicht. Einlaufperiode und Auslaufperiode eines gegebenen Motors werden deutlich. Die eingezeichnete „gebräuchliche" Oberflächengüte zeigt, wie schnell der Übergang vom anfänglichen bis zum endgültigen Einlaufen unter üblichen Verhältnissen vor sich geht. So ist z. B. nach 23000 km Fahrt hier schon mehr Spiel vorhanden, als erlaubt ist.

Das Verfahren des Feinstschliffes (Superfinish-Chrysler, Detroit) gab eine erhebliche Verbesserung, indem man das merkbare Einlaufen von vornherein durch maschinelle O-Glättung ausmerzte, und das Spiel hervorgebracht durch die unvermeidliche Abnutzung selbst, in erträglich kleinen Grenzen hielt. Bis zu 65000 km ist hier die Abnutzung kleiner als 0,035 mm, weil der Formfaktor, d. i. die Tragfläche, von Anfang an groß genug war, um die größte spezifische Last, die vorkommen kann, auszuhalten. Ideale Bedingungen würden stets erreicht werden, wenn man die Oberflächen von Anfang so gut ausführt, daß die Passung unter dem Einfluß kleinster Abnutzung praktisch unverändert bleibt.

Für $F_2 = \frac{h_2}{h_{max}}$ (Abb. 18e), den Undichtigkeitsfaktor, gilt, abhängig von dem anderen Verwendungszweck, das gleiche wie für F_1.

Die Aufzeichnung einer Profilkurve durch ein Schnittverfahren (vgl. Abb. 18, a–f) gibt, wie gezeigt, alle Einzelheiten der Oberfläche je nach der gewählten Meßeinheit und Meßrichtung. Sie ist für die Wiedergabe und das Studium der Einzelheiten unentbehrlich. Alle zeitgemäßen Oberflächenschreiber zeichnen diese charakteristischen Kurven bei Tageslicht auf, sei es mittels schnelltrocknender Tinte oder mittels elektrischer Funkenschrift, die natürlich das Papier nicht durchbrennen darf. Sie arbeiten zwar schnell, etwa in 1,5 bis 2 Minuten alles einbegriffen, je Versuch, abhängig von der Diagrammlänge und der Papiergeschwindigkeit, aber auch diese Zeit ist für laufende Kontrollen einer ganzen Produktionswerkstatt zu lang. Es ist daher wohl die Kombination von schneller Durchschnittskurzmessung von h_{mittel} für laufende Kontrollen der Rauhigkeit in der Werkstatt, verbunden mit Profilkurvenaufzeichnung und Formfaktormessung für die überwachende Versuchsabteilung, die richtige Lösung. Ein guter Oberflächenprüfer sollte sowohl die Integrationsmessung machen, als auch die Kurven aufzeichnen können.

Wertung der Meßeinheiten.

Abb. 23 gibt eine gedrängte Übersicht über die möglichen Formen der Oberflächen und ihre Wertung durch die Wahl der richtigen Meßeinheiten. Die Profilkurven sind selten gerade Linien oder auch nur regelmäßige Kurven. Und wenn sie etwa gleichförmige Riefen zeigen, wie im Falle der mit dem Diamanten vorgedrehten Oberflächen (vgl. Abb. 10b), so geben diese Nuten meist die Form der Nase des erzeugenden Werkzeuges, verzerrt, entsprechend den verschiedenen Vergrößerungen wieder.

		1	2	3	4	5	6	7
		h_{max}	h_1	h_2	h_{ave}	h_{rms}	$\frac{h_1}{h_{max}}$	$\frac{h_2}{h_{max}}$
1	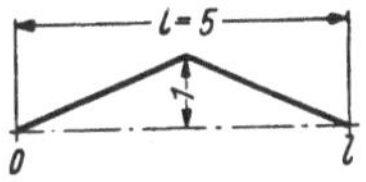 $l=5$; 1; 0; l	1	0,50	0,50	0,25	0,289	0,50	0,50
2	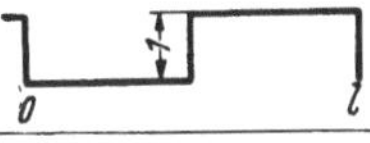 1; 0; l	1	0,50	0,50	0,50	0,50	0,50	0,50
3	 1; 0; Parabel; l	1	0,67	0,33	0,256	0,299	0,67	0,33
4	 0; 1; l; Parabel	1	0,33	0,67	0,256	0,299	0,33	0,67
5	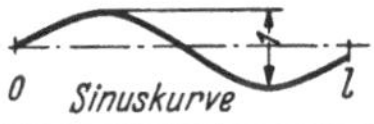 1; 0; Sinuskurve; l	1	0,50	0,50	0,318	0,354	0,50	0,50
6	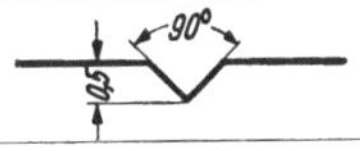 90°; 0,5	0,5	0,45	0,05	0,081	0,119	0,90	0,10
7	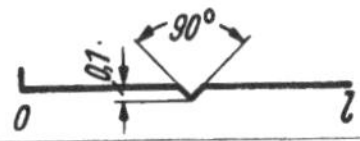 90°; 0,1; 0; l	0,1	0,098	0,002	0,0038	0,011	0,98	0,020
8	 1; 0; Parabel; l	1	0,33	0,67	0,256	0,298	0,33	0,67
9	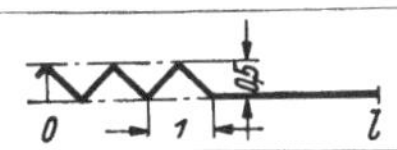 0,5; 0; 1; l	0,5	0,125	0,375	0,141	0,161	0,25	0,75
10	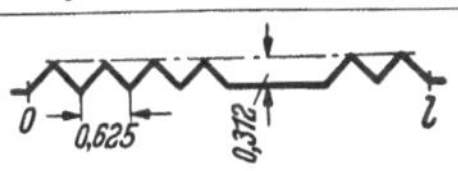 0; 0,625; 0,312; l	0,312	0,117	0,195	0,091	0,104	0,375	0,625

Abb. 23. Rechnerische Wertung der Meßeinheiten (μ-inch) (Stewart Way-Pittsburg).

Die Kurven (vgl. Abb. 4b, a–l) folgen, trotzdem sie im einzelnen ziemlich gleichförmig verlaufen, keinem normalen mathematischen Gesetz (Kreis, gerade Linie, Sinuskurve, Parabel, Hyperbel). Daher geben alle Formeln und Tafeln, die auf Formeln gegründet sind, nur einen ungefähren Eindruck der Oberflächengestalt. Das Hauptziel der Untersuchung war, durch Versuche zu prüfen, ob sich die gewählte Meßeinheit in ihrer Anwendung auf die gebräuchlich hergestellten Oberflächen als eine verläßliche Einheit erweisen wird. Trotzdem also Oberflächenrauhigkeiten in der Praxis keinem mathematischen Gesetz folgen, ist es doch interessant, die einfachen theoretischen Kurven (gerade Linie, Kreis, Parabel und Sinuslinie) und ihre Kombination zu vergleichen und die zahlenmäßigen Werte der verschiedenen Einheiten im Hinblick auf die Oberflächenunregelmäßigkeiten zu berechnen.

1 Die gerade Linienzusammenstellung kann den Facetten eines Diamantwerkzeuges entsprechen;

2 das burgartige Profil bildet einen seltenen, mehr theoretischen Fall;

3, 4, 5, 8 Parabeln und Sinuslinien werden im allgemeinen in der Werkstatt durch Kreise ersetzt, weil man die Werkzeugnase leicht so auf der gewöhnlichen Werkzeugschleifmaschine herstellen kann;

6 und *7* stellen mehr oder weniger feine Risse unter der Berührungsfläche dar, die meist als unregelmäßige Riefen bei Feinschleifen, Honen und Läppen vorkommen;

9 und *10* sind mehr oder weniger fein geschliffene oder fein gedrehte Oberflächen, die von Hartmetallen oder Diamantwerkzeugen herrühren können.

Wir wollen nun die Zahlenwerte erörtern.

Die senkrechte Spalte 1 zeigt, daß der Wert h_{max} nichts über den Zustand der Oberfläche aussagt. Kurven *1* bis *5* und *8* haben sehr verschiedene Formen, aber das gleiche h_{max} (= 1); ebenso gleich aber in anderer Größenordnung liegen *6* und *9* (h_{max} = 0,5). Das stimmt mit der Wirklichkeit überein. Daher ist für den praktischen Gebrauch in den Werkstätten keine besondere Nutzanwendung von h_{max} zu machen, weil diese Größe über die Gestalt und Güte der Oberflächen nichts aussagt.

Die senkrechten Spalten 4 und 5 vergleichen $h_{average}$ und h_{rms}, die *alle* Vorsprünge und Vertiefungen mitteln. Sie beweisen, daß die Unterschiede zwischen beiden gering sind. Sie liegen theoretisch in den meisten Fällen zwischen 10 und 14% (Formen 1, 3, 4, 5, 8, 9, 10). Für die feinen Einzelrisse Nr. 6 und 7 schwanken sie jedoch zwischen 30 und 60%. Form 2 kommt nicht in Frage. Schwankungen zwischen 0,5 und 1,2 μ-inch, die auf derselben Oberfläche vorkommen können (= 0,0125 und 0,03 Mikron), bedeuten zwar 240% Schwankung, trotzdem sind die Werte absolut so klein, daß sie keinen Einfluß auf die Arbeitsweise der Oberfläche haben. Es muß ferner darauf hingewiesen werden, daß auch die besten Oberflächenmesser aufhören, unter 2 μ-inch (= 0,05 Mikron) Meßinstrumente zu sein. Sie sind jedoch sehr nützliche Vergleichsinstrumente für Oberflächen, die feiner als 2 μ-inch bis herunter zu 0,5 μ-inch (vgl. S. 73) sind.

Ein Blick auf die beiden Integralformeln für h_{mittel} und h_{rms} (S. 32) zeigt, daß beide eine sehr ähnliche Zusammensetzung haben.

Wenn man das Planimeter benutzt, um die Kurven zu analysieren, so kann man allerdings mit erheblichem Zeitaufwand alle übrigen

Werte: h_1, h_2, $\frac{h_1}{h_{max}}$, $\frac{h_2}{h_{max}}$ finden. Diese Kontrollarbeit ist besonders für das Laboratorium gedacht und vom Verfasser durchgeführt worden.

Da es leichter ist, den Außendurchmesser eines zylindrischen, gehärteten Zapfenlagers fein zu bearbeiten, als den Innendurchmesser der gleichen mehr oder weniger sich anschmiegenden weichen Lagerschale, so sollte das Zapfenlager der Welle fein geschliffen und nachgeläppt werden, zwischen 2 und 4 μ-inch (= 0,05 und 0,1 Mikron) mit einem Völligkeitsgrad von ungefähr 70%. Dieses Ergebnis kann aber auch durch Honen, Läppen oder das Superfinishing-Verfahren von vornherein auf besonders dafür geeigneten Werkzeugmaschinen erzeugt werden (vgl. S. 155). Ideale Laufbedingungen würde man erhalten, wenn die Oberflächen von Anfang an so gut hergestellt werden würden, daß das Lagerspiel oder die Passung auch unter dem Einfluß der Abnutzung bei mehrjährigem Gebrauch praktisch unmerkbar geändert würde.

Läppen, Mikrohonen, Superfinishing sind die geeignetsten Verfahren für diese besonders wichtigen Teile. Feine Oberflächen mit einer mittleren Rauhigkeit von 1 bis 4 μ-inch (= 0,025 bis 0,10 Mikron) sichern die Bildung eines guten Ölkeils und gleichförmiger Ölhäutchen und gestatten daher, feine Öle niedriger Viskosität bei einem Minimum von Ölnuten und einem Maximum von Tragfläche in solchen Lagern zu verwenden. Für Schiebe-, Preß- und Schrumpfsitze ist eine Rauhigkeit von 16 bis 32 μ-inch (= 0,4 bis 0,8 Mikron) ausreichend, sie kann auf guten Universalschleifmaschinen hergestellt werden. In besonderen Fällen kann ein gehontes Hartmetallwerkzeug eine Fläche gleicher Feinheit auf weichem Stahl oder Gußeisen hervorbringen.

Will man die Tragfähigkeit der Flächen durch künstlich eingearbeitete Ölkanäle oder Vertiefungen erhöhen, so kann das durch mechanische und chemische Behandlung der Oberfläche nachträglich geschehen (vgl. S. 164).

V. Normung und Symbole.

Die Ergebnisse der Oberflächenprüfungen, die in den Vereinigten Staaten seit 1932 durchgeführt wurden, sind seit 1947 dem Konstrukteur in Gestalt eines Normvorschlags zugänglich. Das amerikanische Standard ASA-B 46-1 1947 gibt die folgenden Werte für Rauhigkeit in h_{rms} oder h_{ave} (Zahlentafel 3):

Die Stufungen 1, 2, 3, 4, 5, 6 erscheinen zu fein. Diese Rauhigkeiten können wohl stets auf derselben Fläche unmittelbar nebeneinander festgestellt werden; aber viel gröbere Unterschiede kommen auch vor (vgl. S. 140).

Zahlentafel 3. Rauhigkeits-Höhenwerte (μ-inches).

¼	5	20	80	320
½	6	25	100	400
1	8	32	125	500
2	10	40	160	600
3	13	50	200	800
4	16	63	250	1000

Zusammenarbeitende Oberflächen aber, die gröber sind als 160 μ-inch (= 4 Mikron), werden in der Regel nicht mehr durch feine Oberflächenmesser laufend geprüft, höchstens aus Interesse statistisch gemessen. Ein Wert von 160 μ-inch stellt schon eine recht rauhe Fläche dar, die durch Auge und Gefühl zufriedenstellend mit Musterflächen verglichen werden kann, die sicher für die Gütegrade über 160 μ-inch ausreichen.

In Großbritannien sind amtliche Normen dieser Art noch nicht herausgebracht worden.

Auch für die Welligkeitshöhen macht ASA-B. 46-1 einen Vorschlag, und zwar in linearem Zoll. Zahlentafel 4 gibt die vorgeschlagenen Werte in Zoll und Millimeter wieder.

Zahlentafel 4. Genormte Welligkeitshöhen (Amerikanische Norm, 1947).

mm	Zoll	mm	Zoll	mm	Zoll
0,00050	0,00002	0,0075	0,0003	0,125	0,005
0,00075	0,00003	0,0125	0,0005	0,200	0,008
0,00125	0,00005	0,0200	0,0008	0,250	0,010
0,00200	0,00008	0,0250	0,001	0,375	0,015
0,00250	0,00010	0,0500	0,002	0,500	0,020
0,00500	0,00020	0,0750	0,003	—	—

Verfasser hat auf Grund der von 1942 bis 1949 durchgeführten Messungen eine Normtafel (Zahlentafel 5) entwickelt, die auf gemachten Erfahrungen und auf einem Erfahrungsaustausch (1948) über diese Werte mit führenden englischen und amerikanischen Firmen aufgebaut ist. Die Zustimmungen berechtigen, diese Werte als eine brauchbare Richtschnur für die heute hochentwickelte Bearbeitungstechnik zu empfehlen. Die Zahlentafel kann dann leicht, nachdem sie einige Zeit in praktischem Gebrauch gewesen und geprüft worden ist, den wachsenden Forderungen angepaßt werden. Richtschnur muß sein, ähnlich wie bei den Grenzabmaßen für die Passungen, einen Grad für die Oberflächengüte von Fall zu Fall festzusetzen, der „gut genug“ ist, und nicht wieder in den alten Fehler zu verfallen, unnötig feine Oberflächengüten herunter bis Null μ-inch vorzuschreiben ohne Rücksicht auf die Herstellungskosten. Wenn die wünschenswerte Oberflächengüte durch praktische Ausführung und Messung bekannt ist, dann kann man die geeigneten Schlichtverfahren spezifizieren, weil die vorgeschlagenen Toleranzen für die Oberflächenmeßwerte auf verschiedenen Werkzeugmaschinen erzeugt werden können und weil solche Grenzen unter Voraussetzung scharfer Werkzeuge bereits geprüft worden sind.

Es wird vorgeschlagen, um die Zeichnung vor Überladung mit Angaben zu schützen[1], daß nur die höchstzulässige Rauhigkeit der Gütestufe in Form eines Symbols auf der Zeichnung eingetragen werden soll, das zweckmäßig Dreiecksform oder Wurzelform hat, deren Spitze auf

[1] Report on the Measurement of Surface Finish by Stylus Methods by R. E. Reason, M. R. Hopkins, R. I. Garrod 1944, March. Taylor, Taylor & Hobson Ltd. Leicester.

Zahlentafel 5. Normvorschlag: Zuordnung von Bearbeitungsverfahren und der erreichbaren Oberflächengüte.

Nr.	Art der Bearbeitung	h_{mittel} μ-inch	Normstufen (Vorschlag)
1	*Vordrehen*	>64—125	μ-inches
2	*Fertigdrehen* (starre und steife Drehbank) .	>16—63	>0,5— 1
3	*Feindrehen*		> 1— 2
	1. Eisen und Stahl	>16—32	> 2— 4
	2. Nichteisen-Metalle		> 4— 8
	a) Karbid-Werkzeuge	> 4—16	> 8— 16
	b) Diamant-Werkzeuge	> 1— 8	> 16— 32
4	*Normales Bohren* (Bohrstange, Spiralbohrer)	>16—63	> 32— 63
5	*Feinbohren und Reiben*		> 63—125
	1. Eisen und Stahl	> 8—16	>125—250
	2. Nichteisen-Metalle		
	a) Karbid-Werkzeuge	> 4— 8	
	b) Diamant-Werkzeuge	> 1— 4	
6	*Normalschliff* (weiche und gehärtete Stücke)	>16—32	
7	*Feinschleifen*		
	1. Klasse	> 2— 8	
	2. Klasse	> 8—16	
8	*Feinstschliff*		
	a) Lehren, Muster, Vergleichsstücke u. ä.	> 1— 4	
	b) Parallel-Endmasse	0,5— 2	
9	*Verfeinerte Flächen* (weich und gehärtet)		
	1. Läppen	0,5— 4	
	2. Honen	0,5— 8	
	3. Glänzen (Superfinish)	0,5— 2	
10	*Fräsen*		
	a) normal	>32—63	
	b) fein	> 8—32	
11	*Hobeln*		
	a) normal	>16—63	
	b) fein	> 8—16	
12	*Reiben*		
	a) normal	>16—32	
	b) fein	> 4—16	
13	*Räumen*		
	a) normal	>16—32	
	b) fein	> 4—16	
14	*Zahnräderschneiden*		
	1. Zahnformfräsen	>32—63	
	2. Wälzfräsen	>16—32	
	3. Schaben (Schälen)	>16—32	
	4. Stoßen, Hobeln	>16—63	
	5. Formschleifen	> 8—32	
	6. Wälzschleifen	>16—32	
	7. Läppen	> 4—16	

die fragliche Oberfläche zeigt, während die maximale Güteziffer auf der Grundfläche des Dreiecks steht und der Anfangsbuchstabe der Bearbeitungsoperation *D* für Drehen, *S* für Schleifen, *L* für Läppen, *Sp* für Superfinishing usw. —, in das Dreieck oder das Wurzelzeichen eingetragen werden kann (vgl. Abb. 1).

Die Rauhigkeitsgüte muß zugleich mit dem Verfahren so gewählt werden, daß ein Formfaktor von 60 bis 70% von vornherein erzielt wird.

Diese Symbole ergeben eine erträgliche Zusatzbelastung der Zeichnung. Tatsächlich beanspruchen schon die notwendigen Größenmaße mit den Ober- und Untergrenzen der Abmaße sehr viel Raum. Ein einfacher brauchbarer Vorschlag ist in Abb. 24 gezeigt. Der amerikanische Normvorschlag enthält auch die zulässige Welligkeitshöhe, die nur mit der Profilkurve gemessen werden kann (Abb. 1).

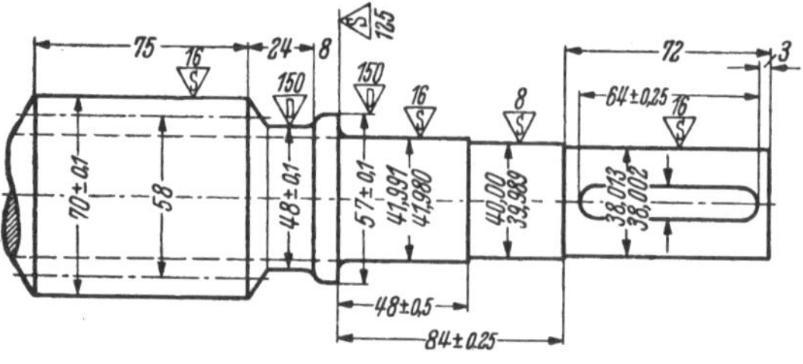

Abb. 24. Eintragung von O-Gütesymbolen in die Werkzeichnung.

Um Fehler und Mißverständnisse zwischen Konstrukteur und Werkstatt zu vermeiden, empfiehlt es sich daher, im Zeichenbüro einen Verbindungsingenieur zu beschäftigen, der mit den Werkstattsverfahren sehr gut vertraut ist, der außer der O-Güte auch die Passungen einzusetzen hat, der also die Brücke bildet zwischen Konstrukteur und ausführendem Arbeiter.

VI. Die gebräuchlichen Verfahren zur Messung der Oberflächen von Metallen und ihre Anwendbarkeit.

Zwei Hauptverfahren werden heute zur Bestimmung der Güte einer Oberfläche benutzt:

I. der qualitative und subjektive (Auge und Finger) Vergleich von Flächen mit vorhandenen Musterstücken oder auf Grund der Erfahrung, jedenfalls ohne zahlenmäßige Feststellung;

II. die quantitative Bestimmung von Einzelziffern als Maße für 1. die mittlere oder maximale Rauhigkeit, 2. die Welligkeit und 3. den Völligkeitsgrad einer Oberfläche. In allen drei Fällen werden zahlenmäßige Größen angegeben.

An Stelle der Einzelziffern nach Verfahren II kann

III. die graphische Wiedergabe des Profilschnitts der Oberfläche treten, die gestattet, alle erforderlichen Einzelheiten betreffend Rauhigkeit, Welligkeit, Völligkeitsgrad und Meßrichtung aus dem niedergeschriebenen Diagramm unabhängig vom Wellenband des Instrumentes (vgl. S. 5), zu entnehmen.

Zu I. Qualitative Kennzeichen sind an die persönlichen Eindrücke gebunden, die der Beobachter durch Gesicht, Gefühl und Gehör einzeln oder zusammen empfängt.

Das Aussehen des Stückes wird durch das unbewaffnete oder bewaffnete Auge des Beobachters direkt oder nach Glättung von Hand mit einem Schleifstab (vgl. Abb. 28) (in der Regel aus gebundenem Schmirgel) beurteilt. Das Urteil des Beobachters wird zweckmäßig durch Vergleich mit Musterstücken gestützt. Die Rauhigkeit, Welligkeit, Glätte oder Schärfe der bearbeiteten Fläche kann durch die Fingerkuppe des Arbeiters oder Revisors direkt abgefühlt werden oder aber durch Be-

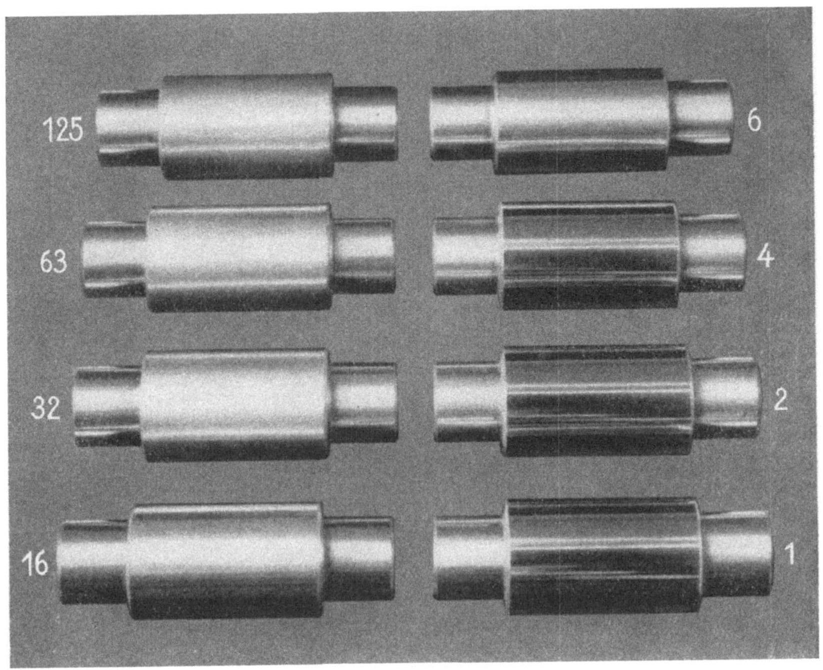

Abb. 25. Zylindrische Meister der Norton Company-Worcester, Mass. (USA.).

nutzung einer Kupfermünze, deren gut erhaltener Rand mit bestimmter Geschwindigkeit längs oder quer zu den Bearbeitungsriefen gezogen wird. Dadurch wird gleichzeitig mit dem Gefühl des Fingers ein Ton erzeugt, der Gehör und Gefühl empfindlich vereinigt und der von der Meßrichtung merkbar beeinflußt wird.

Es leuchtet ein, daß die Unsicherheit des prüfenden Auges oder Fingers auch bei geübten Arbeitern und Abnahmebeamten wesentlich durch die Einführung von normalen und geeigneten Musterstücken vermindert wird, mit denen man das erzeugte Stück vergleicht. Die Güte des Stückes wird dann gekennzeichnet als ebenbürtig dem durch Nummer gegebenen Normalstück der gleichen Bearbeitungsart. Solche „Meister“ werden heute hergestellt a) als Zylinder (Abb. 25), b) als

Flachstücke in Taschenbuchform (Abb. 26), c) als wirkliche Musterteile aus der laufenden Fabrikation (Abb. 27).

Die Flachstücke haben den Vorteil, daß sie leicht sind und daß sie z. B. vom Revisor in der Brusttasche getragen werden können. Die zylindrischen Muster sind schwer, und die wirklichen Musterteile sind kostspielig und schwierig in gutem Oberflächenzustand zu erhalten.

Die Taschenflachmuster erleichtern die Fingerspitzenprobe, weil man die flachen und leichten Musterstücke neben die zu prüfende Fläche halten und beide direkt gefühlsmäßig vergleichen kann.

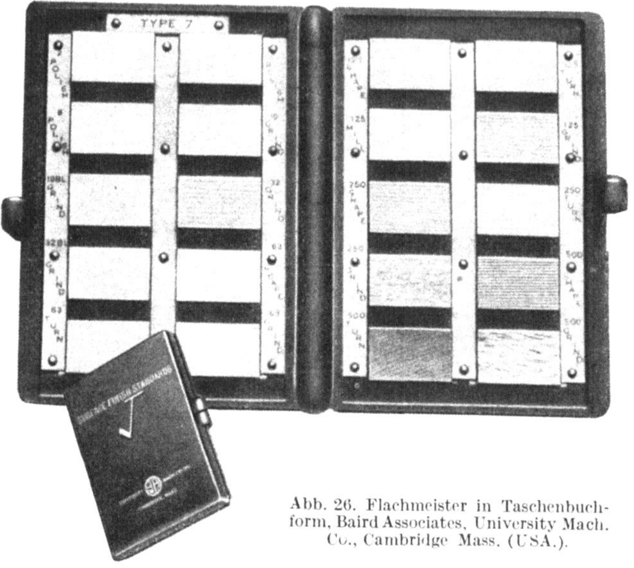

Abb. 26. Flachmeister in Taschenbuchform, Baird Associates, University Mach. Co., Cambridge Mass. (USA.).

Das Anreiben der Oberfläche mit dem *Schmirgelstab* ändert das Aussehen der angeriebenen Stelle von blank auf matt (Abb. 28a, b). Da diese Mattierung deutliche Reflexe auslöst, weil eben die Vorsprünge des Vorschubes der fertigen Fläche eingeebnet werden, so leitet die Schleifstabprobe schon zu einer Art mechanisierter Rauhigkeitsprüfung über. Mit diesen vier Proben sieht, fühlt und schätzt der geübte Arbeiter oder Revisor, er mißt aber nicht.

Eine starke Unterstützung des Auges bildet das *Vergleichsmikroskop* (vgl. S. 79), das gleichzeitig gestattet, das Aussehen, die Bearbeitungsart und im gewissen Sinne auch die Bearbeitungsgüte mit einem Meisterstück bei Vergrößerungen in der Regel zwischen 10mal bis 40mal zu vergleichen.

Wenn auch diese subjektiven und nur qualitativen Proben nicht zahlenmäßig messen, so sind sie heute wegen ihrer großen Schnelligkeit vielfach in der Form in Gebrauch, daß man nur die Meister- oder die Musterstücke wirklich mißt und durch Stichproben mit einem Ober-

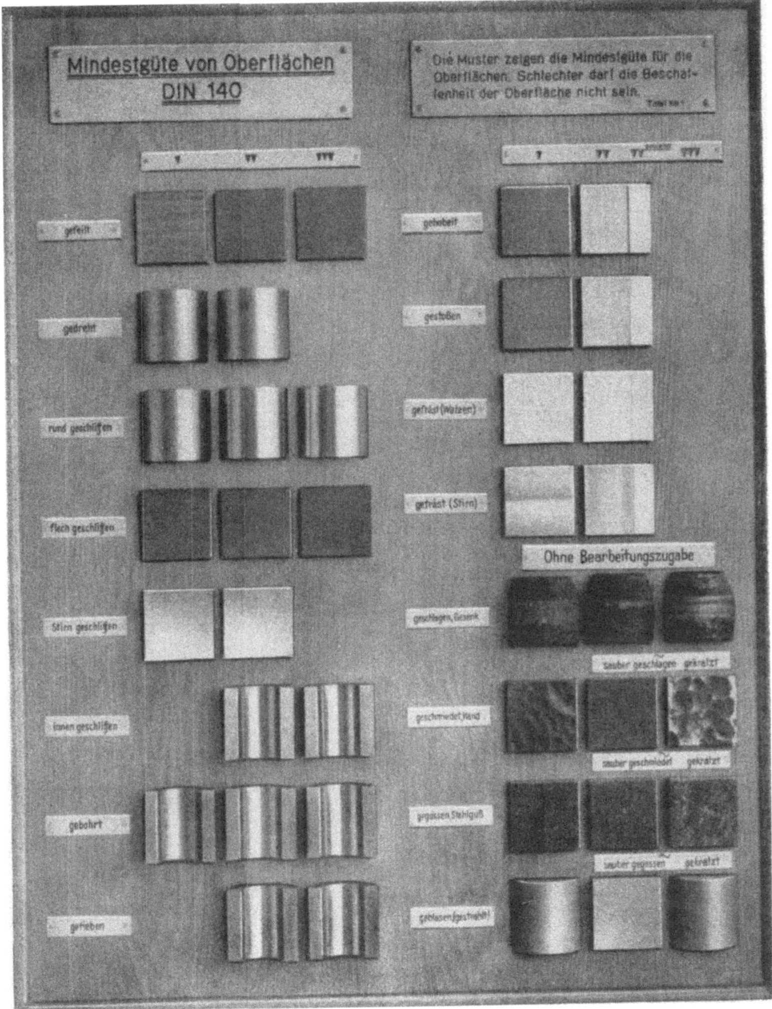

Abb. 27. Mustertafel (Schluckebier). Vergleichstücke für Mindestgüten von Oberflächen.

flächenmeßinstrument in bestimmten Zeiträumen kontrolliert, ob die Augen- und Fingerverfahren ausreichend gute Ergebnisse zeitigen.

Es ist erstaunlich, wie gut man intelligente Arbeiter in dieser Weise zu dauernd gleichmäßiger und hochwertiger Oberflächenherstellung erziehen kann.

Das gilt auch für Konstrukteure im Büro. Zahlentafel 6 zeigt einen Versuch, den Verfasser mit drei ganz ungeübten Ingenieuren des Konstruktionsbüros angestellt hat. Sie hatten eine Anzahl ganz verschiedenartiger, fertiger Stücke zu werten, deren Oberflächen (vgl. S. 63) bereits mit dem Talysurf nach h_{mittel} und h_{max} gemessen und bekannt waren.

Die Beobachter erhielten die folgende Belehrung:

Klasse Nr.	Rauhigkeit μ-inch	Klasse Nr.	Rauhigkeit μ-inch
0	1	4	16
1	2	5	32
2	4	6	63
3	8	7	125

Hier sind 8 zylindrische Meisterstücke (vgl. Abb. 25) mit angegebenen Gütegraden (s. nebenstehende Tabelle).

Hier sind ferner 47 Maschinenteile verschiedener Herstellungsart und Oberflächengüte. Die ersten 15 stellen Flugzeugteile hoher Güte dar. Sie sind auf ganz verschiedenen Maschinen hergestellt und enthalten vielerlei Gütegrade, die durch Vergleich mit den Meisterstücken gefunden werden sollen.

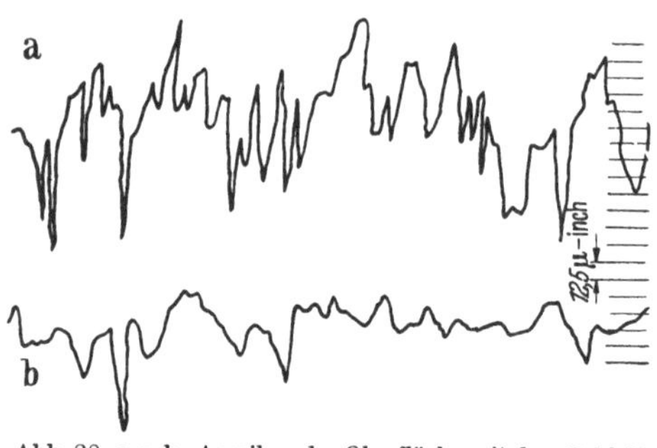

Abb. 28, a u. b. Anreiben der Oberfläche mit dem Schleifstab. a geschliffene Fläche, b angehontes Flächenstück.

Die zweite Gruppe von 8 Teilen gehört zu feinen Instrumenten. Die dritte Gruppe von 12 Teilen enthält nur gedrehte Stücke. Acht nichteiserne Teile sind mit Diamanten, die 4 Stahlteile mit Hartmetallen geschlichtet.

Die 12 letzten Stücke sind mit verschiedenen Gütegraden geschliffen.

Die Aufgabe ist, die Güte der Teile durch Vergleich mit den Meisterstücken nach ihren Klassennummern von 0 bis 7, deren Oberflächen gemessen waren, einzuordnen:

1. durch Vergleich mit dem bloßen Auge;
2. unter Benutzung eines Vergleichsmikroskopes 30mal (vgl. Abb. 55);
3. durch die Münzenprobe;
4. auf äußeres Aussehen (Glanz).

Jeder der drei Beobachter A, B, C bekam eine Liste, ohne Meßergebnisse und Klassifizierung und hatte die Klassennummer nach bester Überzeugung einzutragen. Zahlentafel 6 stellt das Ergebnis der je 12 Schätzungen je Stück zusammen und gestattet durch nachträgliche Eintragung der Meßergebnisse für h_{mittel} und h_{max} sowie der Klassennummer der Meisterstücke Schätzungen und Messungen zu vergleichen.

Ergebnis: Eine bemerkenswerte Übereinstimmung der Prüfungen der drei Beobachter untereinander ist festzustellen. Aber im allgemeinen

Zahlentafel 6.

Ergebnisse qualitativer Vergleichsversuche mit nacktem Auge, Vergleichsmikroskop und Münze durch 3 ungeübte Beobachter aus dem Konstruktionsbüro.

Bearbeitung	Meßergebnisse h_{mittel}	Meßergebnisse h_{max}	Klassen-Nr.	Rauhigkeit: Bloßes Auge A B C	Rauhigkeit: Klemm-Vergleichsmikroskop A B C	Rauhigkeit: Münze Probe A B C	Aussehen (Glanz) A B C	Gruppe	Bemerkungen
Feingedreht . . .	9,5	50	4	3 3 2	3 3 3	3 3 3	2 3 2		
„	14	23	4	3 2 2	3 3 2	3 3 3	2 2 2		
Diamant gebohrt	3,4	19	2	1 2 2	1 2 2	2 2 2	1 2 1		
„ gedreht	6 (G)	23	3	2 2 2	2 2 2	2 2 2	2 3 2		
Feingeschliffen	1,5	2,5	1	1 1 1	1 2 2	2 2 2	1 1 1		
Geschliffen	17	65 .	5	3 3 3	3 3 2	3 3 2	2 3 2		
Gehont	0,6	1,2	0	1 1 1	1 1 1	1 1 1	1 1 1		
Hand geläppt . .	3,5	12	2	1 2 1	1 2 2	2 2 2	1 2 1	I	Flugzeugteile
„ „ . .	1,3	6	1	2 2 2	2 2 2	2 2 2	1 2 1		
Maschinen geläppt	(—)1	1,8	0	1 1 1	1 1 1	1 1 1	1 1 1		
„ „ .	1,7	2,8	1	2 1 2	2 1 1	1 1 1	2 3 2		
Geschliffen	14	35	4	3 2 2	3 3 3	2 2 2	1 2 2		
„	8,7	26	4	2 2 2	2 3 3	2 2 2	1 2 2		
„	8,1	45	4	3 2 3	3 3 3	3 3 3	2 2 2		
„	12	70	4	2 2 2	2 3 3	2 2 2	2 2 2		
Geschliffen	28	62	5	3 3 3	3 3 3	3 3 3	2 2 2		
Gedreht	5,5	10	3	2 2 2	2 2 2	2 2 2	2 2 2		
„	15	72	4	3 2 3	2 2 2	2 2 2	2 2 2		
Geschliffen	9	52	4	2 2 2	2 2 2	3 3 2	2 2 2	II	Teile von feinen Instrumenten
„	12	54	4	2 2 2	2 2 2	2 2 2	2 2 2		
Gedreht	7,3	26	3	2 2 2	2 2 2	2 2 2	2 2 2		
„	8,1	25	4	2 2 2	2 2 2	2 2 2	2 2 2		
Geschliffen	7	25	3	2 2 2	2 2 3	2 2 3	2 2 2		
Diamant gedreht .	22	110	5	2 2 2	3 4 3	3 2 4	1 1 1		
„ „ .	31	167	5	2 2 2	3 4 4	3 2 4	1 1 1		
„ „ .	24	145	5	2 2 2	3 4 4	3 2 3	1 1 1		
„ „ .	20	98	5	2 2 2	3 4 4	2 2 3	1 1 1	IIIa	gedrehte Teile Nicht-eisen-Metalle
„ „ .	17	120	5	2 2 2	3 4 4	3 3 3	2 1 2		
„ „ .	22	115	5	2 2 2	3 4 4	3 3 3	2 1 2		
„ „ .	18	90	5	2 2 2	3 4 4	3 3 3	2 1 2		
„ „ .	18	100	5	2 2 3	3 4 4	3 3 3	2 1 2		
Hartmetall gedreht	37	150	6	3 2 3	3 4 4	3 4 4	2 2 2		
„ „	17	70	5	3 2 3	3 4 3	3 3 3	2 2 2	IIIb	Stahl
„ „	52	240	6	3 3 4	3 4 4	3 4 4	2 2 2		
„ „	66	200	7	4 4 5	4 4 5	4 5 5	2 3 3		
Geschliffen	17	63	5	3 3 2	3 2 2	3 3 3	2 2 2		
„	3,5	11	2	2 2 2	2 2 2	2 2 2	1 1 1		
„	4,1	15	3	2 2 2	2 2 2	2 2 2	1 1 1		
„	5,6	20	3	2 2 2	2 2 2	2 2 2	1 1 1		
„	3,8	13	2	2 2 2	2 2 2	2 2 2	1 1 1		
„	2,2	4,5	2	2 2 2	2 2 2	2 2 2	1 1 1	IV	geschliffene Teile verschiedener Gütegrade
„	20	75	5	3 3 3	3 3 3	3 3 3	2 1 2		
„	28	108	5	3 3 3	3 3 3	3 2 3	2 2 2		
„	11	50	4	3 3 2	3 3 2	3 2 3	2 2 1		
„	6	13	3	3 3 2	3 3 2	2 2 3	2 2 1		
„	8,9	54	4	3 3 2	3 3 2	2 2 2	2 2 1		
„	2,5	13	2	2 2 2	2 3 2	2 2 2	2 2 1		

liegen die Werte zu niedrig im Vergleich zum wirklichen h_{mittel}-Wert. Klassen 4 und 5 sind für Gruppen I, II überhaupt nicht gewählt worden, dagegen haben die Beobachter B und C für Gruppen III und IV richtig gefunden, besonders mit dem Vergleichsmikroskop, daß klassenmäßig rauhere Oberflächen vorlagen.

Trotz der allgemein zu feinen Schätzungen fällt es jedoch auf, daß die fein geläppten oder gehonten Teile der feinsten Klasse (0,5 bis 1 μ-inch) in Gruppe I durchweg die feinste Gegenwertung (1) aller 3 Beobachter bei allen 4 Schätzungsarten auslösten.

Ein weiterer Vergleich auf Aussehen bewies, wie stark der „Glanz" der Oberfläche irreführen kann; alle Werte lagen auch hier zu „fein".

Wenn man aber bedenkt, daß die Beobachter junge Büroingenieure waren, ohne dauernde Berührung mit der Werkstatt, so ist wohl mit Sicherheit zu erwarten, daß geschulte und geübte Arbeiter ebenso gleichmäßig, aber wesentlich besser schätzen werden, wenn sie mit guten wirklichen Musterstücken, die dem eigenen Betriebe entnommen sind und nicht nur mit zylindrischen „Meistern" vergleichen können. Das scheint ein richtiger Weg für die zukünftige Einführung dieser Technik zu sein: gemessene, in den richtigen Grenzen, im eigenen Betriebe erzeugte Musterstücke, unter laufender Maßkontrolle und Vergleich mit Münze, Schleifstab oder unter Benutzung eines einfachen, transportablen Vergleichsmikroskops mit 20- bis 40facher Vergrößerung.

Zu II. Die zahlenmäßige Festsetzung der Meßeinheit ist heute die Hauptaufgabe der Oberflächenmessung. Leider ist die ideale Lösung, die Güte der Fläche durch eine einzige Ziffer eindeutig anzugeben, nicht oder nur unter besonderen Einschränkungen erreichbar (vgl. S. 33). Die drei beteiligten Gruppen: Konstrukteure, Arbeiter, Revisoren können nur dann mit einer Einzelziffer, z. B. der mittleren Rauhigkeit — eine andere Einheit kommt kaum in Frage —, zuverlässig arbeiten bzw. sich verständigen, wenn gleiche Werkstattverfahren angewendet werden, die mit genügender Sicherheit gleichmäßige Oberflächen liefern. Das ist der springende Punkt, mit dem die Einfügung der Oberflächenkontrolle in die Betriebsorganisation steht und fällt. Wir haben durch viele Messungen (vgl. S. 50) festgestellt, daß die Oberflächenrauhigkeit auf derselben Meßstelle erheblich schwankt und daß man eine Anzahl Messungen machen müßte, um einen zuverlässigen Mittelwert zu erhalten. Es liegt bei der Oberflächenmessung ähnlich wie bei der Bestimmung der Härteziffer eines Werkstückes, die sehr unzuverlässig ist, wenn man sich etwa mit einem einzigen Brinell- oder Rockwell-Eindruck an dem einen Ende einer 3 m langen Stange begnügen würde. Trotzdem kann die mittlere Rauhigkeitsziffer bei gut eingespielter Fabrikation und unter guter und verständiger Kontrolle stehenden

Werkzeugmaschinen eine wertvolle Hilfe bilden, um die Arbeitsgüte von Werkstätten dauernd auf gleicher Höhe zu halten.

Zahlentafel 7a/b zeigten die erheblichen Schwankungen bei 10 Messungen auf demselben normalen Werkstück, während Abb. 65 und Zahlentafel 19 andererseits eine sehr große Gleichmäßigkeit von je 5 Meßpunkten für hochwertige Dornlehren bewiesen. Die Lehren waren auf sehr genauen Schleifmaschinen in Massenfabrikation hergestellt und die Messungen auf 5 weit im Lande verteilten Talysurfs von 5 ganz verschiedenen Beobachtern vorgenommen worden. Die geprüften Meßdorne hatten Oberflächen mit einer ungewöhnlich hohen Güte von $< 1\ \mu$-inch.

Zu III. Die Profilkurven (vgl. Abb. 3 u. 16), als Schnitte durch Oberflächen, beweisen schlagend, daß die 3 Hauptkennzeichen, Rauhigkeit, Welligkeit und Formfaktor wohl nie mit einer Einzelziffer erfaßt werden können. Dazu kommt, daß die Rauhigkeit in der Schnittrichtung längs gemessen in der Regel ganz verschieden von der Querrauhigkeit ausfallen kann (vgl. Abb. 14). Es kommt also als 4. Bestimmungsgröße auch noch die Angabe der Meßrichtung hinzu.

Das amerikanische Normblatt ASA-B 46-1. 1947 trägt zwar mit Recht die Aufschrift „Surface Roughness, Waviness and Lay", das ist Rauhigkeit, Welligkeit und Meßrichtung, aber es gibt weder an, wie man die Ermittlung der drei wichtigen Einzelwerte sichert, noch erwähnt es den Formfaktor, also den Tragflächenanteil überhaupt. Die Kenntnis und Einhaltung des Formfaktors für die Montage ist so wichtig, daß Verfasser den Formfaktor grundsätzlich in die 1939 bis 1949 durchgeführten Messungen einbezogen (vgl. Abb. 15) und ihn daher bei den meisten Versuchen durch das zeitraubende Planimetrieren der Profilkurven bestimmt hat.

Heute ist der Formfaktor einer fertigen Fläche durch Verwendung des Oberflächenprüfers von Mechau (Zeiß) oder des Surfascopes von Nicolau (Paris) in wesentlich vereinfachter Weise direkt ablesbar (vgl. S. 75).

Man muß sich damit vertraut machen, daß für eine Organisation der Oberflächenkontrolle mindestens 2 Ziffern: die mittlere Rauhigkeit und der Formfaktor, festgestellt werden müssen, um die Qualität der Werkstattsarbeit zu sichern. Dazu gehören zwei ganz verschiedene Instrumente, deren Handhabung zeitraubend ist und Sachkunde verlangt. Als laufende Werkstattsmessung wird das nicht durchführbar, wohl aber als Stichproben- und Überwachungskontrolle. Es ist ferner unerläßlich, daß man die schnell und sicher feststellbare Rauhigkeitsziffer mit bestimmten Schlichtverfahren verknüpft, die in der betreffenden Werkstatt vorhanden sind und die der Konstrukteur kennt. Dann wäre es möglich, durch Aufrechterhaltung der Güte der Bearbeitungsmaschinen die Welligkeit auszuschalten oder auf ein erträgliches Maß zu bringen und den

Zahlentafel 7a.
Fein geschliffene Oberflächen zwischen 0,8 und 15,8 μ-inch h_{rms}-Mittelwert, gemessen mit Abbott-Profilometer.

	Form der Fläche und Art	Material	Zehn Ablesungen in μ-inch										Mittelwerte[1] von h_{rms} μ-inch	Größtwert (max) μ-inch	Kleinstwert (min) μ-inch	Verhältnis $\frac{max}{min}$
			1	2	3	4	5	6	7	8	9	10				
1	Flugzeugzylinder	Nitr.-Stahl	3	3,1	3,1	2,9	2,8	3,3	2,3	2,1	2,3	2,4	2,73	3,3	2,1	1,57 : 1
2	Flugzeug-Kolbenbolzen	Nickelstahl Einsatz geh.	0,8	1,2	1,0	1,1	1,2	1,2	1,1	1,0	0,8	0,9	1,03	1,2	0,8	1,5 : 1
3	Flugzeug-Hohlzylinder	Stahl wärmebehandelt	2,5	2,5	3,0	2,5	2,0	1,5	2,0	2,0	2,5	3,0	2,35	3,0	1,5	2,0 : 1
4	Werkzeugmaschine Außenzylinder	Weicher Stahl	14,2	14,6	15,8	15,8	14,8	14,8	11	10	9,5	10	13,05	15,8	9,5	1,67 : 1
5	Zahnrad-Zahnevolvente	geschmiedet i. E. gehärtet geschliffen	7	7,5	11	8	5,5	10	13	12,5	12	9,6	9,61	13	5,5	2,36 : 1

Zahlentafel 7b. h_{max}-Mittelwerte, gemessen mit Schmaltz-Mikroskop für 6 bis 10 Meßpunkte.

	Form der Fläche und Art	Material	Zehn Ablesungen in μ-inch										Mittelwerte[1] von h_{max} μ-inch	Größtwert max μ-inch	Kleinstwert: min μ-inch	Verhältnis $\frac{max}{min}$
			1	2	3	4	5	6	7	8	9	10				
1	Flugzeug-Kolbenboden	Aluminium	102	86	107	92	102	105	86	132	126	62	100	132	62	2,12 : 1
2	Auto-Kolbenboden	,,	242	242	236	303	328	295	448	337	368	325	312	448	236	1,9 : 1
3	Auto-Kolbenmantel	,,	46	46	37,5	29,5	32	70	67	57	51	81	51	70	29,5	2,4 : 1
4	Auto-Kolbenmantel	,,	86	59	62	78	51	86	59	48	70	81	68	86	48	1,8 : 1
5	Zyl. Lehrenbolzen	gehärteter Stahl	29,5	67	51	29,5	70	64	67	59	91	43	57	91	29,5	3,06 : 1

[1] Mittelwert von h_{rms} als Durchschnitt der an 10 verschiedenen Stellen desselben Stückes gemessenen Rauhigkeiten, außerdem Größt- und Kleinstwerte sowie ihr Verhältnis.

Formfaktor stichprobenmäßig durch systematische Zusammenarbeit von Revision und Laboratorium unter Benutzung geeigneter Schlichtverfahren auf etwa 60% der Tragfläche zu halten.

Nur die Aufzeichnung der Profilkurve als graphische Grundlage von h_{max} und h_{mittel} gestattet, nicht nur die Rauhigkeit, sondern auch die Welligkeit direkt sichtbar zu machen, zahlenmäßig zu messen und gegebenenfalls durch zusätzliche Anwendung eines Formfaktorprüfers zu ergänzen, um das umständliche Planimetrieren zu vermeiden. Das ist dann die durchführbare ergänzende Laboratoriumsprüfung, am besten angeregt durch die konstruktive Mitarbeit der Revisoren, die als erste die Folgen von Welligkeit sehen. Schlechte Formfaktoren machen sich in der Schlosserei und Montage durch zusätzliche Mehrarbeit bemerkbar. Die sofortige Meldung durch die betroffenen Arbeiter und Abnehmer muß dann eine Stichprobe der Oberflächengüte durch die Versuchsanstalt und die Überholung der fehlerhaften Werkzeugmaschinen veranlassen.

Die Benutzung der transportablen Vergleichsmikroskope würde auch hinterher die Feststellung ermöglichen, ob das richtige Schlichtverfahren, z. B. Diamantdrehen oder Schleifen, Honen, Läppen, Superfinishen, oder ob ein anderes als das vom Konstrukteur vorgeschriebene Verfahren benutzt worden war.

VII. Benutzte Meßinstrumente.

Entsprechend den Verfahren zur Oberflächenmessung standen zwei grundsätzlich verschiedene Typen von Instrumenten zur Verfügung.

I. Instrumente mit *quantitativer* Analyse, die wirklich messen und entweder durch Einzelziffer oder mehrere Meßzahlen die Rauhigkeit feststellen, oder durch eine Profilkurve die Einzelheiten der Oberfläche bestimmen, oder beides ermöglichen.

II. Instrumente und Geräte für *qualitative* Analyse, die bildlich darstellen, vergleichen oder schätzen, ohne daß eine wirkliche, zahlenmäßige Messung erfolgt.

Gruppe I: Messende Instrumente.

a) Eigene Versuche wurden angestellt mit folgenden Instrumenten:

1. Profilometer (Abbott-Physicists Research Comp., Ann-Arbor, Mich., USA.);
2. Brush-Analyser (Brush Development Co., Cleveland, Ohio, USA.);
3. Talysurf (Taylor, Taylor & Hobson, Leicester, England);
4. Tomlinson Oberflächenschreiber (National Physical Laboratory, England);
5. Lichtschnitt-Prüfgerät (Schmaltz-Zeiß, Jena).

b) Meßapparate und Verfahren, die nicht selbst benutzt wurden, über die aber zuverlässige Berichte und Versuche vorliegen:

6. Interferenzmikroskop (Zeiß-Linnik);
7. Traganteilprüfer (Zeiß-Mechau);
8. Replica-Abdruckverfahren des N.P.L. (National Physical Laboratory, Teddington, England);
9. Schrägschnittverfahren von NELSON.

Gruppe II: Vergleichende Instrumente.

10. Binokulares Vergleichsmikroskop (Leitz-Wetzlar);
11. Hand-Vergleichsmikroskop (Klemm-Chicago, USA.);
12. Metaphote (Busch-Rathenow);
13. Vickers Mikroskop (Cooke, Troughton & Simms, York, England).

Gruppe I: Apparate der wirklichen Messung.

Für die Schaffung vergleichsfähiger ziffernmäßiger Normen sind nur die zahlenmäßig messenden Apparate der Gruppe I von Bedeutung. Das sind vor allem die Tastgeräte (1 bis 4): Profilometer, Brush-Surface-Analyser, Talysurf, Tomlinson Oberflächenschreiber, und das optische Lichtschnitt-Photomikroskop von SCHMALTZ (5) von 1940, wesentlich verfeinert durch das optische Interferenzmikroskop von Linnik-Zeiß (6).

Für die Untersuchung im Jahre 1939/40 war das Profilometer nur mit einem Durchschnittsmesser für h_{rms}-Messungen ausgerüstet. Der Brush-Apparat lieferte nur Profilkurven. Der Talysurf gestattete von vornherein beide Meßverfahren. Heute liegen Abänderungen der ersten beiden Apparate vor, so daß beide nach Bedarf auf Integration oder Profilkurven eingestellt werden können.

Die Abb. 31 bis 50 zeigen die Apparate von 1939 bis 1949.

Aus eigener Erfahrung möchte ich nur die Apparate empfehlen, die, außer den Durchschnittswerten, Profilkurven bei Tageslicht mit schnell trocknender Tinte oder durch einen Funkenschreiber unter Ausschaltung jeder naßphotographischen Zutat liefern, so daß man die fertige Profilkurve in genügender Vergrößerung der Rauhigkeit bis 40000-, u. U. 100000fach, sofort und ohne das Aufnahmepapier durch Naßbehandlung zu verändern vor sich hat.

Eichung. Zu allen Apparaten gehört eine zuverlässige, werkstattsgerechte Eicheinrichtung[1], die mit Hilfe von Normgeräten, wie Endmaßen oder geätzten Glasplatten, den Tiefen- oder Breitenvergleich von der 20fachen bis zur 40000fachen Vergrößerung direkt durch Aufschreiben der Vergrößerungsstufe als Profilkurvensprung (Abb. 29) oder als Höhen-

[1] SCHLESINGER, G.: Surface Finish 1942 S. 135.

vergleich (Abb. 30) ermöglicht. Die kleinen Vergrößerungen von 20mal bis 400mal dienen zur Messung der waagerechten Größen, insbesondere der Vorschubbreiten und Welligkeitslängen. Die großen Vergrößerungen

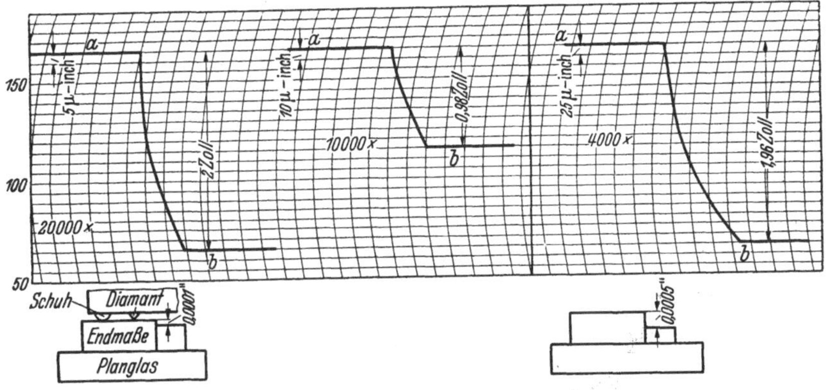

Abb. 29. Eichung der senkrechten Vergrößerung mit Parallelendmaßen.

von 1000mal bis 100000mal werden für die Rauhigkeitstiefen bis zu Feinheiten von 0,25 μ-inch ($\simeq$ 0,006 Mikron), z. B. für Lehren, Endmaße und Glasplanplatten, gebraucht.

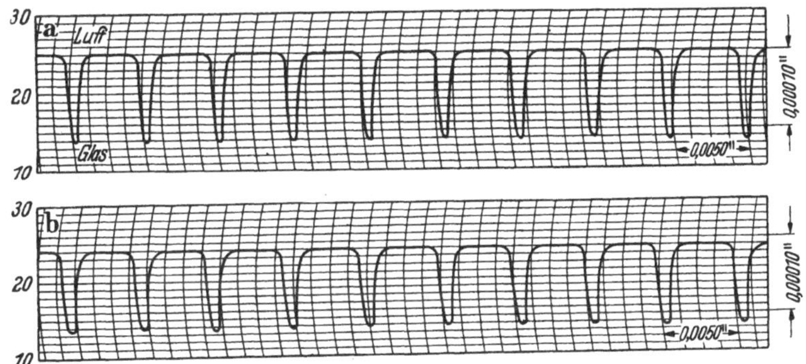

Abb. 30, a u. b. a Darstellung des geätzten Glas-Normales des N.P.L. mit einer vollen Kurventiefe von 115 μ-inch (= 2,88 Mikron) mit Zehntelteilung. b Profilkurve eines Abdruckes (Replica) desselben Glas-Normales.

Bevor auf die Beschreibung der Tastinstrumente eingegangen wird, sollen noch einmal (vgl. S. 22) die beiden Einwände gegen ihren Gebrauch auf das richtige Maß gebracht werden. Es sind das:

1. die geometrische Begrenzung des Fühlerradius und die u. U. dadurch bewirkte Veränderung der Profilkurve;

2. die Größe des Andruckes des Fühlers gegen die abgetastete Oberfläche.

Der amerikanische Normvorschlag von 1947 beginnt mit 0,25 μ-inch $\simeq$ 0,006 Mikron für die feinste mittlere Rauhigkeit (h_{rms}) (vgl. Zahlentafel 3).

Da in amerikanischen Werkstätten fast ausschließlich Tasterinstrumente in Gebrauch sind, so muß angenommen werden, daß zeitgemäß konstruierte Instrumente, in bezug auf Fühlerradius und Andruck, das erforderliche Auflösungsvermögen für so feine O-Rauhigkeiten verbürgen.

Gute Taster arbeiten heute mit einem Andruck von 0,1 g und weniger und benutzen Fühlerradien von 0,0001 Zoll (= 0,0025 mm) und weniger.

Abb. 31. Profilometer-Handapparat.

Sie können nach den von uns gemachten Eichungen und Kontrollversuchen für den praktischen Gebrauch bis < 1 μ-inch (= 0,025 Mikron) als einwandfrei angesehen werden, wenn die Abtastgeschwindigkeit ein gleichförmiges Abfahren der Oberfläche sichert.

Verwendet wurden bei unseren Versuchen für das Handprofilometer (Abb. 31) eine Tasterpyramide von 90° Spitzenwinkel mit einer Kugelspitze von 0,0005 Zoll (= 0,0125 mm) Radius. Dieser Radius ist als klein genug geeicht worden, um für *rms*-Mittelwerte bis auf den Boden der weitaus meisten Riefen zu fühlen. Jedoch war er nicht klein genug, um genaue Profilkurven aufzuzeichnen. Für diesen Fall hat der Konstrukteur des Profilometers (E. J. ABBOTT) den Proficorder entwickelt, der mit einem Radius von 0,0001 Zoll (= 0,0025 mm) arbeitet und dessen Auflösungsvermögen bis 0,5 μ-inch (= 0,0125 Mikron) geeicht ist. Der Brush-Apparat (Abb. 35) verwendet Radien von 0,00005 bis 0,0005 Zoll, der Talysurf (Abb. 38) durchweg 0,0001 Zoll. Der Andruck der Diamantfühler war beim Profilometer 0,15 bis 0,2 g, bei Brush 0,05 g, beim Talysurf 0,1 g.

Eingehende Versuche haben ferner bewiesen, daß mit 0,1 g Andruck und 0,0025 mm (= 0,0001 Zoll) Radius auch auf weichen Metallen (Kupfer) bei einer 950fachen Vergrößerung mit dem Mikroskop keine Kratzwirkung mehr zu sehen war (vgl. S. 90). Damit waren alle notwendigen Vorbedingungen an das erforderliche gute Auflösungsvermögen einerseits und die vollkommene Kratzfreiheit andererseits erfüllt. Nur sehr feine optische Instrumente, insbesondere das Linnik-Zeiß-Interferometer, gestatten die wahren Tiefen dieser feinen Unregelmäßigkeiten bis 0,8 μ-inch (= 0,02 Mikron) zu messen. Sie kommen aber für diese feinste Herstellungsgüte nur als Laboratoriumsmeßapparate in Betracht.

Von besonderer Bedeutung ist beim Abtasten der Oberfläche die Arbeitsgeschwindigkeit des Tasters, sei er mechanisch oder von Hand bewegt. Die Schwierigkeit liegt darin, daß in allen Fällen der Taster mit einer gewissen Geschwindigkeit über die Oberfläche läuft, daß er aber Zeit haben muß, unter der Einwirkung der Andrückfeder bis auf den Grund des Risses einzudringen. Bei dem Handprofilometer muß eine gewisse Mindestgeschwindigkeit des Fühlers zunächst durch eine willkürliche, aber regelmäßige Handbewegung des Benutzers hervorgerufen werden, damit das Instrument überhaupt auf die richtige Spannung (Volts) für die Integrationsmessung kommt. Beim Brush-Analyser und Talysurf wird der Taster stets mechanisch mit der nötigen Geschwindigkeit bewegt, die also so ausgesucht ist, daß die Diamantspitze Zeit hat, den Boden der tiefsten Nute zu erreichen. Deshalb wurde das heutige Profilometer mit dem mechanischen „Mototrace" ausgestattet, das ohnedies erforderlich ist, wenn man Profilkurven aufzeichnen will, da Unterschiede in der Handgeschwindigkeit Einfluß auf die Form der Kurve haben müssen.

Die folgende Beschreibung und Kennzeichnung der benutzten Meßapparate ist hier beschränkt auf:

a) allgemeine Grundlagen der Konstruktion;
b) Meßeinheit;
c) Meßbereich;
d) Genauigkeit;
e) Eichung.

1. Abbotts Profilometer (Abb. 31).

a) Das Profilometer ist ein Tasterinstrument, das entweder durch Hand vom Beobachter (Abb. 31) oder durch einen Motorantrieb (Abb. 32) bedient wird. Es besteht aus drei Hauptteilen: dem elektromagnetischen Tastgerät (Abb. 33a, b), beweglich in der Hand des Prüfers, gestützt durch die Oberfläche selbst, dem Vergrößerungsapparat und dem Anzeigegerät, beide ortsfest im Meßkasten.

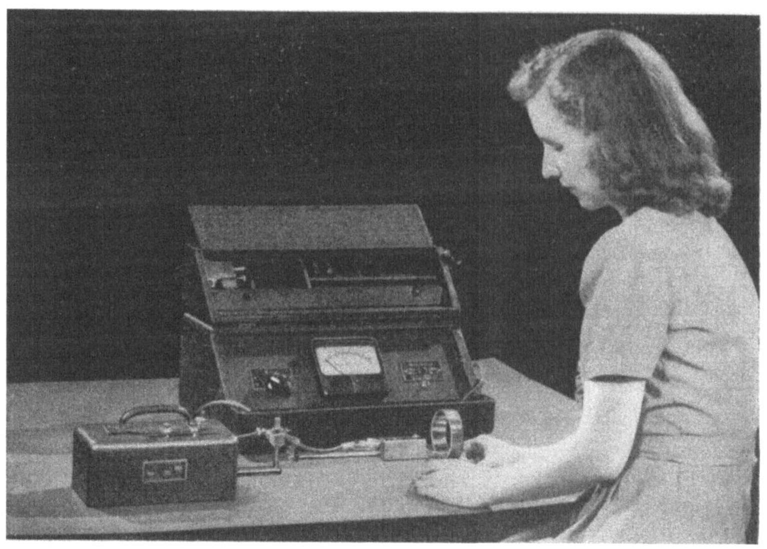

Abb. 32. Profilometer, getrieben durch Mototrace.

Das 1940 benutzte Tastgerät war das Handgerät (Abb. 31). Die Unregelmäßigkeiten der Oberfläche bewegen den Diamantfühler von 0,0005 Zoll = 0,0125 mm Radius mittels Federgelenken senkrecht in einer Induktionsspule (Abb. 33b) schnell auf und ab gegen einen Federdruck von etwa 0,2 g und setzen so

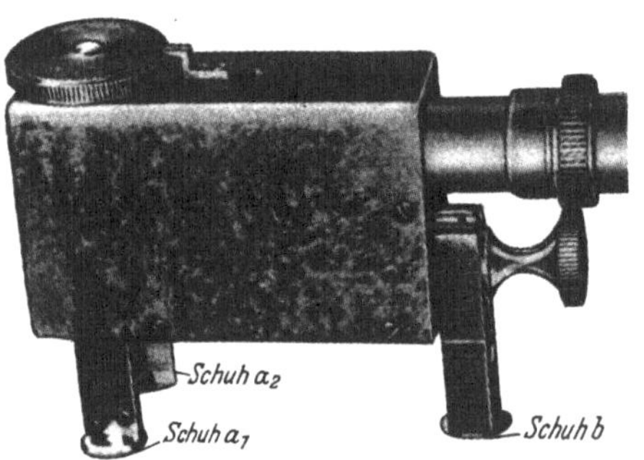

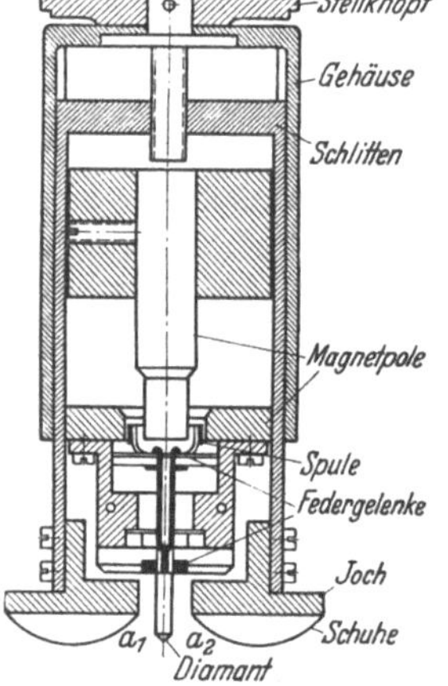

Abb. 33, a u. b. Konstruktion des Profilometer-Tastgerätes.

die Rauhigkeit in eine entsprechende elektrische Spannung um, die das Anzeigegerät in h_{rms} verwandelt. Es gehört einige Übung und

Geschicklichkeit dazu, um den Fühler ohne Erschütterungen mit gleichförmiger Hin- und Herbewegung der führenden Hand mit etwa 6 mm/sec Geschwindigkeit über die zu prüfende Fläche zu bewegen. Der Verfasser hat solche Messungen mehrere Wochen lang selbst ausgeführt, seine Handbewegung täglich auf einem guten gehärteten Richtlineal auf 10 bis 12 μ-inch — das war die O-Güte des Lineals — eingestellt und dann die Gegenmessung derselben Fläche sowohl auf dem Schmaltz-Lichtschnittprüfer als auch teilweise auf dem Talysurf ausführen lassen, um sichere Unterlagen zu erhalten. Die Kontrollergebnisse waren im Durchschnitt recht befriedigend; sie waren ganz auf Werkstattsbetrieb eingestellt.

Bis 20 μ-inch (= 0,5 Mikron) war das Schmaltz-Photomikroskop die objektive Kontrolle für h_{max}.

Die Ablesungen am Zeiger des Profilometers werden durch die Rauhigkeit der Oberfläche bestimmt und werden durch die Krümmung der Oberfläche des Stückes (Zylinder), das gemessen wurde, nicht beeinflußt. Daher beeinträchtigt auch eine geringe Welligkeit der Oberfläche die Ablesung wenig, weil der Handapparat durch die Drei-Punkt-Anlage auf der Fläche gewissermaßen immer parallel zu ihr selbst als *Bezugsfläche* ausgerichtet wird. Die Konstruktion von Fühler und Vergrößerungsapparat beseitigen so den Einfluß von Wellen, die länger sind als ungefähr 0,8 mm.

Das mechanisch getriebene Zusatzgerät, Mototrace (Abb. 32), bewegt den Fühler mittels einer einstellbaren Kurve mit richtiger Geschwindigkeit von 7,5 mm/sec gleichförmig über die Fläche; dann wird selbsttätig umgeschaltet und schnell zurückgefahren. Die Länge der Prüfbahn ist bis 70 mm einstellbar.

Der Motorantrieb kann fast für alle Zusatzgeräte benutzt werden. Er beseitigt vor allem die dem Handapparat anhaftende Vibration und wird besonders für sehr glatte Flächen verwendet, die ungewöhnlich genaue und feine Ablesungen verlangen (vgl. Abb. 7a, b).

Der benutzte Apparat wurde durch Akkumulatorbatterien getrieben, die heute wegen ihrer Unbequemlichkeiten oft durch den Anschluß an die Wechselstromhauptleitung ersetzt werden. Spannung (115 bis 230 V) und sekundliche Periodenzahl (50 und 60 Wechsel pro Sekunde) sind nach Vorschrift genau einzuhalten.

Der Batterieantrieb macht aber von Schaltdosen an der Wand unabhängig und gestattet, die Messungen überall auszuführen.

Das Tastergehäuse ist nur etwa 22 mm breit, kann daher in recht enge Schlitze eintreten und doch noch quer zur Vorschubrichtung messen, z. B. den Zapfen zwischen den Wangen einer Kurbelwelle, die für den Fühlerarm der gewöhnlichen Oberflächenmesser oft unzugänglich sind und dann besondere Zusatzgeräte verlangen (Abb. 34), die für jeden wichtigen Fall erhältlich sind.

Um die Messung der Kennzeichen der Oberfläche richtig auszuführen, braucht man eine zuverlässige Bezugsebene, auf die die Messungen bezogen werden. Bei dem Profilometer wird diese Bezugsebene durch zwei Vorderschuhe (a_1, a_2) — dazwischen sitzt der Diamantfühler — und einen Hinterschuh „b“ (Abb. 33) gebildet, die es stets ermöglichen, das Tastgerät mit der bearbeiteten Fläche schnell auszurichten. Die Schuhe unterstützen durch Dreipunktauflage das Tastgerät mechanisch auf der Fläche des Werkstückes. Sie müssen so glatt poliert sein, daß sie keine merkbare Reibung auf der Oberfläche verursachen. Der große Radius ihrer Rundung ist etwa 25 mm. Das bestgeeignete Material für die Schuhe ist hartes Wolframkarbid, fein poliert. Die Abtastung durch

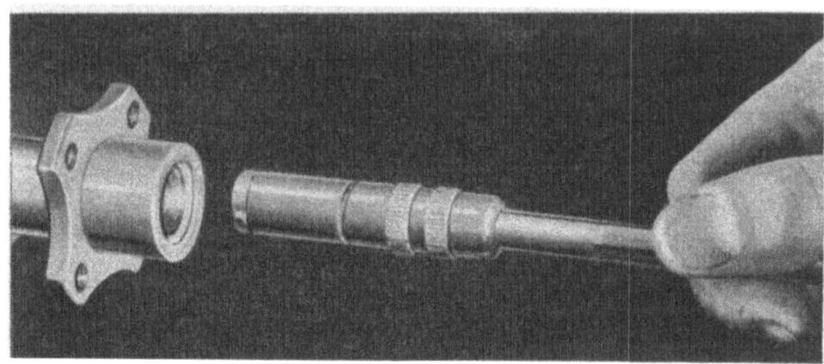

Abb. 34. Sonderbauart des Profilometerkopfes für kleine tiefe Bohrungen.

den Fühler selbst ist unabhängig von der Pressung zwischen den Tragschuhen und dem Werkstück. Die Bewegungsrichtung des Fühlers kann sowohl längs als quer zur Vorschubrichtung erfolgen. Das Anzeigegerät gibt dauernd die Höhe der O-Unregelmäßigkeiten an. Die Ablesungen sind in weiten Grenzen unabhängig von der Wechselgeschwindigkeit der gleichförmig arbeitenden Hand.

b) Meßeinheit (*Parameter*). Das Profilometer besitzt ein Anzeigegerät, das Durchschnittsvolterregungen des Vergrößerungsapparates anzeigt. Wenn die Oberfläche einigermaßen gleichmäßig ist und wenn ein langer Arbeitsweg benutzt wird, so gibt das Instrument eine durchaus ruhige Ablesung während des Arbeitsganges. Die Skalenablesung erfolgt direkt in *rms*-μ-inch, und die Ablesungen messen daher die mittlere Rauhigkeit der Oberfläche. Für gewöhnliche Oberflächen kann man etwa $^1/_8$ bis $^1/_2$ Zoll $\simeq$ 3 bis 13 mm Arbeitslänge messen. Die Messungsanzeige bleibt konstant, wenn die Oberfläche gleichförmig ist. Wenn die Oberfläche nicht gleichförmig ist, so kann man die Veränderungen von Stelle zu Stelle aus den ablesbaren Schwankungen des Zeigers ermitteln. Das Vorhandensein einzelner Risse, Gußlöcher usw. wird durch plötzliche Sprünge des Zeigers angezeigt; man kann sie aber nicht genau messen.

Bei allen oszillierenden Größen, wie elektrischen Spannungen, Stromstärken, Tonschwankungen, Vibrationen u. dgl., sind die „*rms*“-Werte üblich. Diese Meßeinheit gibt den großen Höhenabweichungen der Oberfläche mehr Gewicht als den kleinen Unregelmäßigkeiten zum Unterschied von h_{mittel} (h_{ave}). Das ist aber kein Vorteil (vgl. Abb. 19). Die große Zahl von ausgeführten Versuchen hat bewiesen, daß die *rms*-Werte typischer O-Profile etwa $^1/_3$ bis $^1/_6$ der größten Höhe h_{max} betragen. Das ist logisch, da der Durchschnitt von der Mittellinie bis zur Spitze genommen wird, also nur die *halbe* Kurvenhöhe erfaßt (vgl. Abb. 18c). Die größten Vorsprünge werden auch beim Einlaufen sofort eingeebnet. Fälle, in denen das Verhältnis $\frac{h_{rms}}{h_{max}}$ größer war, sind selten vorgekommen. Das waren keine guten Flächen.

c) Meßbereich. Die Empfindlichkeit des Instrumentes konnte am Vergrößerungsapparat durch einen Schalter eingestellt werden auf 3, 10, 30, 100, 300 und 1000 μ-inch *rms* (0,075—0,25—0,75—2,5—7,5—25 Mikron). Für besonders feine Messungen wird ein Zusatzapparat für 0,1 bis 1 μ-inch (= 0,0025 bis 0,025 Mikron) geliefert. Das Instrument kann für alle Außendurchmesser größer als $^1/_8$ Zoll $\simeq$ 3 mm und auf allen ebenen Flächen benutzt werden. Es kann für Innenmessungen verwendet werden, die das Handgerät einlassen; das ist von etwa 68 mm Bohrungsdurchmesser aufwärts. Das Handgerät ist etwa 22 mm breit, 65 mm hoch und 75 mm lang (vgl. Abb. 33a); es wiegt 140 g.

d) Genauigkeit und Grenzen. Der eingeübte Beobachter arbeitet schnell und sehr gleichmäßig, jedoch können die Ablesungen je nach den gewählten Meßstellen erheblich schwanken.

Bei unseren Untersuchungen wurde z. B. gefunden, daß zwei verschiedene Beobachter Messungen machten, die für dieselbe Oberflächenstelle bis zu 20% schwankten, jedoch hatte die Oberfläche selbst noch größere Abweichungen. Zahlentafeln 7a u. b (vgl. S. 50) zeigen mehrere Beispiele von je 10 Ablesungen für die untersuchten Oberflächen. Die Werte schwankten in sich zwischen 2 : 1, wenn man das zylindrische Stück axial verschob und es gleichzeitig drehte. Diese Tatsache ist ein Grund, weshalb man die Rauhigkeitsschwankung der Oberflächenskala mit 100% begrenzt [1 bis 2, 4 bis 8 usw. (vgl. Zahlentafel 5)].

e) Eichung. Mit dem heutigen Profilometer wird eine Glasplatte geliefert, die 10 bis 12 μ-inch Rauhigkeit hat, nach der man die Geschwindigkeit der Handbewegung eichen kann. Die hier vorhandenen 6 Klassen der Empfindlichkeit von 3 bis 1000 μ-inch lassen sich durch feste Endmaße nicht eichen, weil das Anzeigegerät nur anzeigt, während der Taster in hin und her gehender Bewegung ist. Jedoch sind die Norton-Meisterstücke (vgl. Abb. 25) gute Eichmittel.

2. Der Brush-Surface-Analyser (Abb. 35).

a) Allgemeine Grundlagen. Das Instrument bestand aus vier Einheiten (Abb. 36):

1. Antriebskasten auf der Tragsäule;
2. Piezo-Kristall-Fühler;
3. Vergrößerungsapparat;
4. direktschreibendem Oszillographen.

Heute besitzt es auch noch

5. einen Integrationsmesser für h_{rms}-Anzeigen.

Der neueste Apparat von 1949 ist in der Abbildung wiedergegeben.

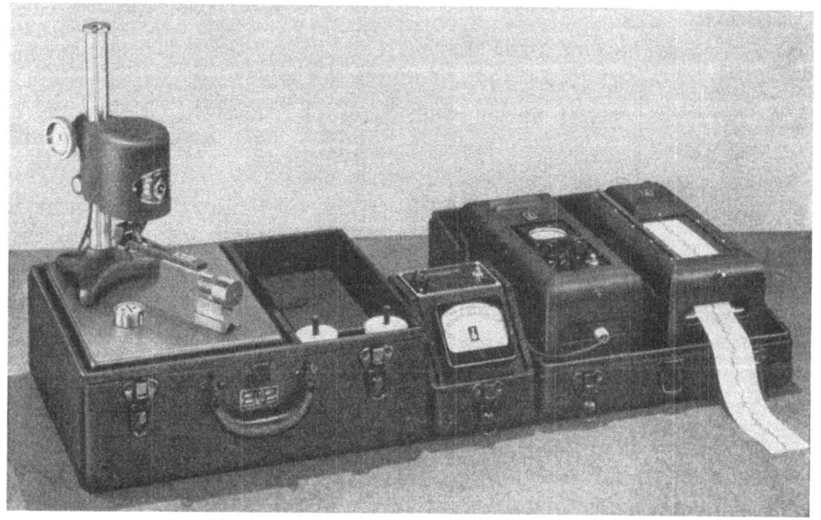

Abb. 35. Allgemeine Anordnung des Brush-Surface-Analysers mit Mittelwert (*rms*) – Anzeiger, Vergrößerungs- und Schreibapparat.

Der Antriebskasten enthält einen Wechselstrommotor, der den Kristallfühler gradlinig um 1,6 mm = $^1/_{16}$ Zoll Länge nach allen Richtungen hin und her bewegt. Er braucht nur 10 Sekunden für einen vollkommenen Arbeitskreislauf dieser Bewegung. Der Triebkasten ist an einer senkrechten Säule montiert, die auf einem Dreieckfuß steht. Der Arm kann sowohl senkrecht als waagerecht eingestellt werden.

Der Tasterarm mit dem Piezo-Kristall-Fühler wird durch kegelförmige Lager an einem Halter unmittelbar unter dem Triebkasten angelenkt. Durch diese Einrichtung kann der ganze Fühlerarm leicht von der zu prüfenden Oberfläche abgehoben werden, wenn er für einen neuen Arbeitsgang oder ein neues Stück eingestellt wird.

Der Piezo-Kristall ist an dem rückwärtigen Ende des Fühlerarmes untergebracht. Mit ihm ist ein weit herausragender, empfindlicher Arm verbunden, der einen Diamantfühler von 0,0005 Zoll (= 0,0125 mm) Spitzenradius hat. Dieser Fühler macht alle Auf- und Abwärtsbewegungen mit, wenn er über die Rauhigkeiten der zu prüfenden Oberfläche hin und her gezogen wird. Der Tiefenfederweg ist 0,04 mm für jedes Gramm Andruckpressung.

Der Vergrößerungsapparat wird wie der Triebkasten mit Wechselstrom angetrieben. Für jeden Apparat wird eine Empfindlichkeitskonstante auf einer Karte mitgegeben. Diese Konstante sollte auf dem Voltmeter angezeigt werden, wenn man den Kaliberkopf für die Spannung einstellt. Die Ausschwingung der Schreibfeder wird dann auf 10 mm eingestellt oder besser symmetrisch auf 5 mm nach jeder Seite der Mittellinie.

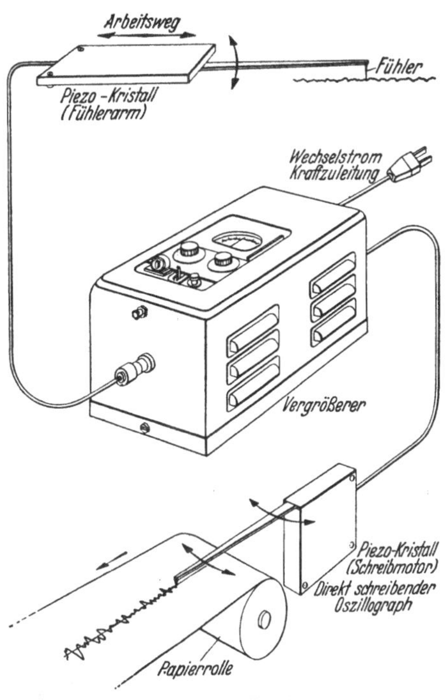

Abb. 36. Einzelheiten des Brush-Instrumentes.

Der Schreib-Oszillograph schreibt die Profilkurve aufs Papier. Die Schreibfeder macht dabei bis zu 60 Hin- und Herbewegungen per Sekunde (cycles per second = c.p.s.) in schnellen, von der Rauhigkeit der Fläche abhängigen Hüben über das Schreibpapier, das mit konstanter Geschwindigkeit läuft, die in drei Stufen von 5, 25 oder 125 mm je Sekunde eingestellt werden kann, je nachdem, welche Papiergeschwindigkeit zweckmäßig ist. Der Papiervorschub wird durch einen Wechselstrom-Synchronmotor betätigt.

Die schwere gußeiserne Grundplatte ruht auf vier Gummifüßen und dient zur Verminderung von Erschütterungsübertragungen auf den Triebkasten und auf den Prüfling. Der Kristall ist mit dem Diamantfühler am äußersten Ende durch den Fühlerarm verbunden. Wenn der Fühler sich innerhalb eines Kreislaufes von 10 Sekunden auf und ab bewegt, so biegen und drücken diese senkrechten Bewegungen den Tasterdiamanten bei seinem Arbeitsgang auf der Oberfläche des Stückes. Bei der Zusammendrückung erzeugt der Piezo-Kristall eine Spannung, die dann genügend verstärkt wird, um den Schreibmotor am Oszillographen in Bewegung zu setzen. Die resultierende Kurve ist das Schnittbild der geprüften Arbeitsfläche.

b) Die Meßeinheit ist h_{rms} infolge der elektrischen Erregung und Übertragung. Sie erfolgt durch Summation und selbsttätige Durchschnittsbildung.

c, d) Meßbereich und Genauigkeit. Um die Messung der radialen Rauhigkeit zylindrischer Oberflächen und anderer gekrümmter Flächen, z. B. von Zahnformen, möglich zu machen, ist die durchschnittliche Frequenz des Instrumentes begrenzt auf die genaue Messung von Rauhigkeitsbreiten (Vorschübe) bis zu 0,08 mm. Das vordere dünne Ende des Fühlers ist so schmal, daß er in Löcher von $^1/_4$ Zoll $\simeq$ 6,35 mm Durchmesser und von $^3/_4$ Zoll $\simeq$ 19 mm Tiefe eintauchen kann.

Der starke hintere Fühlerarm kann in Bohrungen von 1 Zoll $\simeq$ 25 mm und darüber eintreten bis zu einer Tiefe von 100 mm.

Der Diamant hat meist eine kugelförmige Spitze von 0,0005 Zoll = 0,0125 mm Radius. Der Andruck auf die Fläche kann durch eine Einstellschraube auf 0,05 g oder weniger eingestellt werden. Die drei Größen der Papiergeschwindigkeit bedeuten (s. nebenstehende Tab.):

Papiergeschwindigkeit mm/sec	entspr. einer waagerechten Vergrößerung von
5 ($\simeq$ $^1/_5$ Zoll/sec)	16 mal
25 ($\simeq$ 1 Zoll/sec)	80 „
125 ($\simeq$ 5 Zoll/sec)	400 „

Die senkrechten Vergrößerungen hängen von der Einstellung der Empfindlichkeit und von der Breite der waagerechten Teilung ab.

5 Teilungen		10 Teilungen	
je Teilung	Vergrößerung	je Teilung	Vergrößerung
0,002 Zoll (0,05 mm)	20 mal	0,001 Zoll (0,025 mm)	40 mal
0,0002 „ (0,005 „)	200 „	0,0001 „ (0,0025 „)	400 „
0,00002 „ (0,0005 „)	2000 „	0,00001 „ (0,00025 „)	4000 „
0,000002 „ (0,00005 „)	20000 „	0,000001 „ (0,000025 „)	40000 „

Für Laboratoriumsmessungen, bei denen besonders feine Fühlerspitzen erforderlich sind und wo bei sehr feinen Oberflächen die Vorschubbreiten 0,02 mm oder weniger betragen, werden Arme geliefert, deren Diamantspitze 0,0001 Zoll = 0,0025 mm und sogar bis 0,00005 Zoll = 0,00125 mm Radius haben. Der Druck auf die Oberfläche kann dann auf 0,02 g oder weniger eingestellt werden.

e) Eichung. Für die Eichung werden die guten Eigenschaften der Rochelle-Salz-Piezo-Kristalle benutzt, die unabhängig sind vom Altwerden oder von klimatischen Verhältnissen, sofern die Arbeitstemperaturen niedrig gehalten werden, in der Regel nicht über 93° F $\simeq$ 34° C. Daher ist es möglich, den Fühler des Brush-Instrumentes vorzukalibrieren mit der Sicherheit, daß diese Kalibrierung „unendlich“ lange konstant bleibt, wenn nicht eine mechanische Beschädigung der Diamantspitze oder seines Halters eintritt. Der Arm ist in wirklichen μ-inches kalibriert, und eine Zahl wird angegeben, die die Durchbiegung der Fühlerspitze auf 10000 μ-inch = 0,01 Zoll = 0,25 mm angibt. Z. B. wenn die Eichnummer 6 für 0,01 Zoll ist, dann steht diese Zahl auf der Eichskala und muß nach der Vorschrift benutzt werden. Ferner ist ein Stahleichstück mit zwei verschiedenen Meßstäben beigegeben, die bestimmte Oberflächengütegrade verbürgen. Dadurch ist man in der Lage, das Instrument periodisch zu eichen.

Da heute das Brush-Instrument mit h_{rms}-Meter für die Integrationseinzelziffer versehen ist, so ist auch für diesen zweiten Apparat die systematische Eichung notwendig.

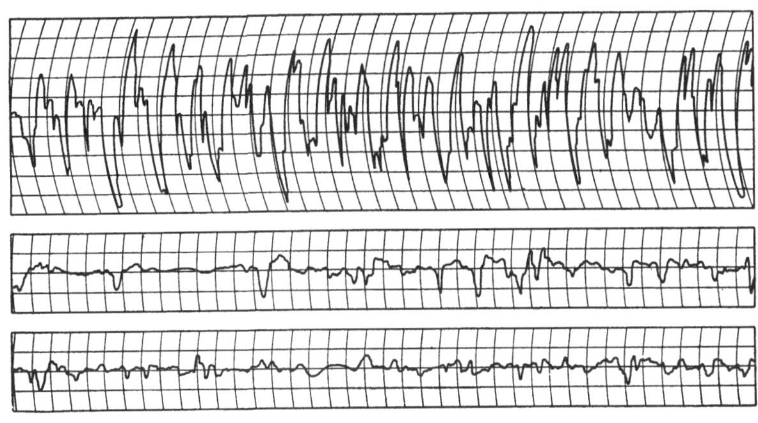

Abb. 37. Brush-Profilkurven.
1. geriebenes Loch in kalt gewalztem Stahl: h_{rms} = 100 μ-inch (4000/80),
2. geschliffene Stahlfläche: h_{rms} = 16 bis 18 μ-inch (4000/80),
3. geschliffene Glasfläche: h_{rms} = 10,5 μ-inch (4000/1).
(Maßstab: 1 mm = 10 μ-inch = 0,25 Mikron.)

Der Apparat, der bei unseren Untersuchungen benutzt wurde, war nur für die Aufschreibung von Profilkurven benutzbar.

Es ist noch darauf hinzuweisen, daß der Piezo-Kristall die Eigentümlichkeit hat, die Welligkeiten der Oberfläche beim Aufzeichnen gerade zu richten (Restriktion) und auf diese Weise u. U. eine ebenere Oberfläche anzugeben, als in Wirklichkeit der Fall ist (Abb. 37).

Der Apparat ist vor allem für die Rauhigkeitswiedergabe eingerichtet. Seine Frequenzempfindlichkeit ist ungewöhnlich groß, sie geht bis 60 Perioden/sec.

3. Der Talysurf (Abb. 38)

von Taylor, Taylor & Hobson Ltd., England, ist ein Tasterinstrument.

Die Ergebnisse können entweder durch eine Profilkurve aufgezeichnet werden, die einen Querschnitt durch die Oberflächenunregelmäßigkeiten darstellt oder durch die Durchschnittsziffer h_{mittel} als ein Maß der Rauhigkeit. Abb. 38 zeigt den großen Laboratoriumsapparat ähnlich dem, der zwei Jahre hindurch zuerst in einer versuchsmäßigen, dann in der endgültigen Gestalt für unsere Untersuchungen benutzt wurde.

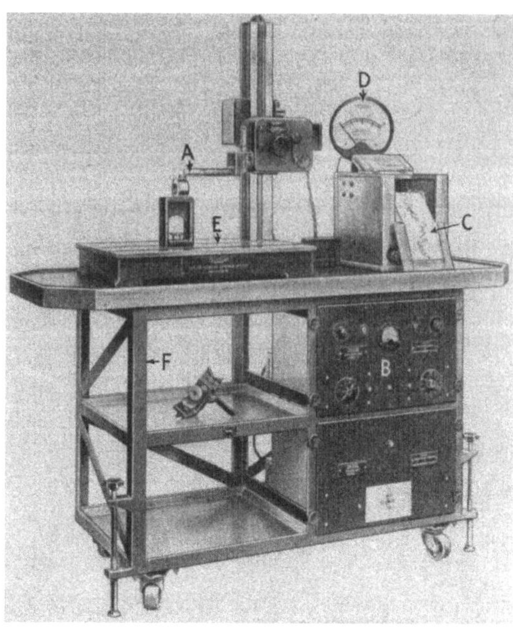

Abb. 38. Talysurf-Laboratoriumsapparat (Taylor, Taylor & Hobson, England). *A* Tasterarm, *B* kalibrierender Vergrößerungsapparat, *C* Profilkurvenschreiber, *D* Integrationsmesser, *E* Grundplatte mit Säule, *F* Transportwagen.

Abb. 39 zeigt das neue kleine Werkstattsinstrument in der Ausführung von 1949, das aber die gleichen Grundlagen hat und die beiden Meßarten, Durchschnittsmessung und Profilkurven anwenden kann. Jedoch ersetzt der neue Apparat die alten kreisförmigen Ordinaten durch geradlinige (Abb. 40); was das Ablesen erleichtert.

a) Allgemeine Grundlagen. Der am Antriebskasten freischwingend angelenkte Tasterarm führt eine Diamantpyramide von 90° Spitzenwinkel, mechanisch bewegt, geradlinig über die zu untersuchende Oberfläche.

Abb. 39. Talysurf-Werkstattapparat (Taylor, Taylor & Hobson, England).

Die Auf- und Abbewegungen des Fühlers werden wieder in elektrische Spannung umgesetzt und mit entsprechend eingestellten Vergrößerungen entweder auf den Mittelwertanzeiger (h_{ave}) oder auf den Profilkurvenschreiber übertragen.

Der Tasterarm wird heute durch einen gehärteten Stützschuh vor dem Fühler getragen, der den Diamantfühler in einer senkrechten Ebene einstellt und einen relativ großen Teil der Stückoberfläche — 25 mm Radius Schuhabrundung — bestreicht, um so eine zuverlässige Bezugsebene zu schaffen. Der Schuh ist gleichzeitig der beste Schutz gegen die äußere Einwirkung von Erzitterungen auf den Tasterarm.

b) Die Meßeinheit. Der gemessene Mittelwert ist das algebraische Mittel h_{mittel} (h_{ave}), das an die richtige Auswahl und Einstellung von drei verfügbaren maximalen Vorschubgrößen: 0,25 mm, 0,75 mm und 2,5 mm (= 0,01 Zoll, 0,03 und 0,1 Zoll) gebunden ist. Der Profilschreiber gibt alle Einzelheiten der Rauhigkeit und Welligkeit ohne Beschränkungen wieder.

c) Der Meßbereich. Die senkrechten Vergrößerungen der Unregelmäßigkeiten waren bei dem Versuchsapparat von 2000 bis 40000 in 6 Stufen einstellbar, für die waagerechte Vergrößerung entlang der Meßarmachse war die Vergrößerung entweder 200- oder 50fach.

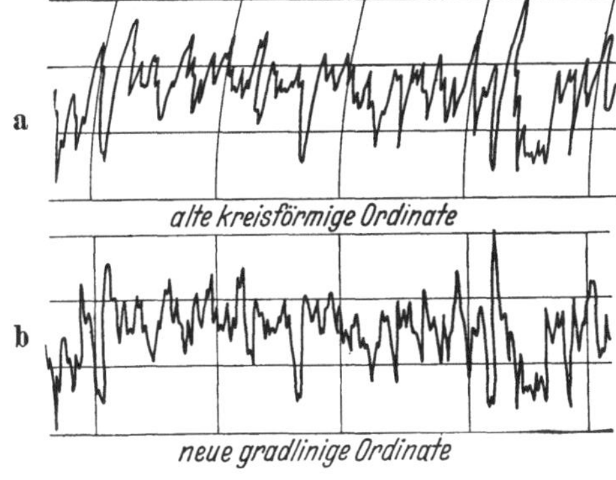

Abb. 40, a u. b.

Der Radius der Diamantspitze ist 0,0025 mm (= 0,0001 Zoll). Der Diamant ruht mit 0,1 g Andruck auf der Oberfläche, er ist so leicht, daß auch weiche Metalle bei der Ausführung des Arbeitsganges nicht geritzt werden (vgl. S. 90).

Der kleine Apparat (Abb. 39) besitzt 6 senkrechte Vergrößerungen von 1000mal bis 50000mal und 2 waagerechte von 100mal oder 20mal.

Das benutzte Instrument war für Oberflächen geeignet, deren Riefenentfernung (Vorschub-waagerecht) ungefähr zwischen 0,005 und 2,5 mm lagen. Dieser Bereich reicht für alle normalen Flächen aus, die durch Feindrehen, Feinfräsen, Schleifen, Läppen, Honen hergestellt werden. Es können Stücke sehr verschiedener Größe und Schwere auf dem Apparat mit oder ohne Sonderspannvorrichtung gemessen werden. Für die Messung von schwer zugänglichen Teilen, wie Zahnprofilen, Schlitzen u. dgl., sowie für den Ersatz der geradlinigen Fühlerbewegung durch eine kreisförmige sind eine Anzahl wertvoller Vorrichtungen geschaffen und benutzt worden (Abb. 41). Es fällt dann u. U. der Stützschuh fort, z. B. für Zahnprofile, und der Fühler wird durch eine Sondervorrichtung parallel zur Oberfläche gerade oder kreisförmig geführt. Der normale Tragarm mißt die äußere Rauhigkeit ebener und zylindrischer Oberflächen und kann in Bohrungen von 10 mm Durchmesser und 12,5 mm Tiefe, 32 mm Durchmesser und 150 mm Tiefe oder 100 mm Durchmesser und 200 mm Tiefe eindringen.

d) Genauigkeitsgrenzen. Da die Genauigkeit und Zuverlässigkeit unabhängig von der Geschicklichkeit des Beobachters ist, ist die Genauig-

Abb. 41. Zahnprofilprüfer. Oben: Evolvente; unten: Flankenrichtung. M_2 Lagerung der Einstellschraube, *O* Hauptarm, *P* Verschiebbarer Arm, *S* Halter.

keit der Ablesung nur abhängig vom Radius des Diamantfühlers und dem Druck, mit dem der Fühler an die Oberfläche des Prüflings gedrückt wird. Mit einem Radius von 0,0025 mm (= 0,0001 Zoll), einem Andruck von 0,1 g und einer Druckzunahme von 0,005 g für 1000 μ-inch (= 0,025 mm) Abbiegung steht der Apparat in erster Reihe der bestehenden Konstruktionen. Die Begrenzung ist nur von der Breite der Diamantspitze abhängig. Diese bestimmt die kleinste Breite schmaler Risse, in die die Spitze bis auf den Boden eintreten kann.

Abb. 42a u. b. Tomlinson-Profilkurvenschreiber.

e) Eichung. Die Eichung aller Vergrößerungen kann sehr leicht durch Benutzung von feingestuften Endmaßen von 0,0001 mm Zunahme an Dicke vorgenommen werden, die auf derselben Planglasfläche als Ausgangsebene ohne Verwendung von Öl oder Fett angerieben sind.

Der benutzte Diamanttaster von 0,0001 Zoll Radius wurde zwei Jahre hindurch dauernd benutzt und systematisch geprüft. Er zeigte nach zwei Jahren keine merkbare Abnutzung.

4. Der Tomlinson-Profilkurven-Schreiber (Abb. 42a u. b).

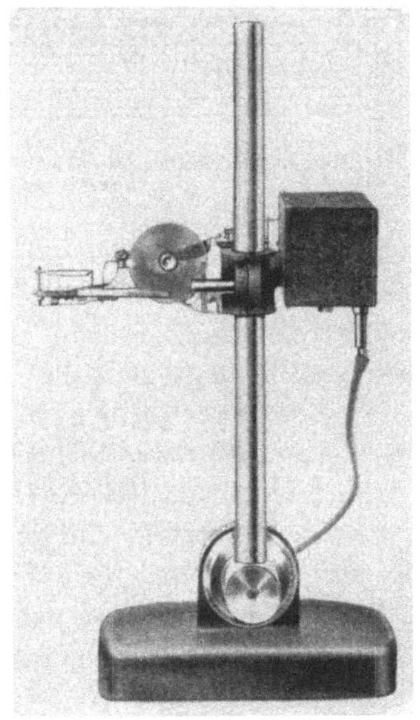

Abb. 42b.

Das Instrument ist von D. A. Tomlinson (†) im National Physical Laboratory, Teddington, England, konstruiert worden. Es ist einfach in Konstruktion und Benutzung. Da wir damit nur wenige Oberflächen prüfen konnten, so mag eine kurze Beschreibung des Apparates genügen. Er gehört zur Klasse der Tasterinstrumente, fühlt die zu prüfende Oberfläche mit einem pyramidenförmigen Diamanten ab und ritzt das Ergebnis mit einer zweiten Diamantnadel, vergrößert im Verhältnis von 1 : 100 bis 1 : 160 auf eine berußte Glasplatte. Der Apparat arbeitet vollkommen mechanisch. Die in die Rußschicht eingeritzte Profilform wird dann noch einmal optisch

1 : 100 vergrößert und meist unmittelbar auf dem Schirm des Projektionsapparates mit der senkrechten Gesamtvergrößerung 1 : 10000 bis 16000 geprüft. Das Bild kann auch photographisch festgehalten werden.

Der Radius der Tasternadel ist 0,0001 Zoll = 25 Mikron. Die waagerechte Vergrößerung ist etwa im Verhältnis 1 : 80 zur Senkrechten verkleinert. Die Kurven sind also verzerrt. Abb. 43 zeigt Oberflächen, die mit dem Tomlinson-Apparat aufgenommen wurden.

Die Geschwindigkeit des Fühldiamanten ist ungefähr 1 mm/min. Sie wird durch eine langsam kreisende Vorschubschraube hervorgerufen. Bei dieser langsamen Geschwindigkeit sind alle mechanischen Träg-

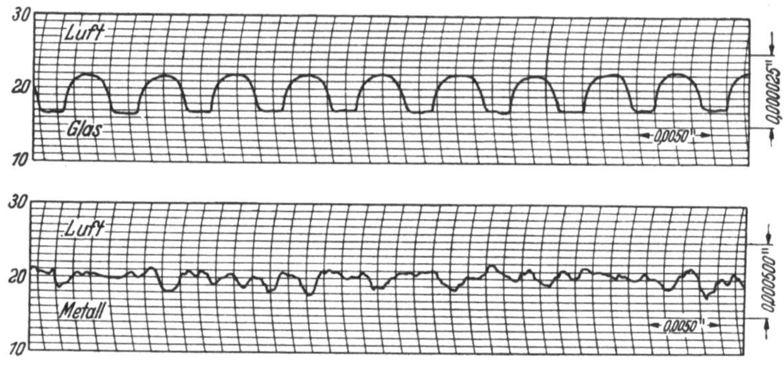

Abb. 43. Oberflächen, die mit dem Tomlinson-Profilkurvenschreiber aufgenommen sind (National Physical Laboratory-Teddington-England).

heitseinflüsse vernachlässigbar. Der Andruck auf den Diamantfühler ist normal 0,05 g, das Gewicht des Tasterarmes wird durch einen polierten Stahlschuh aufgenommen. Der Andruck der Diamantnadel selbst ist ganz unabhängig einstellbar.

Eine der Handhabungsschwierigkeiten des Tomlinson-Apparates besteht darin, den Schreibpunkt der Nadel, der das berußte Glas berührt, fein und sauber zu halten. Der Fühler ist daher wieder aus einer Diamantspitze hergestellt, die sehr sanft angedrückt werden muß, damit sie die Glasplatte selbst nicht ritzt.

Ein weiterer Einwand gegen den Apparat ist, daß die Berußung der Platte sehr fein und gleichmäßig erfolgen muß und dann, daß sich an die mechanische Schrift auf der angerußten Oberfläche eine optische Vergrößerung anschließt, so daß die Hantierung hauptsächlich auf das Laboratorium begrenzt ist.

5. Der Lichtschnittapparat von Schmaltz-Zeiß (Abb. 44a).

a) Allgemeine Grundlagen. Bei dem Oberflächenprüfverfahren nach Schmaltz wird ein zerstörungsfreier und vollkommen kratzfreier Schnitt mit einem Lichtmesser durch die zu prüfende Oberfläche geführt

(Abb. 44b). Hierzu wird ein feiner Lichtspalt, der sich den Profilformen des Prüflings anschmiegt, auf die Oberfläche projiziert und die Stelle des Auftreffens mit einem Mikroskop betrachtet. Benutzt wird die sogenannte Hell-Feld-Betrachtung (Abb. 44c), im Gegensatz

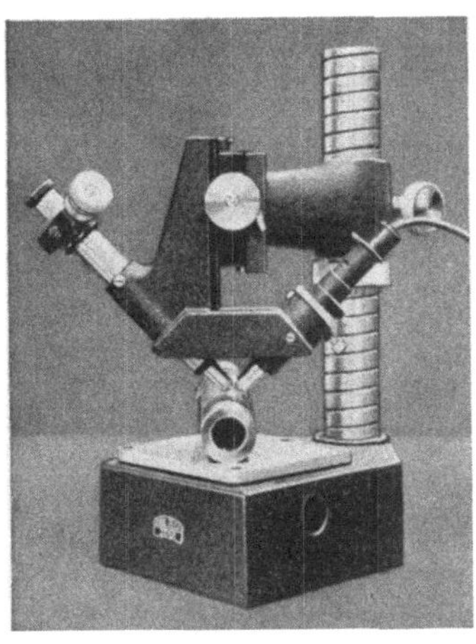

Abb. 44 a. Schmaltz-Zeiß: Photomikroskop. Lichtschnittverfahren.

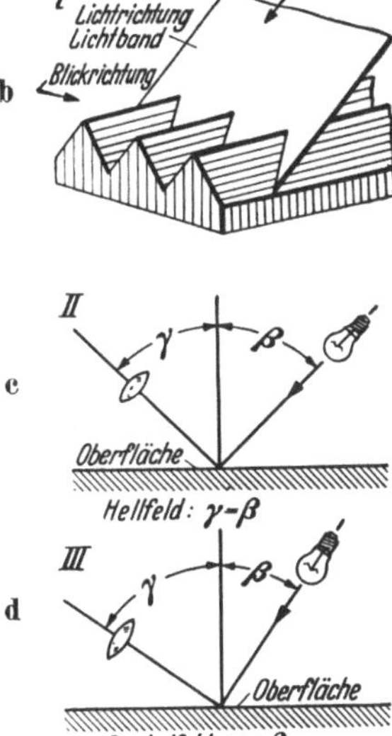

Abb. 44, b–d. Schmaltz-Zeiß-Photomikroskop. Lichtschnittverfahren.

zum Dunkelfeld (Abb. 44d). Die Neigungen der Achsen des Spalt- und Betrachtungssystems gegen die senkrechte Oberfläche sind gleich: Winkel γ = Winkel β. Im vorliegenden Falle betragen die Neigungen der Achsen beider optischen Systeme 45° gegen die Senkrechte; der Neigungswinkel der Achsen gegeneinander ist also 90°. Da der Lichtspalt eine endliche Ausdehnung haben muß, sieht man im Betrachtungsmikroskop ein breites Lichtband, das mit einer Kamera festgehalten werden kann (Abb. 45). Jede der Begrenzungslinien des Bandes folgt den Formen des Oberflächenprofils. Da man aber beide nicht zu gleicher Zeit scharf sehen kann, so muß man die eine ausgeprägtere Kante scharf einstellen.

Abb. 45. Kamerazubehör, um photographische Aufnahmen der Lichtschnitte festzuhalten.

b) Meßeinheit. Die Messung der so erhaltenen Profilbilder erfolgt entweder im optischen Bilde unmittelbar im Apparat oder auf einem photographischen Abzuge. Für die unmittelbare lineare Messung ist im Okular des Mikroskops ein einstellbares Mikrometer eingebaut, mit dessen Hilfe man den Abstand zweier paralleler Tangenten, die nacheinander an den höchsten und tiefsten Punkten des Profilstückes angelegt werden, bestimmt. Dadurch erhält man dann die maximale Profilhöhe h_{max}. Da in der Regel diese Höhe für die Ausdehnung des Prüflings nicht konstant ist, so müssen mehrere h_{max} gemessen und ein Mittelwert genommen werden (vgl. Abb. 8a). Die Größe der Meßlänge ist beschränkt durch die Abmessungen der Mattscheibe in der Kamera, die in der Regel nicht über 110 mm netto ausnutzbar ist. Bei den von uns gemachten Untersuchungen wurde eine Maximalvergrößerung von 162 gewählt, die bei der beobachteten größten Länge von 0,62 mm Länge etwa 100 mm vergrößerte Länge erforderte. Die heutigen Apparate vergrößern bis 300fach und würden in diesem Fall nur eine Meßlänge von 0,35 mm gestatten. Man muß also das Stück mehrmals verschieben, wenn man brauchbare Mittelwerte von h_{max} einer geschlichteten Oberfläche mit einer Vorschubbreite, z. B. von 0,04 mm, mit dem Lichtschnittverfahren messen will. Es muß sehr sorgfältig gearbeitet werden, und der Apparat muß erzitterungsfrei aufgestellt sein.

c, d) Meßbereich und Genauigkeit. Zahlentafel 8 gibt eine Übersicht der numerischen Daten des benutzten Schmaltz-Mikroskops.

Zahlentafel 8.
Zahlenmäßige Angaben für das 1939/40 benutzte Schmaltz-Photomikroskop.

Höhe des Profils		Bearbeitung	Okular	Objektiv	Vergrößerung auf der Mattscheibe	Genauigkeit der Durchschnittswerte h_{max}	
Mikron	μ-inch					Mikron	μ-inch
		Feindrehen (Diamant) Feinbohren (Diamant)	15 mal	16/0,37 (ungefähr)	162	0,1 μ bis 0,3 μ	4 bis 12
1— 6 7—15	40—240 280—600	Feinschleifen Schlichtdrehen Bohren, Fräsen Handelsübliches Schleifen	15 mal	9,7 Epi	93	0,3 bis 0.5	12 bis 20
16—45	640—1800	Vorbereitungsarbeiten	15 mal	5,3 Epi	51	0,6 bis 1,4	24 bis 56

Brauchbare Schätzungen waren für geübte Beobachter bis zu 0,5 Mikron (= 20 μ-inch) möglich. Das ist die durchschnittliche Wellenlänge des Lichtes. Das deckt sich mit den Veröffentlichungen von Zeiß über dieses Gerät. Räntsch gibt als kleinst erkennbare Profilhöhe 0,46 Mikron (= 18,2 μ-inch) für 300fache Vergrößerung, und 0,92 Mikron (= 36 μ-inch) für 145fache Vergrößerung an, was sich mit unseren Erfahrungen gut deckt. Der Meßbereich reicht für heutige Verhältnisse nicht aus. Alle untersuchten Oberflächen, die fein geschliffen, geläppt, gehont, diamantgedreht und feinstgeschliffen waren, bewegen sich heute in den Rauhigkeitsgrenzen von 0,5 bis höchstens 16 μ-inch = 0,012 μ bis 0,4 μ, sind also mit diesem sonst so eleganten Meßverfahren nicht meßbar. Es ist durch das Auflösungsvermögen der Optik begrenzt.

e) Eichung. Für die Eichung des Schmaltz-Lichtschnittapparates war von Zeiß ein Meßstück mitgegeben, das eine eingeätzte Millimeterentfernung in 100 Teile teilte, so daß 0,01 mm = 0,0004 Zoll (oder 400 μ-inch) linear abgelesen werden konnte. Das reicht für h_{max} zur Not aus, da man etwa die Hälfte davon gut schätzen kann. Da die Endmaßunterschiede (AA Genauigkeit Johansson, vgl. Zahlentafel 24) aber heute auf eine Differenzgröße von 0,00125 mm = 0,00005 Zoll = 50 μ-inch (linear) heruntergehen, so ist die rein mechanische Eichung der Fühlerapparate mit 50000facher Vergrößerung der optisch-mechanischen Eichung der Lichtschnittapparate überlegen, besonders weil sie von dem Standpunkt der Werkstatt so wesentlich einfacher verständlich und erreichbar ist.

Abb. 46. Interferenzmikroskop mit Einrichtung für monochromatisches und weißes Licht (Zeiß).

6. Das Interferenzmikroskop von Zeiß-Linnik[1].

Das optische Interferenz-O-Prüfgerät von Zeiß ist in seiner heutigen Form in Abb. 46 dargestellt, der Strahlengang des Gerätes in Abb. 47 gezeigt.

Die zu prüfenden Werkstücke werden, gegebenenfalls unter Zwischenlage eines Auflageprismas, auf den verstellbaren Tisch des Gerätes gelegt. Dann hebt man bei Einblick in das Okular mittels einer Stellschraube den Tisch langsam an, bis das Bild der Lochblende des Beleuchtungsstrahlenganges im Gesichtsfeld seine größte Bildschärfe erreicht. Dabei erscheint gleichzeitig das vergrößerte Bild der Werkstückoberfläche. Man kann nun sofort die Interferenz-

[1] Räntsch, K.: Optische Verfahren zur Oberflächenprüfung. Zeiß-Nachr. 1945. — Stewart Way-Description and Observation of Metal Surfaces. June 1940. Cambridge, Mass.

streifen beobachten, wenn der Vergleichsstrahlengang freigegeben ist. Abb. 48a zeigt das Mikrointerferenzbild einer ebenen Fläche mit sehr hoher O-Güte, in die eine Grabenfurche (Riefe) gezogen ist. Die graden Interferenzstreifen erfahren durch diese Furche eine pfeilförmige Strahlenauslenkung, die das Maß für die Furchentiefe ergibt.

Abb. 48a. Furche in einer ebenen Fläche sehr hoher Oberflächengüte. Furchentiefe = 0,49 Mikron.

Man muß mit dieser Art der O-Darstellung sehr vertraut sein, weil sie stark abweicht einmal von der vollkommen natürlichen Wiedergabe der Furche, z. B. durch den Lichtschnitt, dann aber auch nicht vergleichbar ist mit den zwar verzerrten, aber doch oberflächenähnlichen Profilkurven der Tasterapparate. Das Interferenzverfahren hat

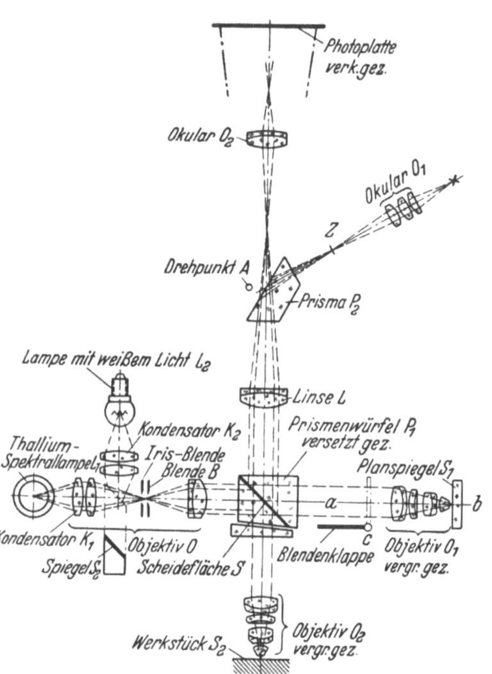

Abb. 47. Interferenzmikroskop. Strahlengang.

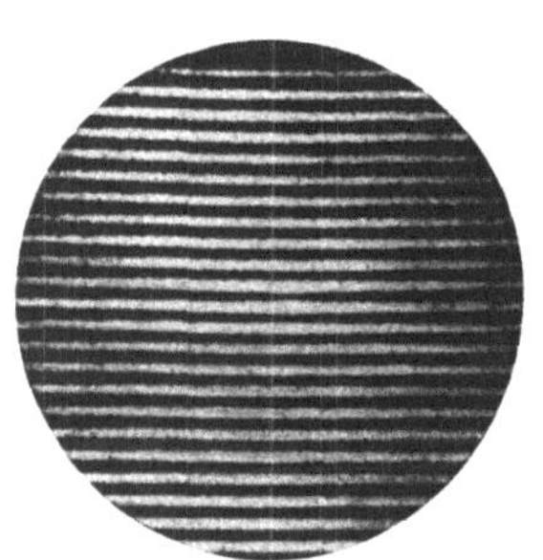

Abb. 48b. Parallelendmaß höchster Güte. Furchentiefe etwa 0,04 Mikron.

Abb. 48c. Optische Spiegelpolitur. Mittlere Rauhigkeit unter 0,02 Mikron.

aber eine wesentlich höhere Genauigkeit als das Lichtschnittverfahren, da es Furchentiefen bis 0,02 Mikron = 0,8 μ-inch feststellen kann.

Die große Meßempfindlichkeit des Gerätes bedingt wegen der erforderlichen Bildruhe eine völlig schwingungsfreie Aufstellung, dies gilt im besonderen Maße für Photoaufnahmen. Es ist daher auf die Forschung im ruhigen Laboratorium beschränkt.

Linnik-Zeiß gibt als Grenzwerte an: 1. für einen Strich-Läpp-Schliff eine mittlere Rauhigkeit von 0,1 Mikron (= 4 μ-inch) (Abb. 48a); 2. ein Parallelendmaß höchster Güte mit einer Furchentiefe von etwa 0,04 Mikron (= 1,6 μ-inch) (Abb. 48b); 3. eine optische Spiegelpolitur mit einer mittleren Rauhigkeit unter 0,02 Mikron (= 0,8 μ-inch) (Abb. 48c).

Diese Angaben würden dann mit der Genauigkeit der guten Fühlerapparate übereinstimmen.

Empfindlichkeit gegen Erschütterungen.

Die Oberflächenmeßinstrumente müssen unempfindlich gegen Vibrationserscheinungen sein, die durch den Fußboden der Werkstatt auf ihren Aufstellungsort übertragen werden können. Das gilt insbesondere für optische Instrumente, die bei der photographischen Aufnahme eines Profils in voller Ruhe sein müssen. In dieser Beziehung sind die Tasterinstrumente, die heute wohl sämtlich mit Stützschuhen am Tastarm, vor, hinter oder neben dem Diamanttaster versehen sind, überlegen. Bei den mehrere Jahre hindurch mitten in der Werkstatt angestellten Messungen an den Oberflächen der Werkstücke haben sich bei den Integrationsmessungen überhaupt keine Störungen gezeigt. Bei den Profilkurven könnte naturgemäß die Rauhigkeitswiedergabe sowie die Welligkeit durch Erzitterungen gefälscht worden sein. Es wurden daher mit dem empfindlichsten Tasterinstrument, dem Talysurf, die in Abb. 49 dargestellten 11 Messungen gemacht. Dabei stand der Apparat bei den Messungen 8 bis 11 im Keller in einer Entfernung von nur 30 cm von einem stoßend arbeitenden Luftkompressor. Die festgestellten Schwankungen zwischen dem stillstehenden Kompressor und dem in Arbeit befindlichen sind in den Profilkurven, die mit 40000facher senkrechter Vergrößerung aufgenommen sind, zu sehen. Sie sind nicht größer als 0,5 μ-inch = 0,0125 Mikron gewesen, was sich im Vergleich mit dem einphotographierten Maßstab von 2,5 μ-inch je Strich Entfernung kontrollieren ließ.

Bei dem Versuch 3 wurde mit der Faust auf den Tragtisch der Säule geschlagen. Dabei sprang der Fühler hoch, kehrte aber dann in die Arbeitslage zurück, ohne daß Nullpunkt und Kurvencharakter geändert war; ein anderer gewalttätiger Versuch ist in Nr. 5 gezeigt. Hier wurde eine kleine laufende Handschleifmaschine auf die Grundplatte des Apparates gelegt. Der Fühler sprang 8 μ-inch = 0,2 Mikron hoch, der Nullpunkt blieb aber unverändert nach Anhalten des Motors. Damit ist die Betriebssicherheit der Stützschuhapparate bewiesen.

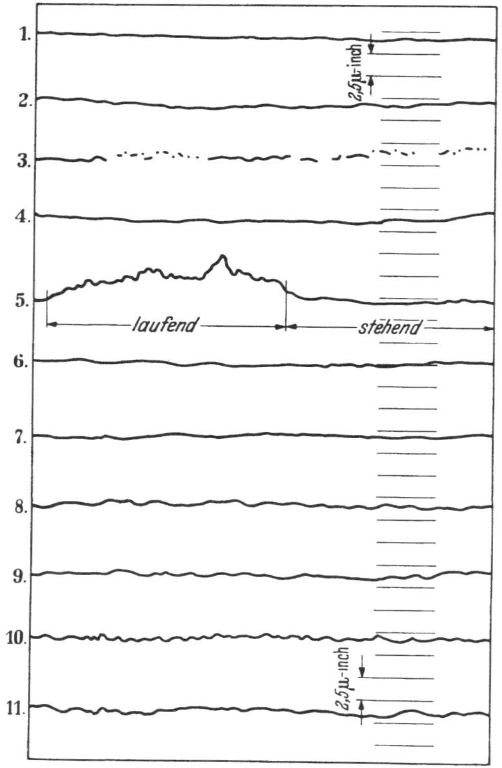

Versuch Nr.	Arbeitsbedingungen	Wirkung
1	Fühler ortsfest. Nur das Schreibpapier läuft	Keine bemerkbare Abweichung
2	Profilkurve als Plan-Glasplatte	Desgl. Kleine Welligkeit des Stücks
3	Schlag mit der Faust auf den Tisch	Plötzliches Hochspringen der Schreibfeder, doch Nullpunkt und Kurvencharakter unverändert
4	Eine laufende Handschleifmaschine mit 10000 U/min wird neben den Meßapparat gelegt	Unmerklich
5	Die laufende Handschleifmaschine wird auf die Grundplatte des Apparates gelegt	Große Abweichung von ungefähr 8 μ-inch. Nullpunkt unverändert nach Anhalten des Motors
6	Desgl. Maschine läuft auf dem Tisch neben dem Apparat	Keine merkbare Wirkung
7	Desgl. Auf dem Fußboden neben dem Apparatetisch	Wirkung desgl.
8	Oberflächenmesser wird in den Keller geschafft 30 cm von einem stoßenden Luftkompressor	Schwankungen bis 0,5 μ-inch. Nullpunkt und Kurvencharakter unverändert
9	Desgl. Fühler ortsfest. Papier laufend	Desgl.
10	Desgl. Auf fein geläpptem Kolbenbolzen von 20 mm Durchmesser	Desgl.
11	Desgl. Fühler betastet eine fein geläpptete Stahlstange von 10 mm Durchmesser	Desgl. Kleine Abweichungen bis 0,5 μ-inch

Abb. 49. Versuche mit einem normalen Talysurf mit Stützschuh auf Empfindlichkeit gegen Vibration. Senkrechte Vergrößerung 40000mal, waagerechte 200mal.

7. Formfaktorprüfung — Zeiß-Mechau (Abb. 50a)[1].

Als charakteristische Eigenschaft der Rauhigkeit einer Werkstücksoberfläche gilt hier der Anteil längs einer Mantellinie des zylindrischen Prüflings, der bei der Paarung mit einer Ebene oder einer entsprechenden Bohrung zum Tragen kommen würde. Diese Prüfung erstreckt sich auf eine Länge von jeweils 6 mm. Zur Unterscheidung von makrogeometrischen Formfehlern, die den Traganteil außerdem beeinflussen könnten, wird das Prüfergebnis des O-Prüfers nach MECHAU der „Mikro-Traganteil“ eines Werkstückes (Abb. 50b) genannt. Dieser Mikro-Traganteil kann, ins Verhältnis zur Länge des

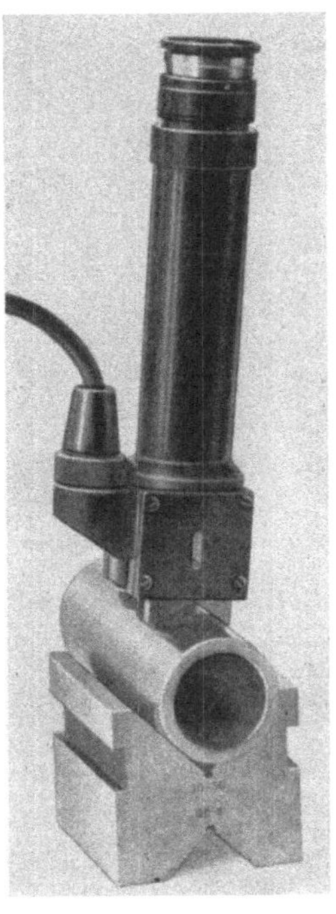

Abb. 50a. Formfaktorprüfer Zeiß-Mechau.

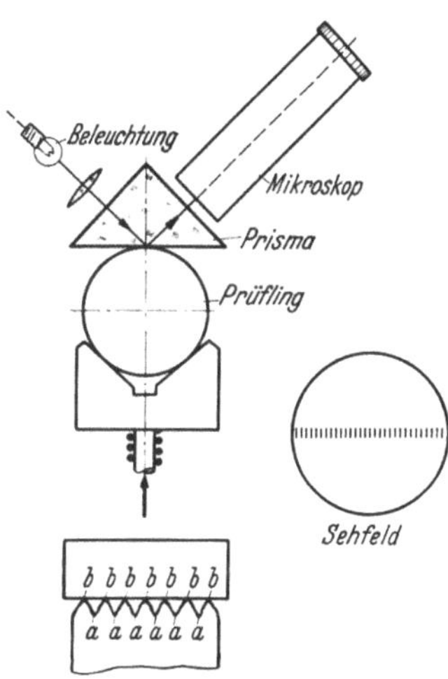

Abb. 50b. Prüfung des „Mikrotraganteils“.

untersuchten Flächenstückes gesetzt, in einer Prozentzahl ausgedrückt werden: $\frac{\Sigma t}{L} 100\% = \text{M. T.}$

Der Oberflächenprüfer nach MECHAU enthält ein 90°-Prisma, das mit der Hypothenusenfläche unter Federdruck auf den Prüfling gesetzt wird. An den tragenden Stellen der Oberfläche, die am Prisma anliegen, kann das von der einen Kathetenfläche einfallende Licht nicht mehr total reflektiert werden. Diese Tragstellen erscheinen durch ein Mikroskop von der anderen Kathetenfläche her betrachtet als ein Band von

[1] Für die Hergabe der Abb. 50, 51 sei der Firma Carl Zeiß (Jena) bestens gedankt.

mehr oder weniger dicht nebeneinanderliegenden schwarzen Strichen in dem sonst hellen Sehfeld (Abb. 51 a–h). Abstand, Stärke und Verteilung der Striche, die durch ausgelöschte Totalreflexion entstehen, geben für die Prüfzone der zu untersuchenden Oberfläche das Maß für den Mikro-Traganteil. Der O-Prüfer ist in dieser Form nur für zylindrische Prüflinge verwendbar. Der Prüfende setzt das Gerät zunächst am Muster-

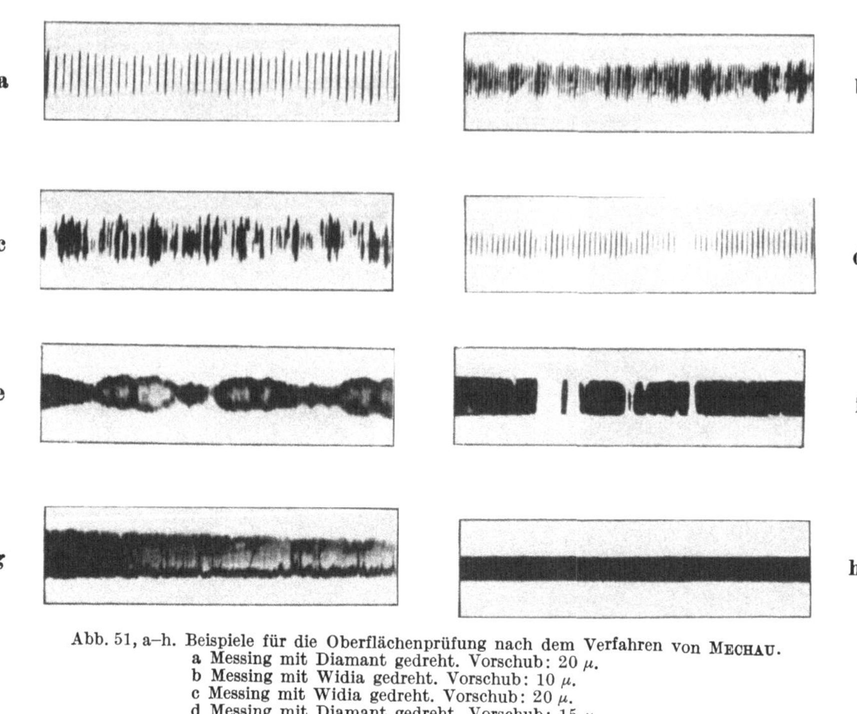

Abb. 51, a–h. Beispiele für die Oberflächenprüfung nach dem Verfahren von MECHAU.
a Messing mit Diamant gedreht. Vorschub: 20 μ.
b Messing mit Widia gedreht. Vorschub: 10 μ.
c Messing mit Widia gedreht. Vorschub: 20 μ.
d Messing mit Diamant gedreht. Vorschub: 15 μ.
e Messing mit Diamant gedreht. Vorschub: 50 μ ($H = 0{,}3\ \mu$).
f Kolbenbolzen geläppt mit Rissen. (Risse $H = 1\ \mu$.)
g Kolbenbolzen geläppt. ($H = 0{,}2\ \mu$.)
h Feinstpolierter Glaszylinder. ($H < 0{,}03\ \mu$.)

stück und darauf am Werkstück an. Er wird nach kurzer Übung einen Befund über die Übereinstimmung oder Abweichung beider Tragbilder abgeben können. Die Vergleichsproben werden dazu zweckmäßig außerdem mit einem guten O-Prüfgerät ausgemessen. Der Mikro-Traganteil des Musterstückes kann auch objektiv zahlenmäßig bestimmt werden, indem man an einer Photographie des Tragbildes durch Abmessen und Addieren der schwarz erscheinenden Tragstellen den Mikro-Traganteil in Prozenten ermittelt.

Die Abb. 51 a–h geben Photographien von Arbeitsproben mit zunehmendem Traganteil wieder. Es erweist sich, daß für das gleiche Bearbeitungsverfahren gewisse gesetzmäßige Zusammenhänge bestehen müssen. Wie die Vergleichsprobenreihen eindeutig feststellen, steigt mit abnehmender Profilhöhe, z. B. h_{max}, der Mikro-Traganteil stetig an. Man kann daher sagen, daß innerhalb gewisser Grenzen für feingeschliffene Oberflächen ein ermittelter hoher Traganteil ohne weiteres auch auf eine geringe Profilhöhe und damit auf eine geringe Rauhigkeit schließen läßt. Die obere Grenze der Rauhigkeit, für die mit diesem O-Prüfer gerade noch ein Traganteil festgestellt werden kann, liegt für geschliffene Flächen bei 2 bis 2,5 Mikron (= 80 bis 100 μ-inch). Bei 0,4 bis 0,6 Mikron (= 16 bis 24 μ-inch) wird für feingeschliffene Flächen ein Wert von etwa 80% M.T. erreicht, falls nicht Welligkeit oder andere makrogeometrische Formfehler das Tragbild beeinflussen.

Ein besonderer Vorzug des Gerätes ist seine handliche Bauart, die es für den Mann an der Maschine und in der Montage, für die Massenkontrolle wie für die Prüfung des einzelnen hochwertigen Maschinenelementes, wie z. B. der Kurbelwelle eines Verbrennungsmotors, gleich gut verwendbar macht.

8. Das Abdruckverfahren (Plastic Replica) des National Physical Laboratory (England).

Das Profil der Oberflächenrauhigkeit wird dadurch ermittelt, daß man Abdrücke von ihr mit Hilfe von erstarrenden Lösungen, z. B. aus in Azeton gelöstem Zelluloid, herstellt: Die Flüssigkeit wird auf die Oberfläche gegossen[1].

Ein zweites Verfahren[2] besteht darin, daß man einen durch Wärme oder Lösungsmittel erweichten plastischen Film auf die zu untersuchende Oberfläche preßt, dort erhärten läßt, dann nach 5 bis 10 Minuten abzieht und den Abdruck nach etwa 30 Minuten Nachhärtung in freier Luft mit einem Tasterinstrument mißt, gewissermaßen als Ersatz der Originalfläche. Das National Physical Laboratory (N.P.L.-England) benutzt Filmplättchen aus Zellulose-Azeton von etwa 3 mm Dicke und 25 × 12 mm oder 32 × 12 mm Fläche. Es werden aber auch dünnere Plättchen von 0,25 mm bis 0,5 mm sonst gleicher Größe verwendet. Zum sicheren Andrücken sind besondere Quetscher vom N.P.L. gebaut worden.

Die Anwendung ist wegen ihrer Langwierigkeit auf solche Prüflinge beschränkt, die für die üblichen Tasterapparate unzugänglich sind. Die Nachteile sind, daß sich die Gelatineschicht unberechenbar verziehen und schrumpfen kann. Vor allem entstehen leicht Wellen, die die Messung nur auf die Rauhigkeit beschränken. Die Genauigkeit der Wiedergabe ist nicht

---

[1] THOMAS: Engineering Bd. 116 (1923). — KIESEWETTER: Doktorarbeit, Dresden 1931.

[2] TIMMS and SCOLES: Machinery (London) 23. Dez. 1948 (N.P.L.-Teddington).

schlecht. Abb. 30a und b (vgl. S. 53) vergleichen die Profilkurven eines geätzten Glas-Normals von 0,0028mm ($\simeq$ 115μ-inch) Tiefe des N.P.L. mit dem Replica-Abdruck seiner Oberfläche. Die Tiefenschrumpfung betrug etwa 10%. Die waagerechten Entfernungen waren unmerklich verändert.

Für den praktischen Werkstattsgebrauch ist das Abdrucksverfahren jedenfalls viel zu umständlich, zeitraubend und ungenau.

9. Das Schrägschnittverfahren[1] (Abb. 52 und 53) von H. R. Nelson-Cambridge-Mass. USA.

Das Verfahren besteht darin, daß man die zu untersuchende Oberfläche nicht senkrecht, sondern unter einem Winkel (α) schräg wirklich zerschneidet und so die Form der Rauheit verlängert.

Abb. 53a ist eine Eckansicht unter 45°, b ist eine normale Ansicht und c ist ein Schrägschnitt, der eine 5fache Vergrößerung zeigt.

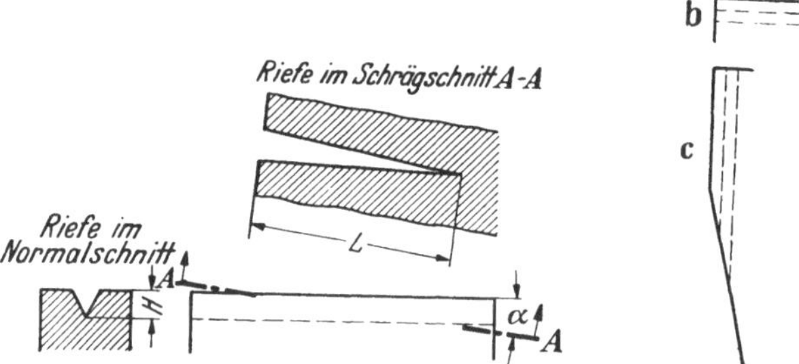

Abb. 52 und 53, a–c. Schrägschnittverfahren von H. R. Nelson-Cambridge, Mass. USA. Versuche gemacht im Battelle Memorial Institute (Mass.).

Die im Battelle-Memorial-Institute (Mass.) gemachten Studien[2] zeigten, daß das Verfahren bis $h_{max} \simeq 10$ μ-inch brauchbare Werte gibt. Die Vergrößerung errechnet sich aus $V = \frac{L}{H} \simeq \frac{1}{\sin\alpha}$ (Abb. 52), worin H die Kratzertiefe, L die Länge seiner Projektion in der Schnittebene, α der Winkel der Schnittneigung ist. Bei den Untersuchungen wurde $\alpha = 2° 17'$ gewählt, was einer 25fachen Vergrößerung entspricht, die optisch noch einmal vergrößert werden muß.

In der Praxis muß die zu zerlegende Oberfläche durch einen galvanischen Überzug aus Nickel von etwa 0,6 mm Dicke gegen Einreißen bei der Bearbeitung durch Schleifen geschützt werden. Das Verfahren stellt eine zwar interessante, aber reine Laboratoriumsuntersuchung vor. Es ist für die Praxis unbrauchbar, da der Prüfling zerstört werden muß.

---

[1] Nelson, H. R.: Taper sectioning Proc. Spec. Surface Conf. Mass. Inst. Techn. Cambridge, Mass. (USA.) 1949.

[2] Surface Contour by Taper Sectioning by H. R. Nelson: Batelle-Memorial Institute-Massachusetts Inst. USA. 1941.

Gruppe II: Apparate für qualitative Messung.

Nachdem bereits über den Augenvergleich mit Musterstücken, deren Gütegrad meßtechnisch festgestellt war, sowie über die Anreibeprobe mit dem Schleifstab und über die Münzprobe, die Gefühl und Gehör subjektiv verknüpft, berichtet worden ist (vgl. S. 43), sollen nun die bei der Betriebsaufnahme (vgl. S. 88) benutzten Geräte und einige neuere Apparate besprochen werden, die das Auge mit starken optischen Instrumenten bewaffnen und zu schärferer Unterscheidung, aber nicht zur zahlenmäßigen Messung befähigen. Es ist schon eine große Hilfe, wenn normale Vergrößerungsgeräte mit 20- bis 40facher Vergrößerung benutzt werden; einen weiteren Fortschritt aber brachten die Vergleichsmikroskope, die mit dem gemessenen Meisterstück gleichartige Flächen praktisch vergleichen, ohne jedoch die Rauhigkeit oder Welligkeit der kontrollierten Fläche wirklich durch eine Maßzahl zu messen.

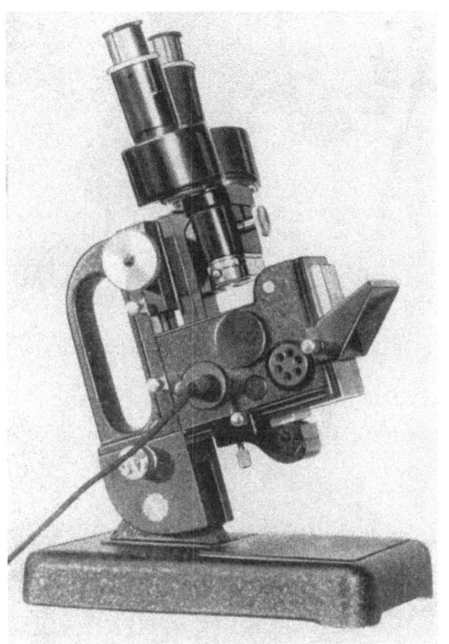

Abb. 54. Binokulares Vergleichsmikroskop von Leitz-Wetzlar.

10. Das binokulare Vergleichsmikroskop von Leitz-Wetzlar (Abb. 54) besitzt ein großes Sehfeld, erzeugt mittels der beiden gleichzeitig benutzten Okulare ein plastisches Bild und gestattet Vergrößerungen veränderlich von 15- bis 50fach. Es ist aber auf kleine Gegenstände beschränkt, die zum Gerät gebracht werden müssen. Es stand nur ganz kurze Zeit zu unserer Verfügung.

11. Das Vergleichsmikroskop von Klemm (Abb. 55)[1].

a) Konstruktive Grundlagen. Der Apparat ist leicht und kann bequem von Hand an jede Stelle des Prüflings gebracht werden. Er hat 2 Objektive, deren Achsen unter 90° Winkel zueinander angeordnet sind, aber von einem gemeinsamen Okular betrachtet werden. Das Okular

[1] Ein ähnlicher Vergleicher wird von Taylor, Taylor & Hobson, Leicester (England) hergestellt.

liegt gleichachsig mit dem Objektiv, das den Prüfling beobachtet. Die zu vergleichenden Oberflächen von Meister (A) und Prüfling (B)

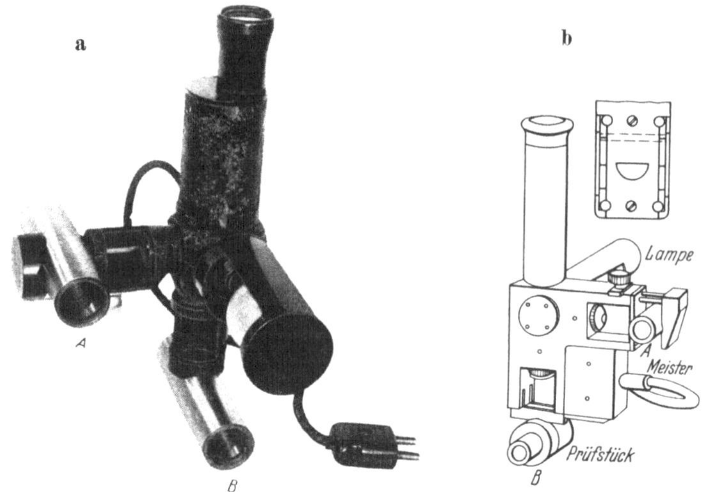

Abb. 55, a u. b. Handvergleichsmikroskop von Klemm-Chicago. A Meister. B Prüfstück.

werden im Sehfelde auf entgegengesetzten Seiten einer Trennlinie abgebildet, die einen Durchmesser darstellt, der durch das Zentrum des Sehfeldes geht (Abb. 56). Da die Entfernungen von den beobachteten Oberflächen zu ihren korrespondierenden Okularen konstant sind, können beide Bildhälften ein für allemal scharf eingestellt werden, unabhängig von der Größe der Prüflinge, mögen sie rund oder flach sein. Der Klemm-Apparat hatte 30fache Vergrößerung. Das Blickfeld ist ein in zwei Hälften geteilter Kreis, deren eine Hälfte das Bild des Meisters, die andere das des Prüflings darstellt (Abb. 56). Das transportable Gerät ist leicht und so schmal, daß es ohne weiteres in enge Räume eingeführt werden kann. Abb. 57 zeigt seine Anwendung bei einer mehrhübigen Kurbelwelle, deren Zapfen und Lager im allgemeinen für die normalen Tasterarme der Fühlerinstrumente — das

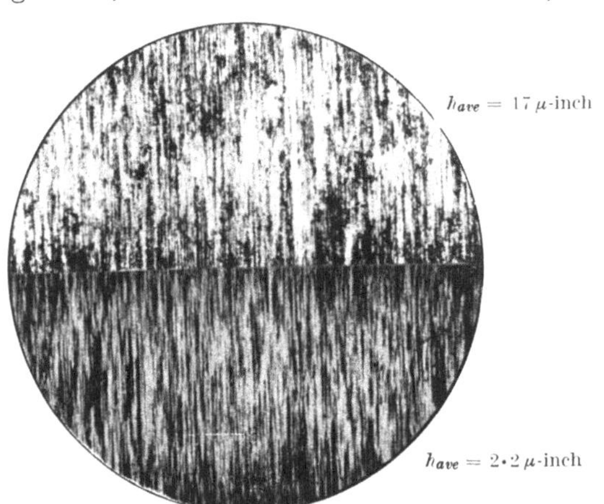

Abb. 56. Klemm-Blickfeld des Vergleichsapparates.

Profilometer ausgenommen — unzugänglich sind, deren Zugänglichkeit allerdings durch Sondergeräte (vgl. Abb. 41) erreicht werden kann. Die Lampe sollte mindestens 25 Watt haben, die normale Stromzuleitung von 110 oder 220 Volt kann zwar direkt verwendet werden, aber es ist besser, einen Transformator für 12 bis 20 Volt einzuschalten, um Gefahr für den Benutzer zu verhindern. Die Arbeitsbedingungen sind also gut.

b) Meßbereich. Das Instrument kann für alle Außenzylinder und ebenen Flächen irgendwelcher Größe benutzt werden, weil die Anordnung des Objektivs (B) unter 90° unbeschränkten Zugang zu irgendeinem Prüfling gibt, wenn die begrenzenden Schultern nicht enger liegen als 30 mm, gleich der Breite des Gerätes. Wenn eine Innenfläche geprüft werden soll, z. B. die Lagerhälfte einer Pleuelstange, so muß ein beson-

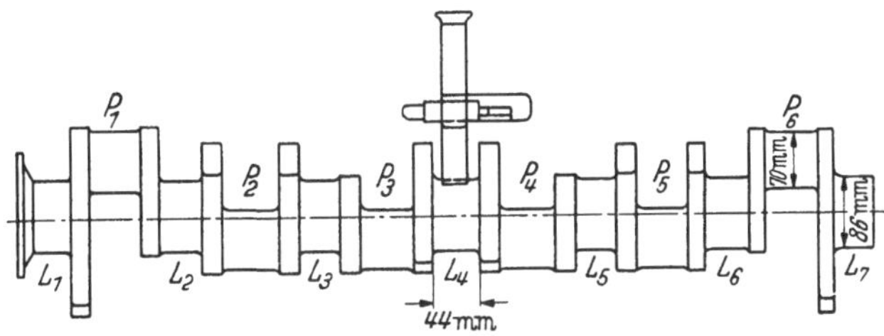

Abb. 57. Klemm-Komparator auf Kurbelwelle.

derer vorspringender Schuh benutzt werden. Dann muß die senkrechte Linse auf eine andere Entfernung einstellbar sein.

Wenn man schnell und sicher prüfen will, ob das auf der Zeichnung vorgeschriebene Arbeitsverfahren wirklich angewendet worden ist, so ist der Klemm-Vergleicher ein vorzüglicher, leicht hantierbarer und billiger Apparat. Man setzt z. B. das Meisterstück für Honen ein und sieht mit einem Blick, ob die Werkstücke der Arbeitsvorschrift entsprechen.

c) Genauigkeitsgrenzen. Die Brauchbarkeit hängt ab von der Fähigkeit des Arbeiters, gute Vergleiche zu ziehen, und der Güte des Meisterstückes, das nur von ersten Firmen bezogen werden darf. Eine quantitative Messung ist nicht möglich. Jedoch zeigten die mit drei ungeübten Beobachtern angestellten Vergleichsversuche, daß gut brauchbare Ergebnisse erzielbar sind.

Die Meisterstücke sollten stets aus dem gleichen Material wie die Prüflinge sein und mit dem gleichen Bearbeitungsverfahren geschlichtet sein. Ferner sollten Zylinder mit Zylindern und Ebenen mit Ebenen verglichen werden.

d) Eichung. Die Meisterstücke müssen entweder mit einem Integrationsprüfer oder durch eine Profilkurve geeicht werden. Ihre Oberflächengüte bestimmt gleichzeitig die Meßgüte des Vergleichsmikroskops (vgl. Abb. 25 NORTON-MEISTER).

12. Das Metaphote von E. Busch-Rathenow (Abb. 58) ist ein Kameramikroskop und wurde anfänglich für einige mikro- und makrophotographische Aufnahmen benutzt. Es gestattete Vergrößerungen von 3- bis 200fach und ist ein vorzüglicher Laboratoriumsapparat. Das Gerät ermöglichte alle Arbeiten im Auflicht und im Durchlicht: Hellfeld und Dunkelfeld. Es ist aber vor allem für metallographische Untersuchungen geeignet. Da unsere Untersuchungen auf sehr starke Vergrößerungen gerichtet waren, um tunlichst Vergleiche mit den Ergebnissen

Abb. 58. Busch-Rathenow-Metaphote.

der guten Fühlerapparate zu ermöglichen, die bis 40000fach vergrößerten, und um unmittelbare Vergleichsmessungen der Werkstücke im Betriebe an der Maschine auszuführen, so wurden die späteren Hauptversuche einerseits im Laboratorium mit dem Vickers-Projektions-Mikroskop mit 90 Vergrößerungen zwischen 18- bis 4400fach, andrerseits in der Werkstatt mit dem transportablen Handvergleicher von Klemm (Chicago) mit 30facher Vergrößerung und genormten Meisterstücken zu Ende geführt.

13. Das Vickers-Mikroskop (Abb. 59)[1] gestattet undurchsichtige Körper mit normaler, auffallender Beleuchtung (von 18- bis 4400fach) und auch mit Dunkelfeld-Belichtung (von

[1] Gebaut von Cooke, Troughton & Simms (York).

56- bis 1850fach) aufzunehmen. Der Prüfling wird auf die Auflage (10) aufgelegt und durch den Universal-Illuminator beleuchtet.

a) Konstruktive Grundlagen. Das Mikroskop gehörte zur „umgekehrten" Type und war mit einer kräftigen Auflage für den Prüfling ausgerüstet, der durch drehende und verschiebende Feineinstellung scharf eingestellt werden konnte. Alle Einrichtungen für schnelle und genaue Bedienung waren vorhanden. Die gußeiserne Kamera war mit einem rostsicheren Metallspiegel, Einstellmechanismus für die effektive Balglänge, Mattscheibe, Kassetten für 12 × 16 cm sowie für 8 × 12-cm-Platten versehen. Eine Vergleichsvorrichtung gestattete, Negativ- oder Positivaufnahmen miteinander oder mit dem Bilde der Prüflingsoberfläche direkt zu vergleichen. Kühlwasserbehälter zur Verminderung von Wärmeeinfluß auf die Einstellung, Farbenfilter, Neutralfilter, Verteilungsmattscheibe, Spiegel, Feldlinse (vgl. Legende) und viele andere Zutaten machten den Apparat zu einem besonders wertvollen und nützlichen Hilfsmittel für die quantitativ messenden Tastergeräte.

Abb. 59a. Vickers Projektionsmikroskop.

b) Meßeinheit. Da alle Photographien (vgl. Abb. 60a, b) mit bekannten Vergrößerungen gemacht wurden, so läßt sich der lineare Millimeter (oder Zoll) als Rohvergleich benutzen, um sowohl Breiten als Längen von Schleif-, Hone- oder Läpprissen bei verschiedenen Vergrößerungen, z. B. 240mal und 950mal, zu beurteilen.

Selbstverständlich sind waagerechte und senkrechte Vergrößerungen wie bei jeder Photographie gleich.

Der Versuch, die photographische Aufsicht (Abb. 60b, 61, 62) quantitativ auszunutzen, kann nicht als geglückt bezeichnet werden. Es bleibt bei diesen doch mehr wissenschaftlichen Laboratoriumsversuchen zu viel subjektive Schätzung, die eng mit der Person des Beobachters verknüpft ist.

6*

c) Meßbereich. Die Vergrößerungen konnten, wie erwähnt, mikrophotographisch erheblich verändert werden. Man sieht wohl die Unterschiede der Unregelmäßigkeiten besser bei 950mal als bei 120mal, aber objektiv vergleichbare Ziffern sind nicht erhältlich. Die Stückauflage (Abb. 59 – *10, 12*) hatte 125 mm Durchmesser und war so stark gebaut, daß Prüflinge bis 25 kg aufgelegt werden konnten.

d) Genauigkeitsgrenze. Die Genauigkeit der Vergrößerungen wurde sorgfältig überprüft, sie schwankte zwischen 1 bis 3%. In der Regel wurde 1000fache Vergrößerung nicht überschritten.

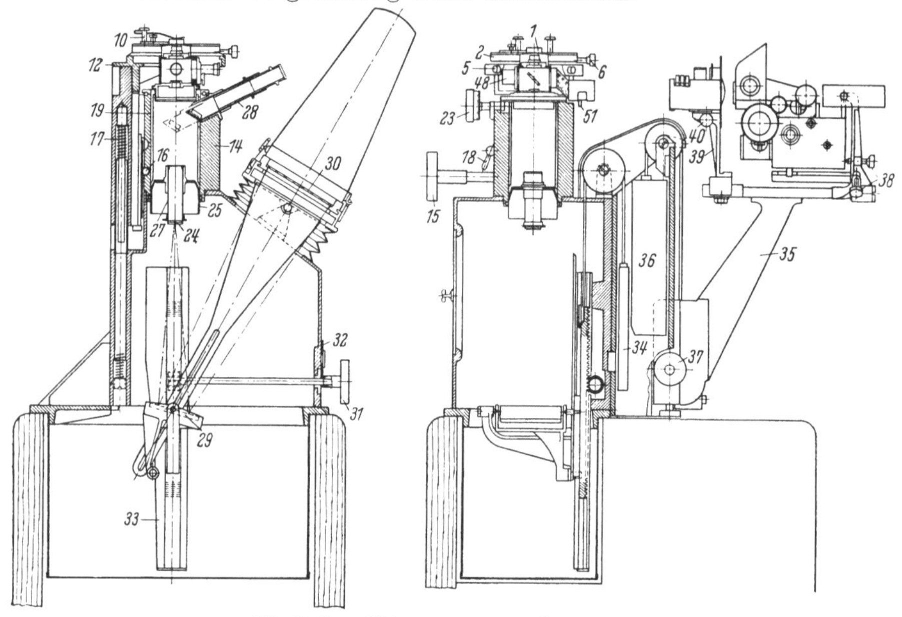

Abb. 59, b–c. Vickers Projektionsmikroskop.

1 Prüfling
2 Auflagetisch
5 Drehverstellung des Tisches
6 Querverstellung des Tisches
10 Haltefedern und Auflage
12 Tischstütze
14 Körper des Mikroskopes
15 Grober Brennpunktsucher
16 Zahnstange und Trieb
17 Feder zur Gewichtsentlastung
18 Klemme für Sucher.
23 Brennpunkt-Feineinstellung
24 Projektionsokular
27 Rohrauszug
28 Okularauszug für Visierung
29 Spiegel
30 Mattscheibe
31 Einstellung auf richtige Bildwiedergabe
32 Skala für Bildentfernung
33 Spiegel-Kontrollkurve
34 Gegengewicht für Spiegelkurve
35 Lampenkonsol
36 Gegengewicht für Lampe
37 Feststeller für Lampe
38 Mittelstellung für Lampe
39 Bock für Linse und Iris
40 Einstellung für Linse
48 Universallampe
51 Iriskontrolle

e) Eichung. Der Eichmaßstab von Zeiß wurde verwendet; er hatte 1 mm genau geteilt in 0,01 mm. Durch direkten Vergleich des vergrößerten Bildes der 0,01-mm-Teilung auf der Auflage (10), mit einem geeichten Stahlmaßstab auf der Mattscheibe, konnten die 90 möglichen Vergrößerungen von 18- bis bis 4400fach zuverlässig in zwei Stunden auf ihre Richtigkeit untersucht werden.

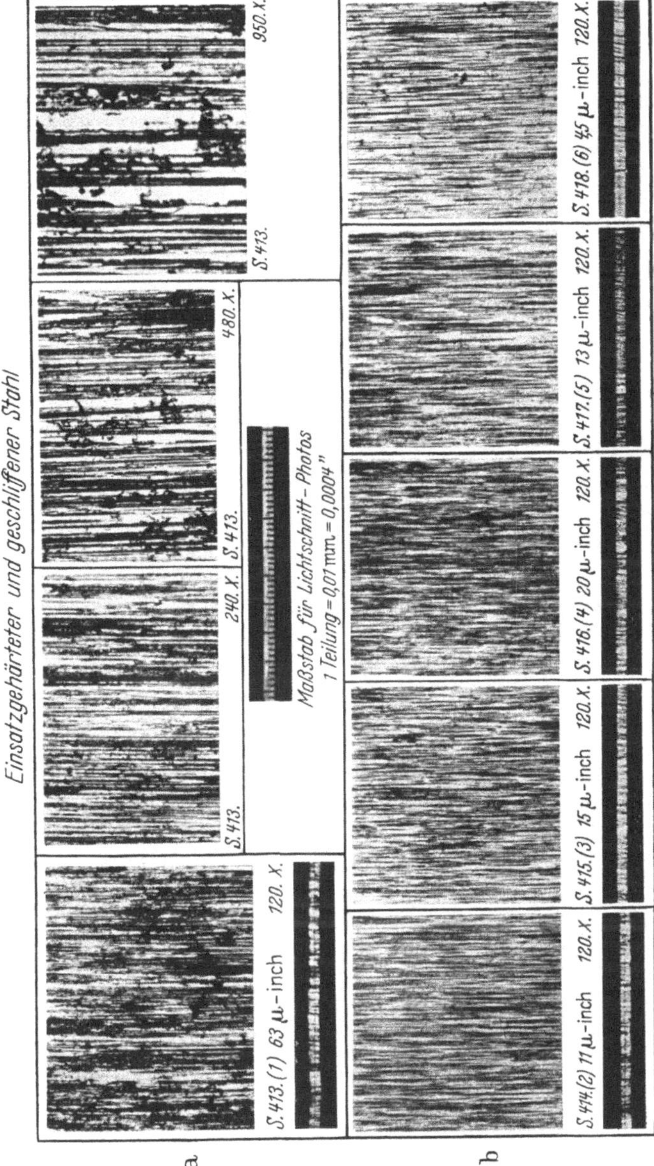

Abb. 60, a u. b. Auswahl geeigneter Vergrößerungen von 120mal bis 950mal. b Geschliffene Meisterstücke. Vergrößerung und Rauhigkeit. Die Lichtschnittphotographie zeigt nicht unter 25 bis 30 μ-inch (= 0,625 bis 0,75 Mikron).

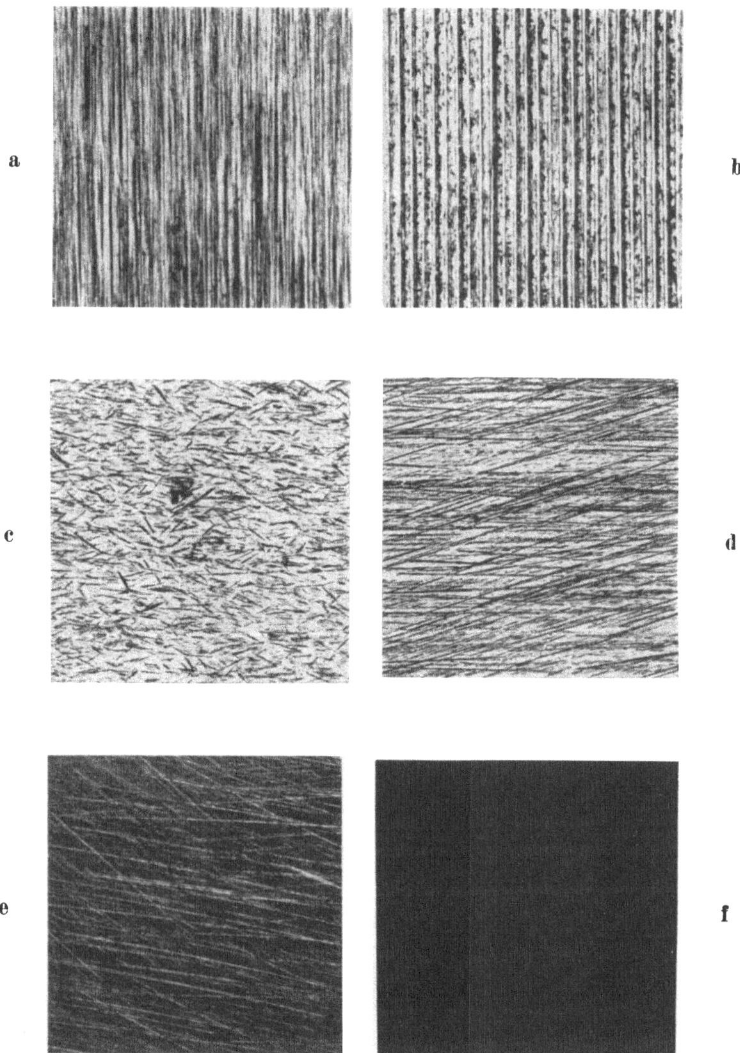

Abb. 61, a–f. Die besten Verfeinerungsarbeiten in photographisch vergrößerter Aufsicht. a geschliffener Stahl (3,5 μ-inch), b diamantgedrehtes Aluminium (6,6 μ-inch), c geläppter, gehärteter Stahl (1,2 μ-inch), d gehonter, gehärteter Stahl (1,0 μ-inch), e teilweiser Feinstschliff, gehärteter Stahl (1,5 bis 2 μ-inch), f vollkommener Feinstschliff, gehärteter Stahl (0,5 bis 1 μ-inch). Vergrößerung: 120fach.

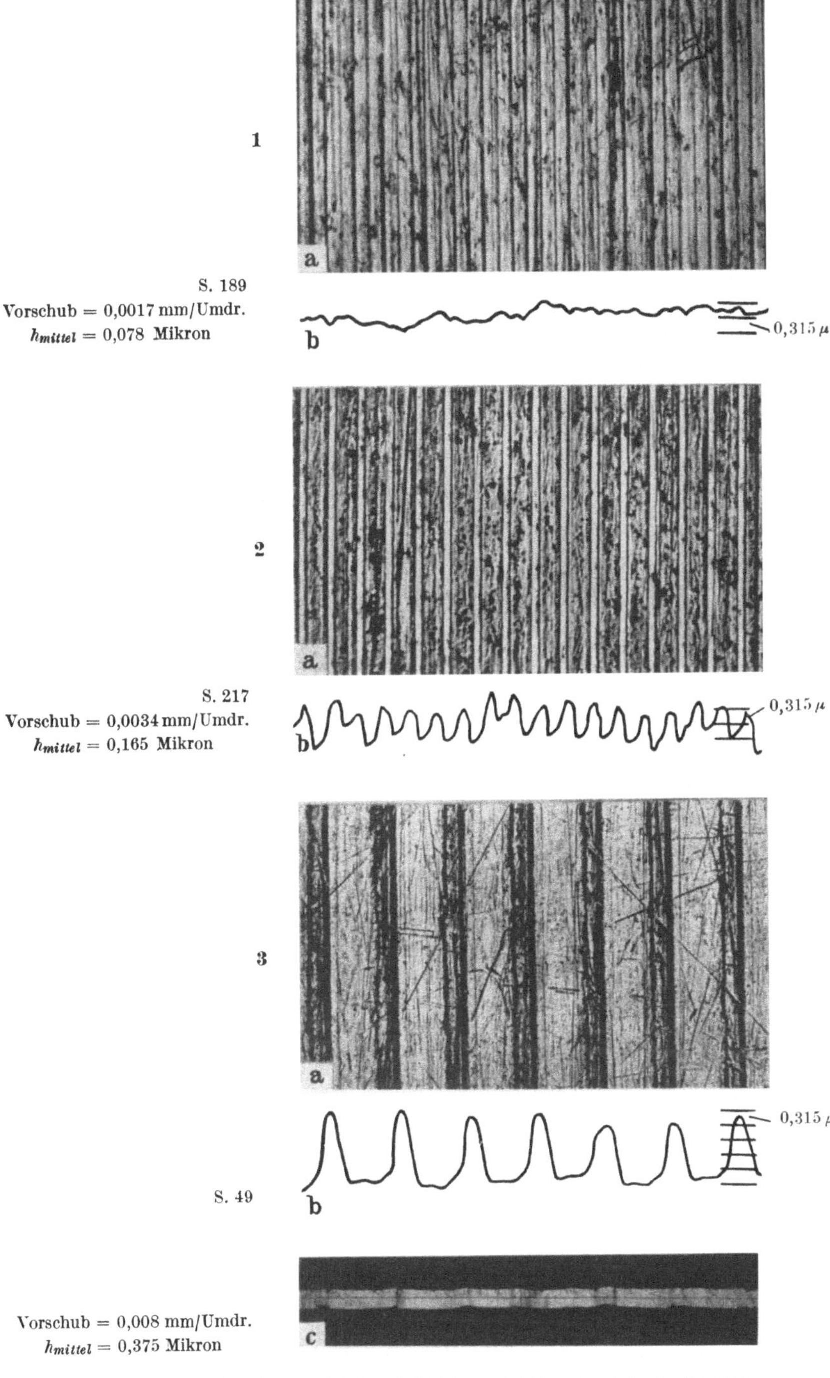

Abb. 62, 1—3. 3 Verfahren, die photographische Aufsicht quantitativ auszunutzen. Aluminiumkolben diamantgedreht 120mal. – a Mikrophotographie, b Profilkurve, c Lichtschnitt-Photographie.

VIII. Ergebnisse der Betriebsaufnahme.

Die Ermittlung der bis zum Jahre 1939 in England mit Erfolg, aber ohne Nachmessung benutzten O-Güten wurde von 1939 bis 1941 durch eine systematische Untersuchung gut arbeitender Hauptteile aus erstklassigen Fabriken vom Verfasser durchgeführt[1]. Ein kurzer zusammenfassender Bericht über die damaligen Ergebnisse, soweit sie heute noch verwendbar sind, wird am besten zeigen, was angestrebt und was erreicht wurde. Das Programm war:

1. Feststellung der Bearbeitungsverfahren, die zur Ausführung der letzten Schlichtarbeitsstufen brauchbar sind;

2. Messung von Rauhigkeit, Welligkeit, Formfaktor der gewählten Fläche, je nach Meßrichtung durch zahlenmäßige Ermittlung von h_{ave}, h_{rms}, h_{max}, F_1, F_2 (vgl. S. 31 bis 33), und durch vergrößerte Photographien.

3. Wahl und Eichung der Meßverfahren und Instrumente zur einwandfreien Ausführung der Gütemessung.

Zunächst wurden die verfügbaren Meßinstrumente (vgl. S. 51) beschafft und geeicht. Es waren für *quantitative* Untersuchung, die vor allem angestrebt wurde:

1. das Lichtschnitt-Prüfgerät (optisch) von Schmaltz (vgl. Abb. 44);

2. das Abbott-Profilometer (Tastgerät) von der Physicist Research Laboratory (Ann-Arbor, Mich.) (vgl. Abb. 31);

3. der Surface-Analyser der. Brush Development Co. (Tastgerät), Cleveland, Ohio (vgl. Abb. 35);

4. der Talysurf von Taylor, Taylor & Hobson, Leicester, England (Tastgerät) (vgl. Abb. 38).

Für die qualitative Analyse wurden verwendet:

5. die transportablen Vergleichsmesser von Klemm, Chicago (USA.) (vgl. Abb. 55), und von Taylor, Taylor & Hobson, Leicester (U.K.), als Werkstattsgerät;

6. das ortsfeste Vickers-Mikroskop (vgl. Abb. 59) als Laboratoriumsgerät.

Ein anderer, 1939 noch viel benutzter Tastapparat „Contorograph“, der mit dem Lichtpunktverfahren[2] auf lichtempfindliches Papier mittels einer Grammophonnadel Profilkurven zeichnete, wurde für die ersten hundert Versuche und zur Feststellung benutzt, welcher Krümmungsradius für die Nadelspitze, und welcher Andruck von Nadel gegen Oberfläche noch zulässig ist, ferner, welche Vergrößerungen waagerecht und senkrecht erforderlich wären, um brauchbare Ergebnisse zu erhalten.

Das Ergebnis der Voruntersuchung war für diesen Tastapparat vernichtend:

---

[1] Surface Finish von G. SCHLESINGER: Institution of Production Engineers, London, Januar 1942.

[2] SCHMALTZ, G.: Technische Oberflächenkunde S. 62. Berlin: Springer 1936.

1. Grammophonnadeln sind auf harten Stahlflächen und auf weichen, aber verschleißenden Metallen, wie Kupfer, meist schon nach einem Versuch unbrauchbar.

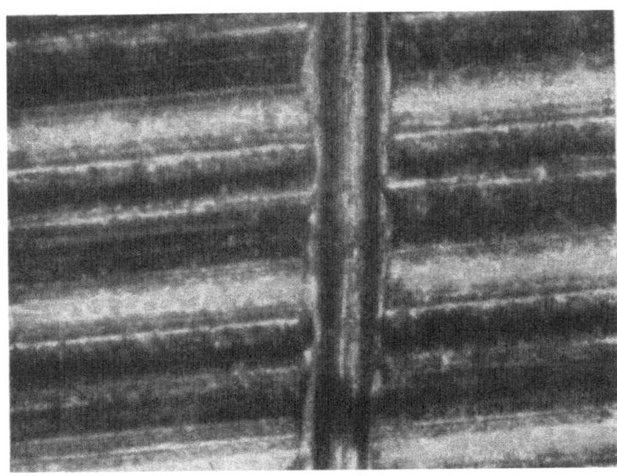

Abb. 63a. Zerstörung der Oberfläche eines kupfernen Kabelschuhes durch eine falsch geformte Nadel von 0,001 μ-inch = 0,025 mm Radius. Durch zu großen Andruck von 3 g, der durch die Trägheitswirkung des pendelnden Spiegels auf etwa 12 g erhöht wird, wird die Oberfläche zerstört. 284 mal.

2. Der damals verwendete Andruck von 3 g auf die Nadel, durch die Trägheitswirkung des am Fühlerträger befestigten Spiegels auf 10 bis 12 g erhöht, zerstörte die Oberfläche (Abb. 63a). Auch eine Reduktion auf 1 g und Ersatz der Stahlnadel durch eine Diamantspitze beseitigte den Riß nicht vollständig (Abb. 63b). Erst die volle Umkonstruktion auf den Talysurf (vgl. Abb. 38) durch Taylor, Taylor & Hobson brachte die vollendete Lösung der Tasterapparate, die bei 950facher

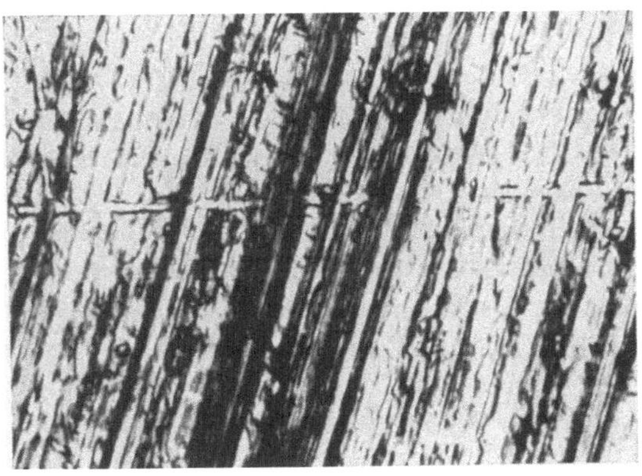

Abb. 63b. Verbesserung der Stahlnadel auf 0,0002 μ-inch = 0,005 mm Radius. Andruck 1 g. 950 mal.

Vergrößerung völlig rißfrei erschien (Abb. 63c). Dieser Apparat arbeitete schließlich mit einer Diamantpyramide von 90° Spitzenwinkel, einem Radius von 0,0025 mm (= 0,0001 Zoll) der Nadel und 0,1 g Andruck als Freilicht-Profilkurvenzeichner, verbunden mit Durchschnittsmesser für h_{mittel}, mit Vergrößerungen von 1000 mal bis 40000 mal senkrecht und 50 mal und 200 mal waagerecht.

Ebenso brauchbar waren Abbotts Profilometer als Durchschnittsmesser und Brushs Surface-Analyser als Profilkurvenzeichner.

Die Eichung der Vergrößerung der Fühlerapparate erfolgte durch Endmaße in Stufungen von 0,0001 mm (vgl. Abb. 29) oder durch Vergleich mit gemessenen Normstücken (vgl. S. 52) und den geätzten Glasnormalien. Diese Eichung wurde zwei Jahre hindurch täglich vor Beginn der O-Prüfungen systematisch durchgeführt und registriert, so daß jede Störung in der Apparatur sofort erkannt wurde und abgestellt werden konnte.

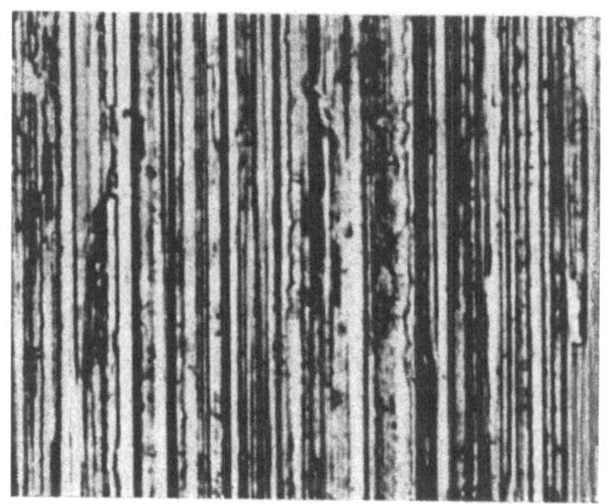

Abb. 63c. Neuer Diamantfühler 0,0001″ = 0,0025 mm Radius. Andruck 0,1 g (Talysurf). Kratzeffekt ausgemerzt auch auf weichen Metallen. 950 mal.

Unerläßliche Bedingung für die praktische Anwendung der O-Prüfung in der Werkstatt ist, daß ihre Messung zuverlässig ist, d. h. daß die erhaltenen Meßziffern richtig sind. Die Bauart für O-Meßinstrumente ist verwickelt, läßt sich auch von guten Ingenieuren nicht so ohne weiteres beurteilen und überwachen, wie etwa die Güte der Rachenlehre durch die Meßscheiben. Jedes O-Meßinstrument sollte schnell und sicher eichbar sein, sowohl was die Richtigkeit der erhaltenen Meßzahl als auch die der verwendeten Vergrößerung anlangt. Daß der verwendete O-Apparat das notwendige Auflösungsvermögen auch für feine O-Güten besitzt, muß durch die Eichung gesichert werden können.

Daß ein senkrechter Vergrößerungsfaktor von 1000 für die Messung von O-Güten unter 20 μ-inch (= 0,5 Mikron) nicht ausreicht und durch Vergrößerungen von mindestens 10000 mal bis 50000 mal verbessert werden muß, ist jedem Techniker einleuchtend, der O-Messungen systematisch durchgeführt hat.

Da eine O-Güte von 1 μ-inch (= 0,025 Mikron) bei 1000facher Vergrößerung durch eine Höhe von 0,025 mm dargestellt wird, so sieht man praktisch nichts, bei 10000facher dagegen 0,25 mm, was sich von geübten Leuten noch erfassen läßt, bei 50000facher 1,25 mm, was jeder Arbeiter begreifen und lesen kann. Das Auflösungsvermögen der heutigen Tastinstrumente, die die ganze Fläche durch ununterbrochenes gleichförmiges Abfahren, ohne sie zu zerstören, erfassen, reicht bei 0,1 g Andruck und 0,0001 Zoll (= 0,0025 Mikron) Fühlerradius (Talysurf, Profilometer, Brush) aus, um diese Feinheiten wiederzugeben.

Die Einführung der O-Messung in die Betriebe wird nur gelingen (weil der Arbeiter dem prüfenden Apparat glauben muß), wenn sie mit erprobten Instrumenten einfach, schnell und sicher erfolgt, ohne daß dem organisierenden Ingenieur durch Aufzählung aller Schwierigkeiten bei vielleicht fehlerhafter Apparatur die Lust getötet wird, überhaupt an die Lösung der zugestandenermaßen schwierigen Aufgabe heranzugehen.

Zunächst muß man wählen, ob man eine ähnliche Abbildung der Oberfläche und ihrer Rauhigkeit oder nur die Rauhigkeit als Maßeinheit einführen will. Hier wäre das Lichtschnittverfahren ideal. Leider versagt das optische Auflösungsvermögen dieses einfachen Instrumentes bei 20 μ-inch (= 0,5 Mikron); es ist empfehlenswert, nicht unter 30 μ-inch (= 0,75 Mikron) zu gehen. Die Tasterinstrumente aber verzichten, soweit Verfasser sie benutzen konnte, auf geometrische Ähnlichkeit und konzentrieren sich auf die Rauhigkeit, durch Trennung in große Vergrößerung der Rauhtiefe und kleine Vergrößerung der waagerechten (Vorschub) Unregelmäßigkeiten. Durch Vermeidung aller Zapfengelenke, bzw. Kugel- oder Rollenlager, und damit aller Schmierflüssigkeiten, scheint es gelungen zu sein, bis zur 100000fachen senkrechten Vergrößerung bei gleichförmiger Abfahrgeschwindigkeit des Tasters ohne Zerstörung der Oberfläche gehen zu können. Das beweist die absolute Wiederholung des Profils einer feinsten Oberfläche an derselben Meßstelle bei einer 100000fachen Vergrößerung, die sich in wenigen Sekunden ebenso sicher auf das nur 10000fache umstellen ließ (vgl. Abb. 7b).

Verfasser hält es für überflüssig, alle Fertigungsfolgen vom Brennschneiden bis zum Feinstziehschleifen mit demselben Instrumente meßbar zu machen.

Wer brennschneidet, wird die dadurch erzielte O-Güte überhaupt nicht zahlenmäßig messen. Ob sie 1000 μ-inch (= 25 Mikron) beträgt oder 6000 μ-inch (= 150 Mikron), ist bedeutungslos, wenn die geschnittene Fläche dem prüfenden Auge durch Vergleich mit einem guten Muster standhält.

Wer Rachen- und Dornlehren gleichförmig und gut fabrizieren will, muß mit dem O-Prüfer auf 0,5 bis 2 μ-inch (= 0,013 bis 0,05 Mikron) glatt und eben messen. Dazu genügt auch nicht das beste Auge, sondern nur ein feinfühliges, richtig anzeigendes Instrument.

Verfasser hat die vier benutzten Apparate durch Gegenproben im Britischen National Physical Laboratory, Teddington (N.P.L.) eichen lassen. Dazu wurden die Norton-Meisterstücke (vgl. Abb. 25) herangezogen, auf denen die Stellen durch Einrahmung markiert wurden, die der aufgedruckten Meßzahl (1–2–4–8 usw. bis 125) entsprechen. Es waren auf jedem Meister immer nur einige Stellen genau. Dann wurde nach Durchprobung der 3 Tasterapparate und des Lichtschnittapparates der Tasterapparat für die Dauerprüfungen gewählt, der sowohl den Mittelwert h_{mittel} (h_{ave}) elektrisch angab als auch die Profilkurve aufzeichnen ließ. 1940 war das nur der Talysurf. Als optischer O-Prüfer wurde der Schmaltz-Zeiß-Apparat bis 30 μ-inch (= 0,75 Mikron) benutzt. Jeden Morgen vor Beginn der Prüfarbeit wurde die Eichung des Talysurf mit den markierten Nortonmeistern gemacht, die voraussichtlich am meisten am betreffenden Tage benutzt werden sollten; z. B. 8 bis 16 und 32 bis 63 μ-inch. Die Werte wurden so ein ganzes Jahr hindurch in ein Kontrollbuch eingetragen und prüften sich gegenseitig. Störungen im Instrument wurden sofort aufgedeckt und abgestellt, bevor falsche Messungen gemacht wurden.

Die Richtigkeit der Vergrößerung wurde entweder durch Vergleich mit Endmaßen (vgl. Abb. 29) oder durch das geätzte Glasnormal des N.P.L. (vgl. Abb. 30) alle 4 Wochen geprüft. Auf diese Weise konnte die O-Prüfung schnell, sicher und billig so durchgeführt werden, wie sie in jedem organisierten Betriebe künftig möglich sein sollte. Störungen des Tasterinstrumentes, die der Abhilfe durch den Hersteller bedurften, sind sehr selten innerhalb zweijähriger dauernder O-Prüfung vorgekommen. Die Güte und Dauerhaftigkeit der Diamantspitze unterlag der Kontrolle durch das Vickers-Mikroskop. Der benutzte Diamantfühler zeigte nach zweijährigem Gebrauch unter 4000facher Vergrößerung keine merkbare Veränderung in der Form oder durch Beschädigung.

Es wurden im ganzen 265 Teile mit 450 Einzelflächen untersucht (Zahlentafel 9a). Die Zahl der Meßpunkte je Fläche war bis 10, je nach der Gleichmäßigkeit der Anzeige (vgl. Zahlentafel 7a/b). Sie wurden durch einen zweiten Prüfer kontrolliert, so daß etwa rund 6000 Messungen verarbeitet wurden.

Je höher die Flächengüte ist, um so stärker sind die Schwankungen, bis über 300% (vgl. Zahlentafel 7b). Daher sind solche Messungen an nur einer Stelle des Stückes sehr irreführend und oft falsch.

Dazu kommen dann in den Jahren 1945 bis 1948 noch etwa 600 eigene Messungen des Verfassers, vornehmlich an Zahnradflanken, Spindeln, Lagern, Innenzylindern von schnellaufenden Luftpumpen, Wellen von Tiefwasserpumpen, Toleranz-Kaliberdornen usw., die in dem Kapitel über praktische Anwendung (vgl. S. 170) wiedergegeben sind.

Zahlentafel 9a. Beschaffung der Prüflinge.

Die untersuchten Werkstücke (vgl. Einleitung) stammten aus der Fabrikation von:

	Zahl der geprüften	
	Teile	Flächen
1. Automobilen. Kurbelwellen, Steuerwellen, Zylinderblocks, Gehäuseteile, Räderkästen, Kolben, Kolbenbolzen, Pleuelstangen, Bremstrommeln und Scheiben, Keilwellen, Haupt- und Zwischenwellen, Bolzen, Ringe, Steuerungsteile, Schwungräder, Ventile, Brennstoffpumpen, Zerstäubernadeln, Kegelschnecken, Schrauben, Stirnräder.	82	101
2. Lastwagen und Omnibussen. Die Teile waren etwa die gleichen wie die für Automobile, es wurden jedoch besonders die Teile geprüft, die bei diesen durch häufiges und stoßweises Bremsen und Anfahren beanspruchten Fahrzeugen besonders sorgfältig hergestellt werden müssen, wie die Hauptwelle, der Steuerungsmechanismus und alle Räder.	44	80
3. Flugzeugen. Hier gilt Ähnliches wie für Lastwagen, nur kommt zusätzlich die hohe Drehzahl der Motoren, die sehr zähen und hochwertigen Baustoffe, die geringes Gewicht haben müssen und daher rißfreie Oberflächen verlangen.	28	53
4. Eisenbahn-Radbandagen und Achsen.	3	4
5. Werkzeugmaschinen. Arbeitsspindeln, Zwischenwellen und Bolzen, Büchsen, Zahnräder, Kupplungsteile, Exzenterwellen, Steuerungszylinder.	26	47
6. Elektrischen Maschinen. Motorwellen, Büchsen, Zahnräder, Schalterteile, Ventile.	8	22
7. Instrumenten. Runde und flache Teile verschiedener Bestimmung.	4	12
8. Zahnrädern. Bohrungen, Wellen, Büchsen, Zapfen von Stirn-, Schrauben-, Schnecken- und Kegelrädern.	5	16
Die Prüfung der Evolventenform ist einem Sonderabschnitt vorbehalten (vgl. S. 194).		
9. Kugel- und Rollenlagern. Innen-, Außen- und Seitenflächen der Laufringe,	4	12
Zylinderflächen der Rollen.	2	2
10. Brennstoffpumpen. Plunger, Zerstäubernadeln	3	5
11. Lehren und Meßwerkzeugen. Dornlehren, Rachenlehren, Toleranzlehren, Endmaße, Ambosse der Schub- und Mikrometerlehren, Meisterflächen und Zylinder.	56	96
Summen:	265	450

Die gemessenen Schlichtergebnisse wurden zunächst nach gleichartigen Arbeitsverfahren (Zahlentafel 9b) gruppiert, um Verfahren und erreichbaren Gütegrad einander zuzuordnen. Man muß sich dabei bewußt sein, wie bereits erwähnt, daß die Streuungen auf derselben Oberfläche groß sein können, weil die Ergebnisse, z. B. der besonders wichtigen Schleiferei, stark abhängig von der Güte der verwendeten Maschinen und vor allem der richtigen Auswahl der Schleifscheiben sind. Dazu kommt dann noch ihre Schnittgeschwindigkeit, Schnittiefe und ihr Vorschub. Trotzdem wird das Durchschnittsergebnis einer so umfassenden Untersuchung brauchbar und richtunggebend für alle normalen Werkstätten sein; denn Name und Ruf der mitarbeitenden Fabriken bürgte für einen hohen Stand ihrer erprobten Werkstatterzeugnisse.

Zahlentafel 9b.
Verteilung der Bearbeitungsverfahren auf die gemessenen Oberflächen.

Bearbeitungsverfahren		Zahl aller gemessenen Oberflächen
Schleifen		212
Drehen		57
Diamant-Drehen		16
Läppen		89
Honen-Außen-Bohrungen		4
Bohren		20
Diamant-Bohren		2
Reiben		2
Fräsen		12
Polieren		6
Schaben		4
Räderbearbeitung	Fräsen (Form)	4
	Schleifen	2
	Walzfräsen	4
	Gleason (Kegel)	2
	Maag-Sunderland	4
	Schälen	2
	Läppen	2
Räumen		2
Hobeln		4
	Summe	450

Es wird hier so gehen wie bei den Passungen, die durch ein grundsätzlich gleiches Verfahren 1901 bis 1903 auf eine feste, wissenschaftlich verwendbare Grundlage mittels einer Fabrikationskontrolle auf Grund statistischer Verfahren gestellt wurden. Dann gingen die gefundenen Werte in die Betriebe, und 1915 bis 1917 wurden durch Zusammenarbeit von Herstellern und Verbrauchern von Lehren erst die DIN-Passungen in Deutschland und dann die weltumfassenden ISA-Passungen geschaffen.

Die Verfahrensstatistik umfaßte Drehen, Bohren, Fräsen, Diamantdrehen, Schleifen, Läppen und Honen. Die je Verfahren meistgebrauchte Rauhigkeit, gemessen durch h_{mittel} (h_{ave}) in μ-inch bzw. Mikron, wurde durch Häufigkeitskurven ermittelt.

Als Beispiele wurde eine Häufigkeitsgruppe für den Formfaktor $F_1 = \frac{h_1}{h_{max}}$ (vgl. Abb. 15) gezeigt. Die Statistik umfaßt 319 Flächen von vier verschiedenen Schlichtverfahren nach den in der Zahlentafel 10 angegebenen Klassennummern geordnet, mit denen sich für diese Versuchsreihen im Laboratorium leichter arbeiten und ordnen läßt als mit den wirklichen h_{mittel} Zahlenwerten, deren Normung das Ziel ist.

Zahlentafel 7a zeigte je zehn h_{rms}-Messungen je Stück auf fünf feingeschliffenen Teilen zwischen 0,8 und 15,8 μ-inch, Zahlentafel 7b ebenso je zehn Messungen von h_{max} (Durchschnitt der Lichtschnitttiefen) von zwei ebenen und drei zylindrischen Flächen, vorgedreht und vorgeschliffen zwischen 29,5 und 448 μ-inch (= 0,75 bis 11,2 Mikron).

Die Schwankung der Rauhigkeit in sich war aus dem Quotienten $\frac{max}{min}$, gleich Größtwert zu Kleinstwert, zu ersehen. Er schwankte für den h_{rms}-Wert der feinen Flächen zwischen $\frac{1,5}{1}$ und $\frac{2,36}{1}$.

Für die groben Flächen schwankten die Werte zwischen $\frac{1,8}{1}$ und $\frac{3,06}{1}$ als Rauhigkeitsmaße.

Zahlentafel 10.

Klasse Nr.	Zulässiger Höchstwert von h_{mittel}		h_{max}	
	μ-inch	Mikron	μ-inch	Mikron
0	1	0,025	5	0,125
1	2	0,05	10	0,25
2	4	0,10	20	0,50
3	8	0,20	40	1,0
4	16	0,40	64	1,6
5	32	0,80	125	3,13
6	63	1,57	250	6,25
7	125	3,13	400	10,0
8	250	6,25	750	18,7

Die gröbsten Spitzen der Durchmesser sind maßgebend für die makrogeometrische Feststellung ihrer Abmaße durch Schraublehren (vgl. Abb. 70). Für diese sind Rauhigkeitsstreuungen von $h_{max} \simeq 0{,}000030$ Zoll $\simeq 0{,}75$ Mikron bis 0,000091 Zoll = 2,3 Mikron, bzw. 236 bis 448 μ-inch (= 5,9 bis 11,2 Mikron), als vorbereitende Abmaße erträglich (vgl. Zahlentafel 7b). Bei den h_{rms}-Feinmessungen (vgl. Zahlentafel 7a) liegen die relativ größten Streuungen von 5,5 bis 13 μ-inch $\simeq$ 0,14 bis 0,33 Mikron meist innerhalb der mikrogeometrischen Grenze, können also größenmäßig vernachlässigt werden. 9,5 bis 15,8 μ-inch ($\simeq$ 0,24 bis 0,4 Mikron) sowie 1,5 bis 3,0 μ-inch ($\simeq$ 0,038 bis 0,075 Mikron) bestätigen für zwei andere Teile, daß die Rauhigkeitsschwankungen auf denselben Oberflächen feingeschlichteter Teile keinen Einfluß auf die endlichen Abmaße der Stücke haben.

Zahlentafel 11 wurde z. T. aus amerikanischen Quellen, z. T. aus eigenen Messungen zusammengestellt und beschränkt sich, außer für zwei Vordreharbeiten, auf verschiedene Schleifvorgänge, die allmählich feiner werden. Sie dient zum Vergleich des Verhältnisses von $\frac{h_{rms}}{h_{max}}$, das offenbar mit feinerwerdender Oberfläche zunahm von 1 : 3 bis 1 : 30.

Die Einwirkung dieser großen und unerwarteten Schwankungen auf die Praxis wurde in den letzten Jahren bereits abgeschwächt insofern, als es gelungen ist, für die Rauhigkeitsschwankungen $\frac{h_{mittel}}{h_{max}}$ der fein-

Zahlentafel 11.
Verhältnis von $h_{rms} : h_{max}$ (zum Teil nach amerikanischen Quellen).

Bearbeitungsart	h_{max} μ-inch	h_{rms} μ-inch	Verhältnis $\frac{h_{rms}}{h_{max}}$	Bemerkungen
Geschliffen . . .	750	250	1 : 3	Angaben entnommen von Norton Co., Worcester
,, . .	330	64	1 : 5,2	
,, . .	220	32	1 : 6,9	
,, . .	150	16	1 : 9,3	
,, . .	150	16	1 : 9,3	
,, . .	85	8	1 : 10,7	
,, . .	70	4	1 : 17,5	
,, . .	50	2	1 : 25	
,, . .	30	1	1 : 30	
Vorgedreht . . .	1000	220	1 : 4,6	Achsenstahl 0,4 % C
,, . .	900	190	1 : 4,7	
Roh geschliffen .	225	70	1 : 3,4	Wirkung des Schlichtvorganges auf Rauhigkeit des gleichen Materials
,, ,,	275	70	1 : 3,9	
Fein ,,	185	32	1 : 5,8	
,, ,,	230	32	1 : 7,1	
,, ,,	175	32	1 : 5,3	
Gehont	75	7	1 : 10,8	auf 360° Brinell } durch Wärmebehandlung
Fein gehont . .	45	2,5	1 : 18	auf 620° Brinell }

geschliffenen fertigen Oberflächen zwischen $h_{mittel\,(rms)} = 2$ bis 16 μ-inch Höchstwerte von 1 : 3 bis 1 : 6 einzuhalten. Das ist gleichbedeutend mit guter Ebenheit und feiner Rauheit als Erfolg der Oberflächenkontrolle.

Die Verteilung der Bearbeitungsverfahren auf die gemessenen Oberflächen ist in Zahlentafel 12 gezeigt.

Da 1939/40 die Art des Bearbeitungsverfahrens von keinem Konstruktionsbüro auf der Zeichnung durch Symbole vorgeschrieben war, so wurde die von den verschiedenen Fabrikanten getroffene Auswahl auch nach Werkstücksarten gruppiert und unter Benutzung der verschiedenen Meßeinheiten: h_{mittel} (Talysurf), h_{rms} (Profilometer), h_{max} (Schmaltz) und F_1 (Formfaktor) $= \frac{h_1}{h_{max}}$ durch Planimetrieren der Profilkurven verglichen.

Zahlentafel 12 zeigt das Ergebnis. Das Schlichtdrehen endete mit $h_{mittel} = 63$ μ-inch ($= 1{,}57$ Mikron), während das $h_{max} = 250$ μ-inch ($= 6{,}25$ Mikron) etwa 4mal so groß war. Läppen und Honen bewegten sich zwischen $h_{mittel} < 1$ bis 4 μ-inch ($= 0{,}025$ bis 0,1 Mikron). Ein sehr wichtiges Ergebnis war der Formfaktor, der mit durchschnittlich 60% für alle Schlichtarbeitsverfahren und Flächen etwa gleich war[1] (vgl. Abb. 15).

[1] Opitz u. Moll: Ber. über betriebswiss. Arbeiten Bd. 14, Berlin: VDI 1940, geben 0,33 Völligkeitsgrad als Durchschnittswert, der wohl aus der Messung gedrehter Oberflächen hergeleitet ist und für feingeschlichtete Flächen nicht in Frage kommen kann.

Zahlentafel 12. Verteilung der (nachträglich) gemessenen Oberflächen auf die (nicht im Büro vorgeschriebenen) Arbeitsverfahren.

Meßeinheit (Parameter)	Bearbeitung	μ-inch	Bemerkungen
h_{mittel} (average)	Drehen Schleifen Läppen Honen	63 25 1 4	Größter Wert Durchschnitt Größter Wert " "
h_{rms}	Drehen Schleifen Läppen	32 16 2	(Zu wenig Werte) Größter Wert Zu wenig Werte
h_{max} (Lichtschnitt)	Drehen Schleifen	250 95	Größter Wert Durchschnitt von h_{max}
h_{max} (aus Profilkurve)	Drehen Schleifen Läppen Honen	250 95 2 25	Größter Wert Durchschnitt Größter Wert Durchschnitt
$F_1 = \frac{h_1}{h_{max}}$ Formfaktor durch Planimetrieren von Profilkurven	Drehen Schleifen Läppen Honen	Vom hundert der Vollfläche 60 % 60 % 60 % 60 %	Alle planimetrierten Tragflächen gaben einen durchschnittlichen maximalen Formfaktor von F_1 ungefähr 60 %

In Zahlentafel 13 sind typische und ähnliche Teile nach Industrien (vgl. auch S. 100) geordnet auf ihren Rauhigkeitsgrad (h_{mittel}) verglichen. Danach standen die feinen Meßflächen der Lehren an der Spitze, wie zu erwarten war. Aber als Industrie führten die Flugzeuge, besonders für ihre lebenswichtigen Teile, wie Kurbel- und Steuerwellen, Kolbenbolzen und Mäntel und Zylinderfutter. Die Personenautomobile arbeiteten in den Grenzen von $h_{mittel} = 4$ bis 32 μ-inch (= 0,1 bis 0,8 Mikron), nur die Kolbenbolzen hatten Lehrengüte. Die Lastwagen stehen etwa zwischen beiden wegen der stark wechselnden Beanspruchungen und Stöße, die sie auszuhalten haben.

Zahlentafel 14 vergleicht die Rauhigkeit von Bolzen und Bohrungen im Hinblick auf die Passung, die sie erfüllen sollen. Hier sind die Schwankungen für die empfindlichen Ruhesitze: Keil-, Schiebe- und Gleitsitz sehr groß, h_{mittel} zwischen 1,0 und 42 μ-inch bei 164 gemessenen Flächen. Offenbar hat das subjektive Gefühl des Schlossers erheblichen Anteil, was als eng oder leicht anzusehen ist. Die fünf Teile des engen Laufsitzes waren mit Recht sehr fein hergestellt; $h_{mittel} = 2{,}2$ bis 5,5 μ-inch (= 0,05 bis 0,137 Mikron). Die 59 Teile mit normalem Laufsitz schwankten besonders stark, zwischen 1,3 bis 64 μ-inch (= 0,0325 bis 1,58 Mikron). Wenn man aber die eingetragenen Mittelwerte betrachtet, so dürfte der Vorschlag (Zahlentafel 14) annehmbar sein. Eine Rauhigkeit von

Zahlentafel 13. Vergleich der Oberflächen-Rauhigkeiten[1] gleicher Teile, aber in verschiedenen Industrien.

Typische Teile.

Industrien	Spindeln und Zapfen	Bohrung der Lagerschalen	Zapfen-Festsitze (Keil-Preßsitz)	Dorn-Lehren	Kurbelwellen Lager und Zapfen	Steuerwellen Lager, Kurven	Kolbenbolzen	Kolbenmantel	Zylinderfutter	Dichtungsflächen des Zylinderblockes
	h_{mittel} µ-inch	h_{mittel} µ-inch	h_{mittel} µ-inch	h_{mittel} µ-inch	h_{mittel} µ-inch	h_{mittel} µ-inch	h_{mittel} µ-inch	h_{mittel} µ-inch	h_{mittel} µ-inch	h_{mittel} µ-inch
Werkzeugmaschinen	2,2—3,5 (fein) 11—63 (handelsüblich)	7—32	2,7—6 (Keil) 10—32 (Preß)	—	—	—	—	—	—	—
Lehrenbau	—	—	—	0,5—3,0 (fein) 6—7,5 (handelsüblich)	—	—	—	—	—	—
Automobile (Personen) . .	8—21	4,5—40	13—31	—	4,5—8	8,5—20	1,5—3,0	2—18	6—66	12—115
Lastwagen und Omnibusse . .	9—31	11—24	7—28	—	2,5—3,5	8—41	2,3—2,7	40	13—60	5,2—10
Flugzeuge. . . .	14—18	0,6—5	8,5—17	—	1,5—3	—	1—1,5	1—2,5	1,5—5	—

[1] Die starken Schwankungen der Rauhigkeit bei ähnlichen Teilen unter ähnlichen Arbeitsbedingungen (Auto, Bus, Flugzeug) beweisen das Fehlen einer zahlenmäßig überwachten Kontrolle um 1940. Im Flugzeugbau wird die Neigung, die wichtigsten Teile sehr fein zu bearbeiten, bereits deutlich erkennbar.

16 bis 20 μ-inch = 0,4 bis 0,5 Mikron hat noch keinen Einfluß auf den Passungsgrad (vgl. S. 102).

Endlich faßt Zahlentafel 15 das statistische Ergebnis der technischen Messungen zusammen nach:

Industrien — Zahl der geprüften Flächen —, Rauhigkeiten: h_{mittel}, als maximaler, noch zulässiger Wert und Arbeitsverfahren.

Die Zahlentafel beweist den überragenden Anteil des Schleifens, dem hier das Läppen erst in weitem Abstand folgt.

Zusammen mit den in den Jahren 1942 bis 1949 gemachten Erfahrungen hat Verfasser einen Normenvorschlag (vgl. Zahlentafel 5) ausgearbeitet, an eine Anzahl führender Firmen in England und den Vereinigten Staaten zur Stellungnahme eingesandt und ohne Ausnahme Einverständnis erzielt. Der Vorschlag enthält nur die größtzulässige Rauhigkeit je Normstufe.

Der Grundgedanke dieser Vorschläge ist:

Der „praktische“ Konstrukteur muß wissen:

1. welche Arbeitsverfahren stehen in der Werkstatt zur Verfügung;

2. welche Grenzen der Rauhigkeit sind durch das gewählte Verfahren erreichbar;

3. welche Rauhigkeit und unter Umständen welchen Formfaktor (Völligkeitsgrad) soll das hergestellte Stück haben;

4. in welcher Richtung soll gemessen werden.

Die Chrysler Corporation, Detroit (USA.), deren Direktor

Zahlentafel 14. Oberflächengüte und Passungen.

	h_{mittel}						μ-inch									
	Schrumpfsitz[1]		Leichter Keilsitz		Schiebesitz		Gleit- und leichter Schiebesitz		Leichter Gleit- und enger Laufsitz		Enger Laufsitz[1]		Normal-Laufsitz		Freie Fläche	
	Stückzahl	μ-inch	Stückzahl	μ-inch	Stückzahl	μ-inch	Stückzahl	μ-inch	Stückzahl	μ-inch	Stückzahl	μ-inch	Stückzahl	μ-inch	Stückzahl	μ-inch
	2	30–37	18	3,5–33	59	1,8–34	16	1,5–35	71	1,0–42	5	2,2–5,5	59	1,3–64	35	5–215
Mittelwert		33		18		16		20		15		3,5		19		52
Vorschlag		32		16		16		16		16		4		20		63

[1] Außer für den Schrumpfsitz und den engen Laufsitz lagen so viele Meßergebnisse vor, zwischen 16 und 71 Teilen, daß ein Vorschlag für die normale Ausführung der Sitze in μ-inch gemacht worden ist.

Zahlentafel 15. Fertig-Schlicht-Operationen (Statistik) 1940.

Nr.	Industrie	Art der Messung	Drehen	Bohren	Fräsen	Diamantdrehen	Schleifen	Läppen	Gesamtzahl geprüfter Flächen
1	Automobile	Zahl d. gepr. Flächen	8	1	8	4	32	8	61
		Gütegrad:							
		h_{ave} = μ-inch	85	66	77	26	18	6	
		max (mittel) „	209	—	115	55	51	15	
		min „	12	—	12	15	3,2	1,5	
2	Omnibus Lastwagen	Zahl d. gepr. Flächen	21	5	2	—	64	4	96
		Gütegrad:							
		h_{ave} = μ-inch	85	79	81	—	18	2,7	
		max „	215	181	129	—	51	3,3	
		min „	13	15	34	—	3,7	2,3	
3	Flugzeuge	Zahl	8	—	1	6	18	7	40
		Güte h_{ave} = μ-inch	28,8	—	23	8,4	14	1,7	
		max „	17	—	—	7	30	3,5	
		min „	2,6	—	—	2,6	1,5	1,0	
4	Elektroindustrie	Zahl	3	—	1	1	14	1	20
		Güte h_{ave} = μ-inch	44	—	13	27	19	27	
		max „	84	—	—	—	26	—	
		min „	9,8	—	—	—	9,6	—	
5	Werkzeugmaschinen	Zahl	8	—	—	—	33	—	41
		Güte h_{ave} = μ-inch	47,5	—	—	—	15,5	—	
		max „	62	—	—	—	52	—	
		min „	33	—	—	—	2,2	—	
6	Meßgeräte normaler Güte	Zahl	—	—	—	—	9	21	30
		Güte h_{ave} = μ-inch	—	—	—	—	8	1,3	
		max „	—	—	—	—	25	2,9	
		min „	—	—	—	—	1,8	0,5	
7	Endmaße	Zahl	—	—	—	—	—	25	25
		Güte h_{ave} = μ-inch	—	—	—	—	—	0,45	
		max „	—	—	—	—	—	0,5	
		min „	—	—	—	—	—	0,4	
		Gesamte Zahl	48	6	12	11	170	66	Summe 313

D. A. WALLACE den Gedanken und die Ausführung des Feinstschliffverfahrens (Superfinishing) bereits 1940 verwirklicht hatte, veröffentlichte damals ein Kontrollblatt (Zahlentafel 16) über einen 12-Wochen-Abschnitt, in dem für 10 wichtige Teile ihres Automobilmotors die h_{rms}-(Profilometer-)Werte laufend eingetragen waren. Sie lieferten damit den Beweis, daß für feinstgeschliffene Teile der als richtig angesehene, gemessene und vorgeschriebene durchschnittliche Rauhigkeitsgrad dauernd eingehalten werden kann, wenn Werkzeug und Werkzeugmaschine in gutem Zustand gehalten und dem Arbeiter richtige Anweisung und Überwachung zuteil wurde, ohne daß aber etwa jedes einzelne Stück gemessen wurde. Eine Stichprobenüberwachung einmal täglich, ja wöchentlich, genügt.

Zahlentafel 16. Vergleichskontrollblatt der Chrysler Corporation Detroit über eine 12-Wochen-Periode über die Oberflächengüte wichtiger Teile, gemessen mit dem Profilometer in h_{rms}-μ-inch-Werten (Integrationsmessung).

Sogar für die feinsten Oberflächen der gehärteten und geläppten Kolbenbolzen schwanken die Rauhigkeiten nur zwischen 1,89 und 2,65 μ-inch, bleiben unter 0,075 Mikron und sind daher vernachlässigbar.

Nr.	Name des Stückes	μ-inch je Woche											
		1	2	3	4	5	6	7	8	9	10	11	12
1	C 18-Kurbelwelle Hauptlager . . .	6,6	5,74	6,40	5,42	6,22	7,56	6,36	7,75	6,33	5,63	6,20	5,99
	C 18-Kurbelwelle Zapfenlager . . .	6,1	6,38	6,16	6,50	6,23	6,21	6,22	6,83	6,26	5,56	6,13	5,81
2	S 5 Kurbelwelle Hauptlager . . .	7,1	4,8	6,86	6,11	6,74	6,90	6,75	5,12	6,66	5,52	6,44	5,25
	S 5 Kurbelwelle Zapfenlager . . .	7,66	7,48	7,64	6,32	7,39	5,83	7,20	7,04	7,18	5,37	6,84	5,95
3	Lastwag.-Kurbelwelle Hauptlager . . .	7,64	5,06	6,78	5,62	6,57	5,93	6,48	6,62	6,48	5,49	6,28	6,62
	Lastwag.-Kurbelwelle Zapfenlager . . .	8,14	6,66	7,82	6,57	7,51	8,72	7,68	7,83	7,69	6,49	7,44	6,25
4	8-Hub-Kurbelwelle Hauptlager . . .	5,88	4,04	4,95	4,47	4,99	4,87	4,97	5,00	4,97	4,66	4,90	4,82
	8-Hub-Kurbelwelle Zapfenlager . . .	5,118	4,92	5,20	4,84	4,98	6,90	5,28	5,09	5,26	5,04	5,20	5,07
5	6-Zylinderblock-Bohrungen . . .	3,91	3,91	3,90	3,18	3,76	3,63	3,73	4,00	3,84	4,02	3,87	4,29
6	8-Zylinderblock-Bohrungen . . .	3,7	3,72	3,71	3,93	3,76	4,58	3,88	—	—	3,59	—	—
7	Kolben	3,9	5,97	5,97	5,87	5,94	6,68	6,09	6,65	6,19	2,19	6,16	5,50
8	Kolbenbolzen	2,65	2,2	2,52	1,89	2,38	2,04	2,32	2,06	2,28	2,25	2,22	2,34
9	Pleuelstangenlager .	13,6	14,84	13,97	13,95	13,97	13,60	13,91	13,66	13,85	13,83	13,79	13,33
10	Ventilstangen	6,7	5,77	5,96	5,52	5,76	4,35	5,40	4,26	5,11	4,87	5,06	4,66

Umrechnungstafel	
Zoll μ-inch	Metrisch Mikron
1	0,025
2	0,050
3	0,075
4	0,10
5	0,125
6	0,15
7	0,175
8	0,2
9	0,225
10	0,25
11	0,275
12	0,30
13	0,325
14	0,35
15	0,375

IX. Die Passungen und der Einfluß der Oberflächengüte der Lehren auf die Funktion zusammenarbeitender Teile.

Es wird oft angenommen, daß, wenn die erforderliche Sitzart auf der Zeichnung angegeben ist, damit auch die Vorschrift gegeben ist, daß zusammenarbeitende Teile richtig funktionieren, weil die Sitzart die Flächengüte einschließt. Diese Auffassung ist aber unrichtig. Nicht nur verlangen die zulässigen Grenzen einer Passung eine Auswahlpaarung je zweier zusammenarbeitender Teile, sondern es können auch die Unregelmäßigkeiten in der O-Güte der zu benutzenden Lehren die Sitzart erheblich beeinflussen. Geschickte Monteure beseitigen die kleinen, unvermeidlichen Unterschiede, die Schwierigkeiten verursachen, indem sie einen kleinen Betrag des Materials entfernen, wenn die Passung zu dicht geht, oder indem sie die zu rauhe Oberfläche eines Lagers durch Schaben, Läppen oder Polieren verfeinern, nicht nach irgendeiner bestimmten, gemessenen Anweisung, sondern lediglich auf Grund ihrer Erfahrung.

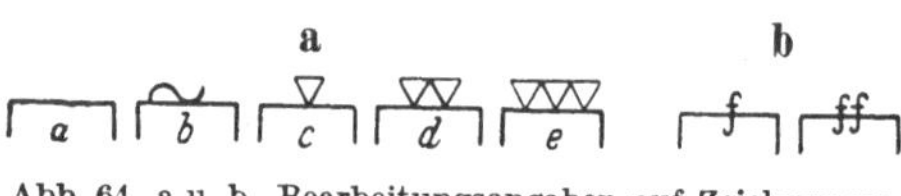

Abb. 64, a u. b. Bearbeitungsangaben auf Zeichnungen.

Diese unzuverlässigen Bedingungen sind auf dem Wege einer grundlegenden Besserung, da sich die Überzeugung Bahn bricht, daß genauere Größenabmessungen mit kleineren Toleranzen für die Passungen zusammen mit verbesserter Oberflächengüte zu schnelleren, besseren und billigeren Gesamtergebnissen (Montage) führen. Als Beispiel seien genannt eine Fabrik, die hochwertige Schleifmaschinen herstellt, eine zweite, die erstklassige Radialbohrmaschinen baut. Beide stellten fest, daß durch enge Größentoleranzen und feine O-Güte die Montagekosten bis zu 50% hinuntergingen, ohne daß eine Erhöhung der Stückkosten wegen verkleinerter Toleranz um mehr als 15% bei Benutzung von Feinschleifmaschinen nötig wurde.

Manchmal besagt auch heute noch eine unbestimmte Markierung auf der Zeichnung, daß eine Oberfläche halbfein, fein oder sehr fein oder aber nur sauber sein soll, weil es eine Freifläche ist. Auf dem Kontinent findet man unverbindliche Gütezeichen (Abb. 64a), in England und Amerika Buchstaben (Abb. 64b).

Die Zeichnungen wandern nun in die Werkstatt, und die letzten Schlichtarbeiten erfolgen durch Feindrehen, Feinbohren, Schleifen und Schaben, Honen, Läppen und neuerdings durch die Mikrohon- und Feinstbearbeitungsverfahren (Superfinishing). Gewöhnlich nimmt der Revisor ein Arbeitsstück ab, nachdem er die Oberflächen durch Auge und Gefühl oder durch Vergleich mit guten gemessenen Musterstücken (vgl. Abb. 25) geprüft hat. Eine wirkliche Messung der Oberflächengüte in Mikron oder μ-inch kann meist aus Zeitmangel nur stichprobenmäßig gemacht werden, weil nur wenige O-Meßgeräte vorhanden sind; das muß von vornherein offen gesagt werden.

Der Monteur paßt dann zusammenarbeitende Teile, so gut er kann, zusammen. Wenn die Maschine unter sorgfältiger Kontrolle vor der Verladung eingelaufen ist, so will der Käufer sie sofort unter voller Last und bei höchster Geschwindigkeit ohne Schwierigkeit benutzen. Jedoch verlangen z. B. viele Automobilhersteller auch heute noch, daß der Käufer einen neuen Wagen anfänglich mit niedrigen Geschwindigkeiten benutzt, die z. B. 30 km je Stunde während der ersten 500 km nicht überschreiten dürfen. Sie vermeiden dadurch die Verantwortung für Versager im Anfang, indem sie die Sorge für vorsichtiges Einlaufen dem Fahrer und dem Chausseestaub zuschieben. Die maschinelle Vorbereitung klappte also nicht. Für Flugmotoren aber sind die Abnahmebedingungen viel schärfer, da keine Maschine für den Flugdienst freigegeben wird, falls sie nicht einen Dauerversuch von mindestens 100 Stunden unter voller Last ohne Anstand ausgehalten hat, also vollkommen eingelaufen ist.

Vertrauen in die Erfahrung und Zuverlässigkeit des Monteurs ist typisch für die Faustregelmethode. Beispielsweise kommt es immer noch vor, daß z. B. das Vorderlager einer neuen Drehbank Wochen hindurch Schwierigkeiten bereitet, so daß die einzige Abhilfe dann darin besteht, daß man den engen Laufsitz allmählich durch Nachschaben der Lagerschale in einen leichten verwandelt, wobei man dann oft die Genauigkeit der Führung verliert und Arbeitsbedingungen schafft, die bei kritischen Geschwindigkeiten zu Vibrationen führen. In einem besonderen Fall, in dem ein unruhiges Hauptspindellager einer genauen Drehbank geprüft wurde, zeigte es sich, daß die Oberfläche der nitrierten und geschliffenen Spindel als Rückstand des letzten Schleifprozesses feine Riefen hatte. Dadurch wurde die Lagerschale aus Kanonenbronze zwar nicht direkt beschädigt, aber die Temperatur stieg auf 70° C und schließlich höher mit Klemmerscheinungen der Spindel im Lager (vgl. Abb. 126).

Drehbänke und Bohrmaschinen laufen heute häufig mit hohen Geschwindigkeiten zwischen 600 und 10000 U/min, je nach Größe, und wenn die Konstruktion und Ausführung nicht sehr gut und die kreisenden Teile dynamisch nicht gut ausgewuchtet sind, so wird eine solche Maschine bei kritischen Geschwindigkeiten Erzitterungen zeigen, trotzdem die Oberflächengüte, erzeugt durch einen Diamanten oder ein Hartmetallwerkzeug, fein sein mag; mit der Folge, daß die hergestellten Stücke erhebliche Wellen zeigen können, denen die normalen feinen O-Rauhigkeiten überlagert sind (vgl. Abb. 2).

Wir unterscheiden bei allen Toleranzlehrsystemen — sie mögen symmetrisch zur Nullinie oder von der Nullinie ausgehend angeordnet

Zahlentafel 17. ISA-Arbeits-

Nenndurchmesserbereich mm	Abmaße	Bohrung H 6	Welle: Preßsitz p 5	Welle: Festsitz n 5	Welle: Treibsitz m 5	Welle: Haftsitz k 5	Welle: Schiebesitz j 5	Welle: Gleitsitz h 5	Welle: Enger Laufsitz g 5	Welle: Laufsitz f 6	Welle: Leichter Laufsitz e 7	Bohrung H 7	Welle: Preßsitz p 6	Welle: Festsitz n 6	Welle: Treibsitz m 6	Welle: Haftsitz k 6	Welle: Schiebesitz j 6
1 bis 3	gut	0	+14	+11	+7	—	+4	0	−3	−7	−14	0	+16	+13	+9	—	+6
	Ausschuß	+7	+9	+6	+2	—	−1	−5	−8	−14	−23	+9	+9	+6	+2	—	−1
über 3 bis 6	gut	0	+17	+13	+9	—	+4	0	−4	−10	−20	0	+20	+16	+12	—	+7
	Ausschuß	+8	+12	+8	+4	—	−1	−5	−9	−18	−32	+12	+12	+8	+4	—	−1
über 6 bis 10	gut	0	+21	+16	+12	+7	+4	0	−5	−13	−25	0	+24	+19	+15	+10	+7
	Ausschuß	+9	+15	+10	+6	+1	−2	−6	−11	−22	−40	+15	+15	+10	+6	+1	−2
über 10 bis 18	gut	0	+26	+20	+15	+9	+5	0	−6	−16	−32	0	+29	+23	+18	+12	+8
	Ausschuß	+11	+18	+12	+7	+1	−3	−8	−14	−27	−50	+18	+18	+12	+7	+1	−3
über 18 bis 30	gut	0	+31	+24	+17	+11	+5	0	−7	−20	−40	0	+35	+28	+21	+15	+9
	Ausschuß	+13	+22	+15	+8	+2	−4	−9	−16	−33	−61	+21	+22	+15	+8	+2	−4
über 30 bis 50	gut	0	+37	+28	+20	+13	+6	0	−9	−25	−50	0	+42	+33	+25	+18	+11
	Ausschuß	+16	+26	+17	+9	+2	−5	−11	−20	−41	−75	+25	+26	+17	+9	+2	−5
über 50 bis 80	gut	0	+45	+33	+24	+15	+6	0	−10	−30	−60	0	+51	+39	+30	+21	+12
	Ausschuß	+19	+32	+20	+11	+2	−7	−13	−23	−49	−90	+30	+32	+20	+11	+2	−7
über 80 bis 120	gut	0	+52	+38	+28	+18	+6	0	−12	−36	−72	0	+59	+45	+35	+25	+13
	Ausschuß	+22	+37	+23	+13	+3	−9	−15	−27	−58	−107	+35	+37	+23	+13	+3	−9
über 120 bis 180	gut	0	+61	+45	+33	+21	+7	0	−14	−43	−85	0	+68	+52	+40	+28	+14
	Ausschuß	+25	+43	+27	+15	+3	−11	−18	−32	−68	−125	+40	+43	+27	+15	+3	−11
über 180 bis 250	gut	0	+70	+51	+37	+24	+7	0	−15	−50	−100	0	+79	+60	+46	+33	+16
	Ausschuß	+29	+50	+31	+17	+4	−13	−20	−35	−79	−146	+46	+50	+31	+17	+4	−13
über 250 bis 315	gut	0	+79	+57	+43	+27	+7	0	−17	−56	−110	0	+88	+66	+52	+36	+16
	Ausschuß	+32	+56	+34	+20	+4	−16	−23	−40	−88	−162	+52	+56	+34	+20	+4	−16
über 315 bis 400	gut	0	+87	+62	+46	+29	+7	0	−18	−62	−125	0	+98	+73	+57	+40	+18
	Ausschuß	+36	+62	+37	+21	+4	−18	−25	−43	−98	−182	+57	+62	+37	+21	+4	−18
über 400 bis 500	gut	0	+95	+67	+50	+32	+7	0	−20	−68	−135	0	+108	+80	+63	+45	+20
	Ausschuß	+40	+68	+40	+23	+5	−20	−27	−47	−108	−198	+63	+68	+40	+23	+5	−20

[Werte in μ (1 μ = 0,001 mm).]

Toleranzen-Einheitsbohrung.

Welle							Welle											Welle	
Gleitsitz	Enger Laufsitz	Laufsitz	Leichter Laufsitz	Weiter Laufsitz	Weiter Laufsitz	Bohrung	Preßsitz	Festsitz	Treibsitz	Haftsitz	Schiebesitz	Gleitsitz	Gleitsitz	Laufsitz	Leichter Laufsitz	Weiter Laufsitz	Bohrung	Grobsitz g 1	Grobsitz g 2
h 6	g 6	f 7	e 8	d 8	d 9	H 8	p 7	n 7	m 7	k 7	j 7	h 7	h 8	f 8	e 9	d 10	H 11	h 11	d 11
0	−3	−7	−14	−20	−20	0	+18	+15	—	—	+7	0	0	−7	−14	−20	0	0	−20
−7	−10	−16	−28	−34	−45	+14	+9	+6	—	—	−2	−9	−14	−21	−39	−60	+60	−60	−80
0	−4	−10	−20	−30	−30	0	+24	+20	—	—	+9	0	0	−10	−20	−30	0	0	−30
−8	−12	−22	−38	−48	−60	+18	+12	+8	—	—	−3	−12	−18	−28	−50	−78	+75	−75	−105
0	−5	−13	−25	−40	−40	0	+30	+25	+21	+16	+10	0	0	−13	−25	−40	0	0	−40
−9	−14	−28	−47	−62	−76	+22	+15	+10	+6	+1	−5	−15	−22	−35	−61	−98	+90	−90	−130
0	−6	−16	−32	−50	−50	0	+36	+30	+25	+19	+12	0	0	−16	−32	−50	0	0	−50
−11	−17	−34	−59	−77	−93	+27	+18	+12	+7	+1	−6	−18	−27	−43	−75	−120	+110	−110	−160
0	−7	−20	−40	−65	−65	0	+43	+36	+29	+23	+13	0	—	−20	−40	−65	0	0	−65
−13	−20	−41	−73	−98	−117	+33	+22	+15	+8	+2	−8	−21	−33	−53	−92	−149	+130	−130	−195
0	−9	−25	−50	−80	−80	0	+51	+42	+34	+27	+15	0	0	−25	−50	−80	0	0	−80
−16	−25	−50	−89	−119	−142	+39	+26	+17	+9	+2	−10	−25	−39	−64	−112	−180	+160	−160	−240
0	−10	−30	−60	−100	−100	0	+62	+50	+41	+32	+18	0	0	−30	−60	−100	0	0	−100
−19	−29	−60	−106	−146	−174	+46	+32	+20	+11	+2	−12	−30	−46	−76	−134	−220	+190	−190	−290
0	−12	−36	−72	−120	−120	0	+72	+58	+48	+38	+20	0	0	−36	−72	−120	0	0	−120
−22	−34	−71	−126	−174	−207	+54	+37	+23	+13	+3	−15	−35	−54	−90	−159	−260	+220	−220	−340
0	−14	−43	−85	−145	−145	0	+83	+67	+55	+43	+22	0	0	−43	−85	−145	0	0	−145
−25	−39	−83	−148	−208	−245	+63	+43	+27	+15	+3	−18	−40	−63	−106	−185	−305	+250	−250	−395
0	−15	−50	−100	−170	−170	0	+96	+77	+63	+50	+25	0	0	−50	−100	−170	0	0	−170
−29	−44	−96	−172	−242	−285	+72	+50	+31	+17	+4	−21	−46	−72	−122	−215	−355	+290	−290	−460
0	−17	−56	−110	−190	−190	0	+108	+86	+72	+56	+26	0	0	−56	−110	−190	0	0	−190
−32	−49	−108	−191	−271	−320	+81	+56	+34	+20	+4	−26	−52	−81	−137	−240	−400	+320	−320	−510
0	−18	−62	−125	−210	−210	0	+119	+94	+78	+61	+29	0	0	−62	−125	−210	0	0	−210
−36	−54	−119	−214	−299	−350	+89	+62	+37	+21	+4	−28	−57	−89	−151	−265	−440	+360	−360	−570
0	−20	−68	−135	−230	−230	0	+131	+103	+86	+68	+31	0	0	−68	−135	−230	0	0	−230
−40	−60	−131	−232	−327	−385	+97	+68	+40	+23	+5	−32	−63	−97	−165	−290	−480	+400	−400	−630

sein, sie mögen auf Einheitsbohrung oder Einheitswelle basieren — die Hauptpassungssysteme:

1. *die Spielsitze:* enger, normaler, leichter und weiter Laufsitz;
2. *die Festsitze:* Haft-, Treib-, Preß- und Schrumpfsitz;
3. *die Führungssitze* (zwischen beiden): Gleitsitz und Schiebesitz.

Die ISA-Passungen (vgl. auch British Standards Institution — Spec. No. 164) enthalten die zulässigen Toleranzen, die in Zahlentafel 17 für die Durchmessergrößen von 1 bis 500 mm für das System Einheitsbohrung in 3 Gütegraden ISA-H 6, H 7, H 8 angegeben sind, und zwar die Abweichungen in $^1/_{1000}$ mm (1 Mikron). Da das ISA-System für die Einheitsbohrung von der Nullinie ausgeht, so beginnen

Zahlentafel 18. Vergleichswerte zwischen kleinster Bohrung und größter Welle und größter Bohrung und kleinster Welle.

		H 6	p 5	n 5	m 5	k 5	j 5	h 5	g 5	f 6	e 7
Über 30 mm bis 50 mm Einheitsbohrung ISA-H 6	Kleinste Bohrung	0	0	0	0	0	0	0	0	0	0
	Größte Welle . . .	—	+37	+28	+20	+13	+ 6	0	— 9	—25	—50
	Größte Bohrung . .	+16	+16	+16	+16	+16	+16	+16	+16	+16	+16
	Kleinste Welle . . .	—	+26	+17	+ 9	+ 2	— 5	—11	—20	—41	—75

diese Passungen stets mit der Größe Null und enden hier mit Höchstmaßen, die mit dem Durchmesser ansteigen.

Da das Abmaß für 1 bis 3 mm Durchmesser 7 Mikron $\simeq$ 0,000280 Zoll oder 280 μ-inch ist, so ist klar, daß die O-Güte dieser Lehren wesentlich feiner sein muß als 280 μ-inch, damit je nach Güte der Lehren die Rauhigkeiten ihrer Oberflächen keinen merkbaren Einfluß auf das Lehrenmaß ausüben. Wir wählen für unsere Betrachtungen als Beispiel 30 bis 50 mm Durchmesser der Einheitsbohrung mit Nullinie als Ausgangspunkt. Es ist nun nötig, um den Einfluß der Rauhigkeit auf die angegebenen Passungen zu bestimmen, die zahlenmäßigen Werte für die zulässige Toleranz und die übliche Flächengüte gegenüberzustellen. Zahlentafel 18 zeigt, in welcher Weise das makrogeometrische Ölspiel oder das Übermaß geändert wird, wenn die kleinste Bohrung und die größte Welle, oder das größte Loch und die kleinste Welle zusammentreffen. Mit dem Oberflächenmesser wurden nun Profilkurven, sowohl der Oberflächen von Wellen und Bohrungen als der Meßflächen von Dorn- und Rachenlehren und Mikrometern, aufgenommen. Aber nur bei den „handelsüblichen" Rachen- und Dornlehren wurden manchmal

Zahlentafel 19. Fein geschliffene Dornlehren.
Vergleich der Meßergebnisse mit 5 verschiedenen Talysurfs (weit verstreut).

Lehre Nr.	Art der Bearbeitung	T. I h_{mittel} = μ-inch					Mittel aus 5 Ablesungen
		1	2	3	4	5	
a	Feiner Rundschliff	0,5	0,5	0,5	0,5	0,5	0,5
b	„ „	0,75	0,75	0,5	0,75	0,9	0,75
c	„ „	0,5	0,5	0,5	0,5	0,5	0,5
d	Handelsüblicher Schliff 16 μ-inch						

Lehre Nr.	Art der Bearbeitung	T. II h_{mittel} = μ-inch					Mittel aus 5 Ablesungen
		1	2	3	4	5	
a	Feiner Rundschliff	0,75	0,75	0,75	0,75	0,75	0,75
b	„ „	0,75	1,0	0,75	0,75	0,75	0,8
c	„ „	0,75	0,75	0,75	0,75	0,6	0,72

Lehre Nr.	Art der Bearbeitung	T. III Meßbereich		Mittel aus 5 Ablesungen	T. IV 5 Ablesungen	T. V 5 Ablesungen	Mittel d. 5 Mittelwerte μ-inch
		von	bis				
a	Feiner Rundschliff	0,5	1,1	0,6	0,69	0,65	0,648
b	„ „	0,5	0,8	0,7	0,72	0,65	0,724
c	„ „	0,7	0,9	0,7	0,66	0,65	0,646

Rauhigkeiten sichtbar, die beachtet werden müssen (Zahlentafel 19). Jedoch hat sich in den letzten Jahren die Flächengüte, insbesondere der schwierigen zylindrischen Grenzkaliberdorne hoher Güte (Abb. 65), so verbessert, daß die schematisch geraden Grenzlinien für Meßflächen und Zylinder der Lehrbücher heute als wirklichkeitsrichtig angesprochen werden können. Die in Abb. 65 für drei Kaliberdorne gezeichneten Profilkurven a—d stammen aus der normalen Fabrikation einer guten englischen Lehrenfabrik. Sie hatten als Mittel der Mittelwerte von 5 weit im Lande verteilten Prüflaboratorien $h_{ave} = 0{,}65\,\mu$-inch Rauhigkeit. Das entspricht 0,016 Mikron, also einer winzigen Abweichung, die sich zeichnerisch nur als glatte Linie darstellen

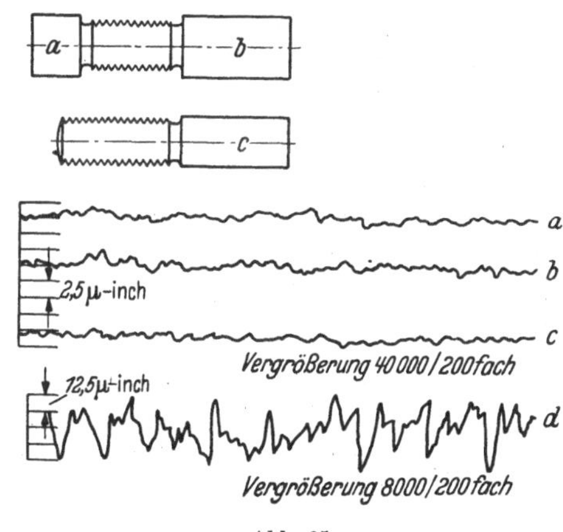

Abb. 65.
a 0,65 μ-inch, *b* 0,72 μ-inch, *c* 0,65 μ-inch fein geschliffener Dorn. *d* 40 μ-inch (handelsüblich).

läßt. Alle Meßambosse von Lehren, insbesondere die Endmaße, sind heute wirklich eben, bei 1 bis 2 μ-inch (= 0,025 bis 0,05 Mikron) verbürgter Rauhigkeit.

Man muß beachten, daß bei Benutzung der Rachenlehre nur die eine Meßfläche am Stück anliegt, während die zweite Seite des Rachens oder des Dornes den vollen Unterschied von Lehre und Meßstück anzeigt. Es liegen also Werkstückoberfläche und Lehrenmeßfläche exzentrisch zueinander, gleichgültig, ob Übermaße oder Untermaße angezeigt werden (Abb. 66).

Der Zweck jedes Meßsystems ist, zu verbürgen, daß die Werkstücke innerhalb der erlaubten Toleranzen genau ausfallen, daher müssen drei Fehlerquellen beachtet werden:

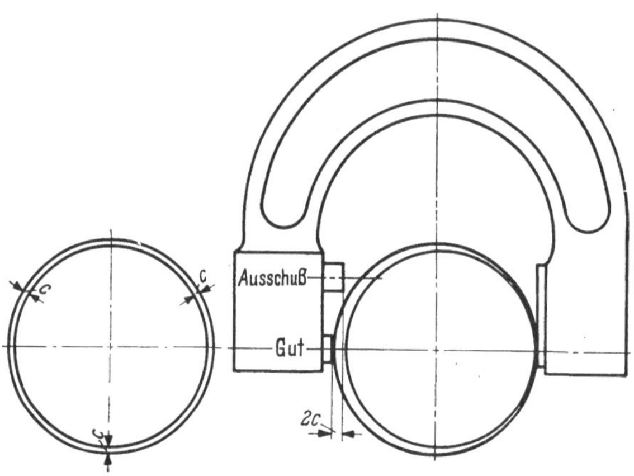

Abb. 66. Werkstückoberfläche und Lehrenmeßfläche.

1. der Herstellungsfehler der Lehren selbst, abhängig von der Größe und Oberflächengüte;

2. die Abnutzung der Lehren, bedingt durch Material, Herstellungsverfahren und ursprüngliche Oberflächenrauhigkeit;

3. Fehler beim Messen durch die Benutzung der Lehren durch verschiedene Personen (Gefühl).

Wenn das Meßinstrument einstellbar ist, z. B. Mikrometer oder Schublehre, oder Rachenlehre mit verstellbaren Meßflächen, so muß die sicher auftretende Abnutzung kontrolliert und von Zeit zu Zeit durch Nachstellen ausgeglichen werden.

Wenn feste Rachen- oder Dornlehren benutzt werden, so muß eine Herstellungsgenauigkeit gestattet sein, „M" auf jeder Seite der Lehre (Abb. 67), ferner eine Abnutzungszugabe „a" beide auf der Meßseite der Lehre. Diese Toleranzen müssen in das nominelle Toleranzfeld des Werkstückes selbst eingeschlossen sein, um zu vermeiden, daß Stücke abgenommen werden, die außerhalb der festgesetzten Grenzen liegen.

In Abb. 67, 1, 2 ist das Dornlehrensystem dargestellt. „T“ stellt wieder die nominelle Toleranz und „M“ die Herstellungstoleranz der Lehre für jede Seite dar. Auf der Meßseite ist eine Abnutzungstoleranz „a“ für den Dorn, aber nicht für die Ausschußseite dargestellt, weil diese bei normalem Gebrauch keiner Abnutzung unterworfen ist. Es leuchtet daher ein, daß in gewissen Fällen der Arbeiter nur eine Toleranz $T_1 = T - (2\,M + a)$ zur Verfügung hat, andererseits muß sich die Dornlehre wenigstens um den Betrag „a“ abgenutzt haben, bevor irrtümlich Löcher abgenommen werden können, die unter Maß liegen; damit ist eine vernünftige Lebensdauer der Lehre gesichert.

Bei den Revisionsdornlehren (Abb. 67, 2) müssen die Herstellungstoleranzen außerhalb der nominellen Meßgrenze liegen, um zu vermeiden, daß Stücke zurückgewiesen werden können, deren Abmessungen gerade

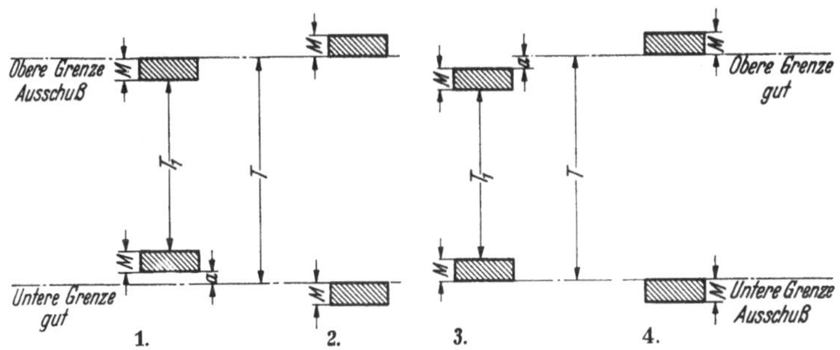

Abb. 67. 1. Dornlehre des Arbeiters, 2. Dornlehre des Revisors, 3. Rachenlehre des Arbeiters, 4. Rachenlehre des Revisors.

innerhalb der Grenzen liegen. Es muß daher ein Revisor Werkstücke innerhalb einer Toleranz von $(T - 2\,M)$ abnehmen. In vielen Fällen haben die Revisionslehren etwas größere, aber noch zulässige Toleranzen als die Arbeitslehren. Durch diese Vorsorge werden viele unliebsame Erörterungen über zweifelhafte Stücke vermieden. Herstellungsmeßtoleranzen für Rachenlehren beruhen auf den gleichen Erwägungen (Abb. 67, 3, 4).

Zahlentafel 20 gibt einige Werte für die O-Güte von handelsüblichen Dornlehren „a“ und für Rachenlehren „b“, die in der Praxis gebraucht werden. Güte I bezieht sich auf die Herstellung von Kugel- und Rollenlagern und Güte II auf die Herstellung von Teilen von Automobilmotoren, Werkzeugmaschinen, Gegenständen mittleren Gütegrades. Diese Herstellungstoleranzen sind zwar fein, sie üben aber z. B. auf das Grenzabmaß 0,008 mm = 320 μ-inch in der ISA-Klasse h 5 für 10 bis 18 mm Durchmesser einen Einfluß von 5 bis 12,5% aus, während die gemessenen Feindorne (vgl. Abb. 65) mit < 1 μ-inch O-Güte nur mit 0,3% einwirken, was vernachlässigt werden kann.

Zahlentafel 20. Handelsübliche Grenzlehren.
a) Dornlehren, b) Rachenlehren für I. Kugel- und Rollenlager
II. Motoren und Werkzeugmaschinen

Nennmaße für kleine Rachen- und Dornlehren	Oberflächengüte von Grenzlehren							
	Güte I				Güte II			
	a		b		a		b	
	Mikron	μ-inch	Mikron	μ-inch	Mikron	μ-inch	Mikron	μ-inch
0 bis 3 mm	0,4	16	0,2	8	0,75	30	0,5	20
3,1 „ 6 „	0,5	20	0,25	10	1,0	40	0,75	30
6,1 „ 10 „	0,5	20	0,25	10	1,0	40	0,75	30
10,1 „ 20 „ und darüber	0,75	30	0,4	16	1,25	50	1,0	40

Der Lehrenbenutzer sollte daher heute nur Meßwerkzeuge anschaffen, deren Rauhigkeit nicht größer als 2 μ-inch ist und deren Flächen eben sind, also keine Welligkeit haben. Das läßt sich durch eine Profilkurve mit 40000mal Vergrößerung leicht feststellen. Es ist dies meist eine Laboratoriumsaufgabe. Hier kommt wieder die Verknüpfung zwischen Makrogeometrie und Mikrogeometrie der Oberfläche in Betracht, die die Möglichkeiten eben und wellig, rauh und wellig, glatt und eben, rauh und eben (vgl. Abb. 2) umfassen.

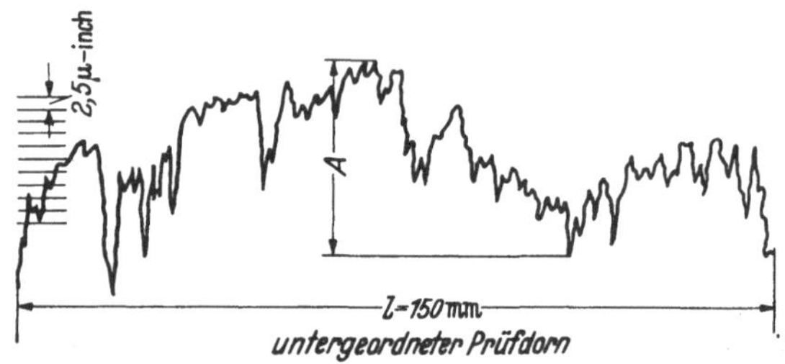

Abb. 68. Rauhigkeit h_{mittel} = 9 μ-inch (= 0,0225 Mikron), $A_{Welligkeit}$ = 40 μ-inch (= 1,00 Mikron).

Wir wollen dabei bleiben, daß die kleinste (für 1 bis 3 mm Durchmesser) zulässige, hier halbe Toleranz, für die Größe der Welle ISA-j 5 von $^1/_2 \cdot 0{,}005$ mm = 0,0025 mm $\simeq$ 100 μ-inch die untere, lineare Makrogrenze bilden soll, während die obere Mikrogrenze mit etwa 125 μ-inch = 0,00313 mm beginnen und sich nach unten beliebig verfeinern mag. Daher wird auch die makrogeometrische Abweichung alle Welligkeiten (h_{max}) der Oberfläche umfassen müssen, die für die gröberen Rauhigkeiten etwa das 5- bis 6fache von h_{mittel} (rms), für die feineren bis zum 10fachen von h_{mittel} betragen können. Man läßt z. B. für den feingedrehten Mantel eines Aluminiumkolbens 1 bis 2 μ-inch Rauhigkeit und bis zu 20 μ-inch Welligkeit zu (vgl. Abb. 5). Abb. 68 zeigt eine wellige Profilkurve, die von der Oberfläche eines gehärteten Prüfdornes minderer Güte aufgezeichnet ist. Sie besitzt eine erhebliche doppelte Welle, die sich über die ganze Länge von $l = 150$ mm erstreckt und den Dorn unbrauchbar macht.

Die große Mehrheit der hier gemessenen Wellenlängen (Welligkeit) lag unter 50 mm Länge der mit 150facher Vergrößerung gezeichneten Profilkurve, d. i. $\frac{50}{150}$ oder 0,33 mm Welligkeit in Wirklichkeit, aber einige Messungen gingen herunter bis 0,00008 μ-inch = 0,002 mm, was dem Vorschub von feinst diamantgedrehten Oberflächen entspricht. Die Vorschubmarkierung dagegen stellt stets eine sehr genaue Teilung dar: Sie ist, wenn man so will, auch eine Welle, aber sie folgt einem vorgeschriebenen Gesetz in waagerechter Richtung, z. B. für den mit dem Diamant gedrehten Kolben (vgl. Abb. 5).

Die überlagerten Rauhigkeiten auf den Welligkeiten, die durch unerwünschte Vibrationen erzeugt wurden, waren sowohl waagerecht als senkrecht sehr fein, etwa 0,6 bis 4 μ-inch (Abb. 69, G_1–G_4). Die Mikrogeometrie stellt hier eben die Oberflächenrauhigkeit dar.

Es sei wiederholt, daß die makrogeometrischen Abmaße der Bohrung ISA-H 6 für 1 bis 3 mm Durchmesser von 0 bis +7 Mikron = 0 bis 280 μ-inch und für 400 bis 500 mm Durchmesser von 0 bis +40 Mikron = 0 bis 1600 μ-inch liegen, während die Lehrenflächengüte mühelos heute mit $h_{ave} = 2$ μ-inch = 0,05 Mikron und $h_{max} = 8$ μ-inch = 0,20 Mikron hergestellt werden kann. Alle Verkratzungen der Lehrenmeßflächen bedeuten Vertiefungen, also Abnutzung, die dauernd kontrolliert werden muß (vgl. Abb. 67).

Die genauesten Spindeln (g 5 bis p 5 ISA) haben für die kleinsten Durchmesser (1 bis 3 mm) einen Größenunterschied von +5 Mikron = 200 μ-inch, für die größten (400 bis 500 mm) von +27 Mikron = 1080 μ-inch. Man sieht auch hier wieder, daß die Abmessungsunterschiede makrogeometrisch sind, während die Rauhigkeiten (6 bis 1 μ-inch) guter Lehren, die den 160. bis 1000. Teil der Passungstoleranz betragen, als mikrogeometrisch gelten müssen und größenmäßig vernachlässigt werden können.

Die amerikanische Norm ASA-B 46, 1, 1947 gibt für die Rauhigkeit nur Rauhtiefen an, und zwar h_{rms} (h_{ave}) zwischen 0,25 und 1000 μ-inch, wovon aber für die zusammenarbeitenden erstklassigen Maschinenteile gemäß vorliegender Erfahrung keine größere Rauhigkeit benutzt wird als $h_{mittel} = 63$ μ-inch. Ferner messen die Amerikaner nur die Wellenhöhe, und zwar in linearen Zollen, was richtig ist. Sie lassen die Länge der Oberflächenwelle ganz fort, weil sie nur für die Konstruktion des Meßgerätes Bedeutung hat. Die hier vorgeschlagene obere Rauhtiefengrenze von $h_{ave} = 125$ μ-inch = 3,13 Mikron deckt daher den für Arbeitsflächen erforderlichen Bereich.

Das amerikanische Normblatt gibt ferner als kleinste lineare Wellenhöhe an: von 0,00002 Zoll (0,0005 mm) steigend bis auf 0,02 Zoll (0,5 mm). Aus dieser Kennzeichnung kann man eine Bestätigung für den obigen Vorschlag herauslesen. Wellenhöhe in Zollen oder Millimetern

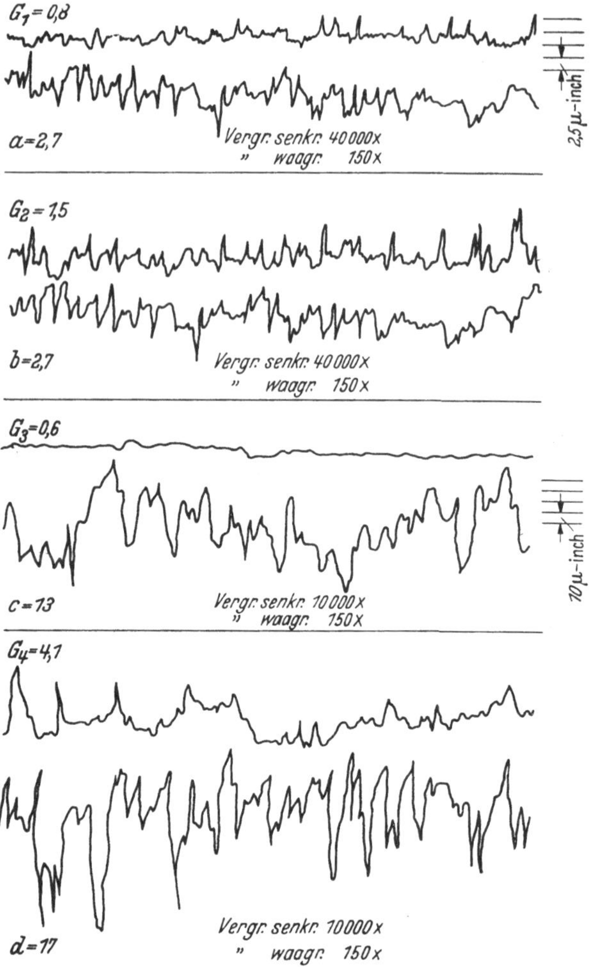

Abb. 69. G_1–G_4 Amboßflächen der Rachenlehren, *a*–*d* Werkstücke.

ist makrogeometrisch, Rauhigkeit in μ-inch oder Mikron ist mikrogeometrisch.

Messungen der genauesten Grenzwerte werden auf dem Kontinent, England und Amerika in der Größenordnung von 0,002 mm und darüber mit Hilfe des Präzisionsmikrometers gemacht, dessen Schraube eine Steigung besitzt, deren Genauigkeit etwa 2,5 Mikron $\simeq$ 0,0001 Zoll für

25 mm Länge oder feiner ist. Dabei wird vorausgesetzt, daß die Flächen der Mikrometerambosse praktisch eben und glatt sind, d. h. feiner als 0,000 25 mm ($\simeq$ 10 μ-inch). Das ist etwa 10% des maximalen Teilungsfehlers der Schraube selbst.

In Abb. 70 ist die Amboßanlage der Lehre an ein Werkstück in 6 Stellungen $A_1 - A_6$ gezeichnet mit Durchmesserunterschieden von etwa 0,005 bis 0,015 mm für den engen Laufsitz g 5, aber dabei in der zulässigen Grenze der Einheitsbohrung von 50 mm ISA (-9 und -20 Mikron). Der Revisor hätte also die Welle abnehmen müssen, trotzdem sie meßbare Abweichungen besaß. Die Sachlage wird geändert, wenn man die Herstellung der Meßambosse der Meßinstrumente selbst und ihren späteren Gebrauch betrachtet. Dann müssen wir gewisse Abweichungen während des Herstellungsvorganges und für die zulässige Abnutzung gestatten. Diese Toleranzen sind ungefähr 10% der gesamten Passungstoleranz. Wenn ein Durchmesser von 50 mm der Haftsitzwelle ISA-k 6 eine Gesamtabweichung von 16 Mikron ($+2\,\mu$ bis $+18\,\mu$) hat, so haben wir etwa 10% = 1,6 Mikron (= 65 μ-inch) Toleranz für die Lehren, und damit kommen die Oberflächen der Meßambosse automatisch in den Arbeitsbereich der Mikrogeometrie.

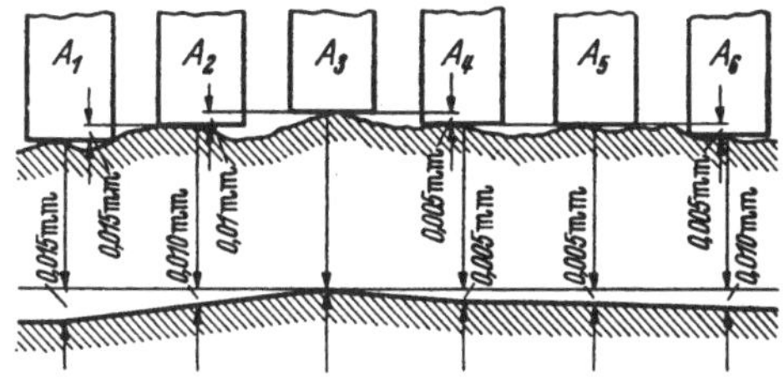

Abb. 70. Werkstückabmaße für engen Laufsitz g 5 auf einer zwar minderwertigen aber abnahmereifen Oberfläche.

Unter welchen Umständen und durch welche Mittel ist es möglich, eine Oberfläche von bestimmter, feiner Rauhigkeit und Gestalt zu erzeugen, ohne die wirtschaftlichen Grenzen zu überschreiten? Ist es überhaupt möglich, durch spanabhebende und spanlose Formung Oberflächen von irgendeiner verlangten Güte, die geeignet für eine vorgeschriebene Arbeitsvorrichtung sind, herzustellen? Die Verfahren sind offenbar eng verbunden mit dem Meßsystem und den Meßinstrumenten, und Abb. 69 zeigte die Profilkurven der Amboßoberflächen verschiedener Lehren G 1 bis G 4, verglichen mit typischen Werkstücken a, b, c, d.

Untersucht wurden Teile von Werkzeugmaschinen hoher Güte, bestehend 1. aus einer fein geschliffenen Welle und einer handelsüblich geriebenen Bohrung eines Rades; 2. aus einer sehr fein geschliffenen Welle und der gleich guten Bohrung, die nach dem „Sunnen"-Prozeß gehont war (vgl. Abb. 136).

Die Profilkurven jeder Oberfläche wurden aufgezeichnet und mit der Gegenfläche zusammengestellt (Abb. 71). Sie zeigen also den Fall, in dem Welle und Loch gleiches Nennmaß (30 mm) besitzen und angenommen ist, daß die Messungen für die Bezugslinie gemacht wurden, die durch die zusammentreffenden Spitzen beider Flächen gezogen wurde. Theoretisch sollten die Teile sich überall berühren, doch zeigt ein Blick auf Abb. 71 a, daß die wirkliche Berührung hier bei dem minderwertigen Loch nur in weiten Abständen erfolgt und daß dazwischen gelegentlich auch Überschneidungen eintreten, also Übermaße, mit sehr großen freien Lücken dazwischen. Die zusammengehörigen Werkstücke können stellenweise bis zu 0,008 25 mm auseinanderstehen. Es ist bekannt, daß, wenn ein Rad auf eine Welle mit Übermaß gepreßt wird, man vermeiden soll, sie wieder voneinander abzuziehen. Man kann nicht erwarten, daß sie beim zweiten Aufpressen den gleichen Festsitz hat, und Abb. 71 a zeigt den Grund, warum das nicht möglich ist. Die wenigen Berührungspunkte und Übermaße einer Oberfläche ohne guten Formfaktor sind eben schnell abgenutzt oder weggequetscht. — Ein verbesserter Formfaktor, der mit Oberflächen von hoher Güte (gehont) erhalten wurde, ist in Abb. 71 b gezeigt, wo die größte Entfernung 1 Mikron (= 0,000040 Zoll) und die mittlere Entfernung 0,000 35 mm gemäß Planimetermessung beträgt. Das ist der Beweis für eine wohlbekannte Tatsache[1]: Die Güte eines Festsitzes und die Höhe des Aufpreßdruckes wird durch die Güte der Oberfläche stark beeinflußt. Das zweite Beispiel hat offenbar einen viel festeren Sitz. Das Rad muß mit viel größerer Gewalt auf die Welle getrieben werden im Vergleich zu der geringen Kraft (Holzklotz) im ersten Falle.

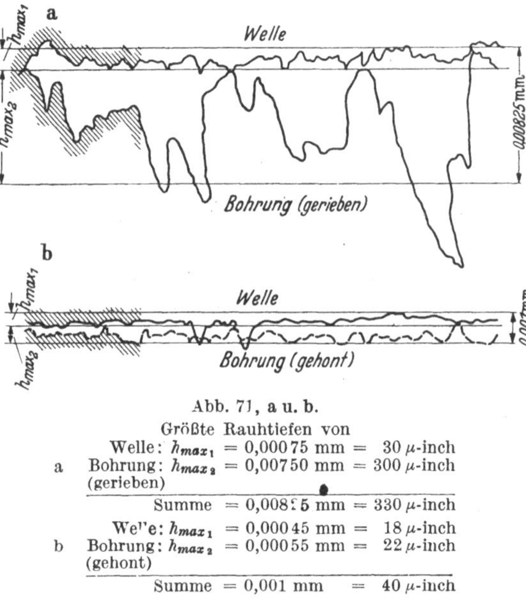

Abb. 71, a u. b.
Größte Rauhtiefen von

a	Welle: h_{max_1}	= 0,000 75 mm	=	30 μ-inch
	Bohrung: h_{max_2} (gerieben)	= 0,007 50 mm	=	300 μ-inch
	Summe	= 0,008 25 mm	=	330 μ-inch
b	Welle: h_{max_1}	= 0,000 45 mm	=	18 μ-inch
	Bohrung: h_{max_2} (gehont)	= 0,000 55 mm	=	22 μ-inch
	Summe	= 0,001 mm	=	40 μ-inch

Man sieht, daß die Wirkung der Oberflächenrauhigkeit die zusammenwirkenden Spiele oder Übermaße von Welle und Loch erheblich vergrößern kann.

Nimmt man als besonders empfindliches Beispiel den Schiebesitz H 6/j 5 für 50 mm Durchmesser, dann schwankt der Nennbereich von 0 bis +16 Mikron Übermaß bis 21 Mikron (+6 bis −5) Spiel. Aber

[1] Schlesinger, G.: Passungen im Maschinenbau. Berlin 1904. Doktorarbeit.

das Spiel kann bis auf 23 Mikron heraufgehen an rauhen Stellen, handelsüblicher Güte, und der Bereich wird dann von 21 Mikron auf 23 Mikron vergrößert, das sind ungefähr 10%. Die Verbesserung durch die feinere Oberflächengüte ist daher von einiger Bedeutung.

In Abb. 72 sind die Passungen: Bohrung H 6 zu Wellen p 5 bis e 7 graphisch dargestellt.

Für die kleinsten Durchmesser von 1 bis 3 mm ist die Gesamttoleranz = 5 Mikron (= 200 μ-inch), auf die eine feine Rauhigkeit von 1 bis 2 μ-inch nur $^1/_2$ bis 1% Abweichung bedeutet; sie ist vernachlässigbar. Für 50 mm aber ist die Gesamttoleranz bereits 11 Mikron (= 440 μ-inch), und wenn wir für die großen Lehren eine geringere Oberflächengüte (vgl Zahlentafel 21) von 4,5 μ-inch = 0,113 Mikron Rauhigkeit zulassen, so ist das wiederum nur 1 bis 1,5%. Würde man hier h_{max} = 20 μ-inch schätzen, so würde auch für die größte Rauhigkeitstiefe nur 5% Fehlermöglichkeit entstehen.

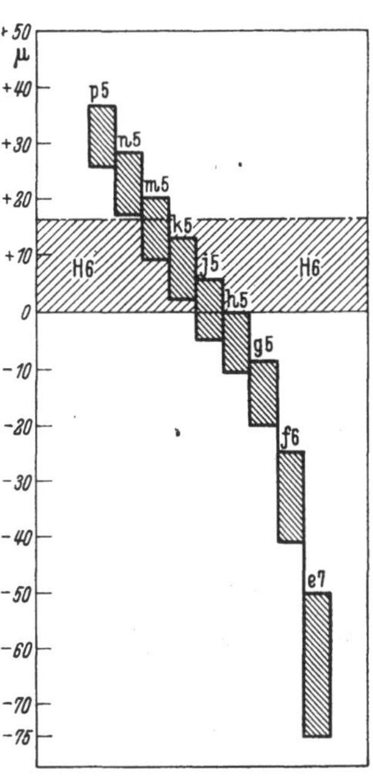

Abb. 72. Graphische Darstellung der Passungen: Bohrung H 6 zu Wellen p 5 bis e 7 (über 30–50 mm Nenndurchmesserbereich).

Diese Erwägungen führen zu dem Schluß, daß zwischen Oberflächengüte und Abmessungstoleranz eine bestimmte Beziehung hergestellt werden muß, wenn das Passungssystem so genau sein soll, daß es die volle Austauschbarkeit auch für Teile sichern kann, die selbst sehr genaue Abmessung und feinste Oberflächen haben, z. B. die Brennstoffpumpen der Dieselmotoren und die Zerstäubernadeln (vgl. S. 179) mit Durchmessertoleranzen von nur 1 Mikron (= 40 μ-inch).

Da alle Einheitsbohrungen (H 6) von 1 mm bis z. B. 80 mm Durchmesser Toleranzen zwischen 0 + 7 und 0 + 19 Mikron haben und die meist benutzten Wellen n 5 bis g 5 Toleranzen zwischen + 20 bis + 33 und − 10 bis − 23 Mikron, so sollte die Rauhigkeit der Lehrenambosse nicht größer als h_{mittel} = 0,05 bis 0,10 Mikron = 2 bis 4 μ-inch gewählt werden. Die Ergebnisse der Rauhigkeitsuntersuchung an Rachen- und Bolzenlehren, Endmaßen und Mikrometern ist in der Zahlentafel 21 dargestellt. Die entsprechenden Profilkurven (Abb. 73) zeigen, wie stark die Rauhigkeiten der gewöhnlichen drei Herstellungsklassen bei solchen Lehren schwanken. Die Kurven sind mit den Vergrößerungen 40000 mal senkrecht und 150 mal waagerecht aufgenommen.

Zahlentafel 21.
Gemessene Oberflächengüte von drei verschiedenen Lehrenklassen.

Marke	Herstellung	ISA-Klasse	Grenzabmaße für 50 mm ⌀		Oberflächengüte von Rachenlehren h_{mittel}		Oberflächengüte von Dornlehren h_{mittel}	
			mm	μ-inch	Mikron	μ-inch	Mikron	μ-inch
a	fein geläppt . .	g_5	0,011	440	0,019	0,75	0,025	1,0
b	geläppt	d_8	0,039	1560	0,050	2,0	0,060	2,4
c	geschliffen . . .	d_{11}	0,160	6400	0,113	4,5	0,150	6,0

Vom Standpunkt der Maßgenauigkeit (makrogeometrisch) würden alle drei gewählten Rauhigkeitsklassen ausreichen. Die feinsten Lehren hatten eine Rauhigkeit von $h_{mittel} = 0{,}019$ Mikron ($= 0{,}75\ \mu$-inch), die zweite Klasse 0,05 Mikron ($= 2{,}0\ \mu$-inch) für Abmaßtoleranzen bis zu 0,039 mm. Diese Rauhtiefe von 0,00005 mm ist ein kleiner Bruchteil der Gesamttoleranz von 39 Mikron ($\simeq 1560\ \mu$-inch); d. i. weniger als 0,15%. Wenn jedoch eine lange Lebensdauer der Lehre als ausschlaggebend angesehen wird, so wird empfohlen, die feinste (ökonomisch erzielbare) Rauhigkeit anzuwenden. Es unterliegt keinem Zweifel, daß die Zusatzkosten für fein geläppte Oberflächen mehrfach aufgewogen werden durch die Verlängerung der Lebensdauer der Lehren wegen Verringerung der Abnutzung an sich und der Leichtigkeit, mit der starre Rachen- und Dornlehren wieder auf Maß gebracht werden können, indem man die abgenutzte, aber glatte und gleichmäßige Meßfläche chromplatiert und feinstschleift (superfinished).

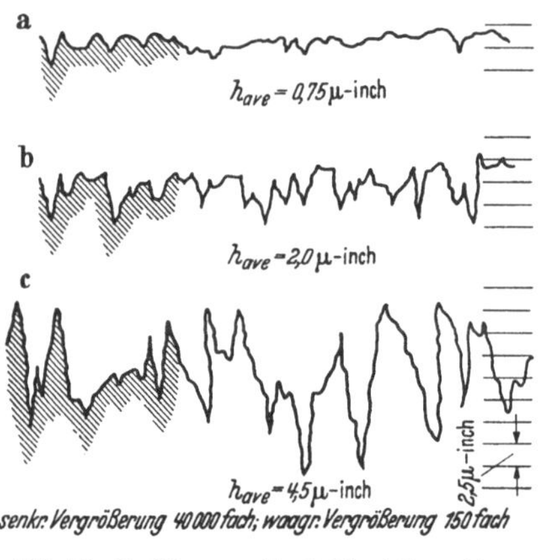

Abb. 73. Profilkurven für 3 Herstellungsklassen von Lehren.

Die Untersuchung bewies aber, daß die handelsüblich gedrehten, geriebenen und geschliffenen Werkstücke, deren Größenabmessungen korrekt waren, selbst Oberflächenrauhigkeiten besaßen, die fast so groß waren wie die Grenzen der Spielräume oder Übermaße der Passungen, die naturgemäß so ausgesucht waren, daß sie die richtige Funktion zweier Stücke ermöglichen sollten.

Erwägung für volle Austauschbarkeit der Teile in der Montage.

Wenn man schematisch die obere und untere Grenzlinie a b und c d eines Maßes zeichnet, z. B. für 50 mm getrennt durch die Toleranz, z. B. des Gleitsitzes h 5 der Einheitsbohrung H 6, und sich vorstellt, daß diese Linie die Meßambosse einer einseitig messenden Grenzlehre h 5 darstellen (Abb. 74), dann werden sie um 11 Mikron = 440 μ-inch voneinander entfernt sein. Die Rauhigkeit des Spindelzapfens wurde ermittelt sowohl aus der Profilkurve als aus dem Durchschnittsmaß h_{mittel}. Die Größe der Spindel kann gemäß ISA-h 5 von 50,000 bis 49,989 mm zwischen *ab* und *cd* = 0,011 mm schwanken, und die gleichen Kurven der Rauhigkeit können sich irgendwo zwischen diesen makrogeometrischen Grenzen befinden.

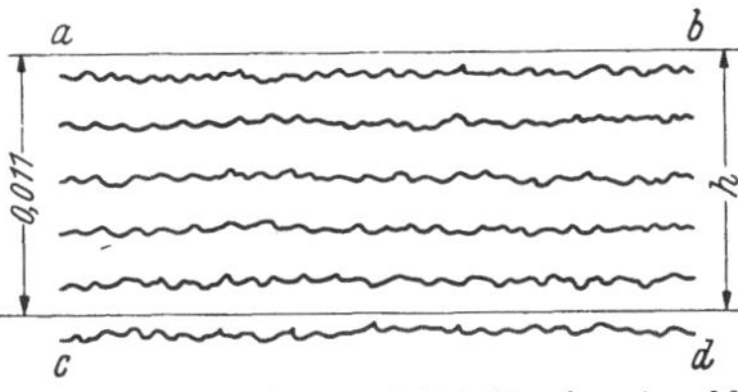

Abb. 74. Abmaß von 0,011 für eine Anzahl von Ausführungsmöglichkeiten zwischen *a–b* Höchsttoleranz, *c–d* Kleinsttoleranz.

Ähnliche Bedingungen, aber mit viel feineren Unterschieden, regeln die Oberflächenrauhigkeit. Wenn das Ziel ist, das bestehende System der beschränkten Austauschbarkeit durch das der vollkommenen Austauschbarkeit zu ersetzen, so dürfte es nötig werden, 1. feinere Größentoleranzen, 2. bessere Oberflächengüte einzuführen. Das ist heute nicht mehr so schwierig wie vor 10 Jahren. Es besteht kein Zweifel. daß heute bereits Herstellungsverfahren bestehen, die Abmessungstoleranzen bis herunter zu 0,0015 mm (1,5 Mikron = 60 μ-inch) mit einer Oberflächenrauhigkeit zwischen h_{mittel} 1 bis 8 μ-inch zu verbinden. Die gesamten Kosten derartig feiner Arbeit sind heute nicht mehr viel größer als die der bestehenden Systeme mit 10-fachen Größentoleranzen von 0,015 mm (= 0,0006 Zoll) und einer Rauhigkeit zwischen h_{mittel} 16 bis 63 μ-inch = 0,4 bis 1,57 Mikron. Es kommt nur darauf an, daß das nötige Kapital verfügbar ist, um die Maschinen und Werkzeuge zu kaufen, die in erforderlicher Güte (vgl. S. 137) auf dem Markte vorhanden sind. Es ist dann eine Sache der Ausrüstung und Organisation, die abhängt von der Bruttoarbeitszeit für die Operation, ferner des Unkostenzuschlages, der Abschreibung und Verzinsung der Anlagekosten.

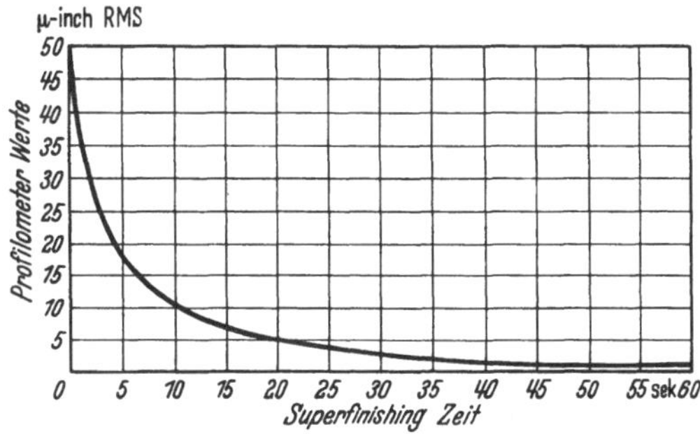

Abb. 75. Oberflächengüte von Lagerstellen.

Die Gisholt Corp. Madison, veröffentlichte 1948 ein Schaubild über den Zeitverbrauch des Feinstschliffs (Abb. 75), welches die Verbindung zwischen Oberflächengüte und der Arbeitszeit in Sekunden angab, um aus einer vorbereiteten Fläche von bestimmter Rauhigkeit eine feinstgeschliffene (superfinished) Oberfläche zu machen. Aus dem Schaubild kann man ablesen: Eine vorgearbeitete Fläche von $h_{rms} = 50$ μ-inch Rauhigkeit kann in 20 Sekunden auf 5 μ-inch (fein) und in 50 Sekunden auf 1 μ-inch (sehr fein) verbessert werden. Die Zahlen werden als sehr hoch gegriffen in der beteiligten Industrie angesehen, aber wir nähern uns doch bewußt diesem Ziel.

Vergleich der Spiel- und Übermaßsitze.

Der Einfluß der Oberflächenrauhigkeit muß von verschiedenen Gesichtspunkten aus betrachtet werden.

Für die Laufsitze hängt das geringste zulässige Spiel vom Einlaufen, d. h. von der Abnutzung der Oberflächen der Stücke ab, die sich dauernd gegeneinander bewegen. Schiebe- und Festsitze dagegen hängen von den Kräften und spezifischen Drücken ab, die notwendig sind, um zwei ineinander festsitzende Teile zusammenzufügen oder auseinanderzunehmen.

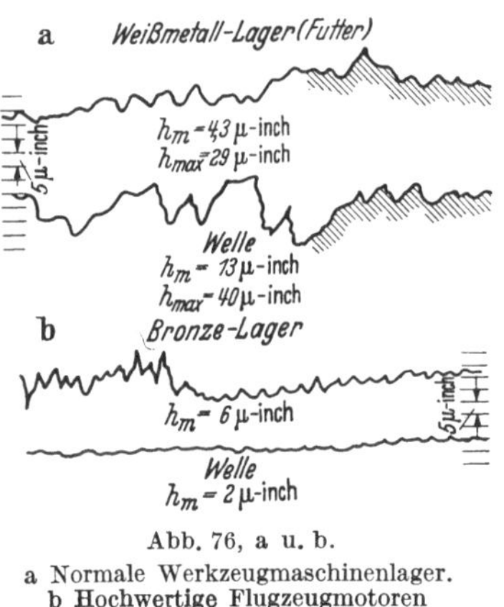

Abb. 76, a u. b.
a Normale Werkzeugmaschinenlager.
b Hochwertige Flugzeugmotoren (3000 U/min).

Laufsitze betreffen hauptsächlich Lager. Die Arbeitsbedingungen entscheiden, d. h. es kommt darauf an, ob die Spindel dauernd oder unterbrochen läuft, ferner mit Unterbrechungen von langer oder kurzer Dauer, endlich von dem spezifischen Lagerdruck.

Eine Dampfturbine oder ein Dieselmotor in einem Kraftwerk läuft Tag und Nacht. Wenn die Lager der Maschine nicht absolut sicher gegen Heiß- oder Festlaufen sind, kann die Maschine plötzlich zum Stillstand kommen. Die Folgen können sehr weitreichend und unangenehm sein. Diese Lager müssen dauernd ohne fühlbare Reibungsverluste laufen, daher ist eine ganz zuverlässige Schmierung unerläßlich. Manche älteren Maschinen der Dieseltype laufen bei verhältnismäßig niederen Drehzahlen (180 U/min). Aber die modernsten Ausführungen verwenden immer höhere Geschwindigkeiten (1200 U/min und mehr) schon wegen der Gewichtsverringerung, und es gibt Turbogeneratoren von 60000 kW, die mit 3000 U/min laufen.

Von noch größerer Bedeutung ist die zuverlässige Schmierung in den Maschinen von Flugzeugen für Langstreckenflüge, weil ein Festfressen der Lager eine Zufallslandung erzwingen kann, die stets das Leben der Mannschaft und der Passagiere gefährdet.

Die Oberflächengüte der Lagerstellen der Kurbelwellen ist ungewöhnlich hoch (Abb. 76a–b); sie ist bisweilen besser als die der Lager der genauesten Werkzeugmaschinen; was berechtigt ist, wenn man die außergewöhnlichen Bedingungen betrachtet, unter denen Flugzeugmaschinen unter Umständen laufen müssen.

Die Drehzahlen bestimmter Arten von Werkzeugmaschinen sind größer als jeder anderen Art von Maschinen. Kleine Revolverbänke laufen bis zu 10000 U/min, senkrechte kleine Bohrmaschinen haben bis 20000 U/min, und kleine Innenschleifmaschinen kommen bis zu 60000 U/min. In den meisten schnellaufenden Maschinenarten werden Kugel- oder Rollenlager benutzt, deren rollende Reibung für Schmierung und Druckverteilung günstiger ist als die gleitende Reibung einfacher Zapfenlager.

Die Laufringe der Rollenlager und die Rollen und Kugeln selbst gehörten zu den feinsten untersuchten Oberflächen (Abb. 77a, b). Die Größenmaße der Kugeln in normalen Lagern unterscheiden sich um 0,00125 mm (= 0,00005 Zoll) und für Genaulager nur um 0,0005 mm (= 0,00002 Zoll). Für die genaue Gestalt der Kugeln oder Rollen werden 0,001 mm (= 0,00004 Zoll) und für die hochgenauen Lager 0,0005 mm (= 0,00002 Zoll) für Kugeln und Zylinder zwischen 2 bis 30 mm Durchmesser verbürgt. Das sind 40 bis 20 μ-inch linear. Also sind wir bereits innerhalb der mikrogeometrischen Rauhigkeit. Daher werden die Oberflächen der Wälzkörper zwischen 0,5 und 1,0 μ-inch geläppt. Das Verhältnis 1 : 20 hat immerhin schon 5% Einfluß auf die Größe.

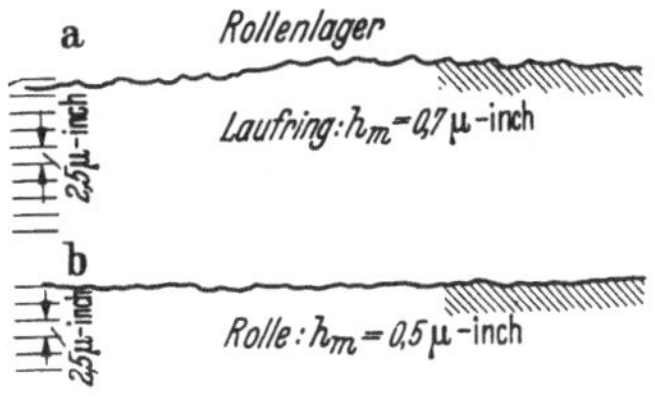

Abb. 77, a u. b.
Feinste untersuchte Oberflächen.

Es ist kein Zweifel, daß die Güte des für Kugellager verwendeten Materials eine wichtige Rolle für den Erfolg dieser Oberflächen bildet, deren Laufringe nie Ölnuten besitzen, die häufig vorgespannt sind und mit dem dünnstmöglichen Ölfilm laufen. Daher werden hochwertige Stahlarten, wie Chrom-Molybdänstahl, verwendet, sorgfältig wärmebehandelt, gehärtet, fein geschliffen und geläppt. Eine sehr kleine Abweichung im Durchmesser einer einzigen Kugel oder eine zu leicht gehende Welle mit Treibsitz im Laufring kann bereits Vibrationserscheinungen auf den Oberflächen der auf einer Werkzeugmaschine hergestellten Stücke hervorrufen. Daher werden doch häufig nachstellbare Zapfenlager für Werkzeugmaschinen bis 10000 U/min benutzt, um auch die kleinsten Vibrationsmarken zu vermeiden. Z. B. verwendet Petermann (Schweiz) in seinen Spindelautomaten (Abb. 78) für das Vorderlager von ungefähr 22 mm Durchmesser, das mit 10000 U/min läuft, eine zylindrische Spindel aus nitriertem Stahl und eine Schale aus Kanonenbronze. Das hintere Lager ist ein doppeltes Tiefschulter-Kugellager, ebenso das vordere Spannpatronenlager.

Die Härte und Güte des nitrierten Spindelzapfens war sehr hoch, und die innere Bohrung der Bronzebüchse konnte leicht durch eines der bekannten Innenhonverfahren fertiggestellt werden, das erlaubt, Oberflächen innerhalb der Grenzen von $h_m = 1$ bis 4 μ-inch (= 0,025 bis 0,1 Mikron) fein zu schleifen.

Abnutzungserscheinungen sind häufiger als jede andere Art der Oberflächenbeschädigung, jedoch besteht bei fast jeder Betriebsmaschine die Möglichkeit, daß Schmutz irgendwelcher Art zwischen die reibenden Flächen eingeführt wird und daß solche Fremdkörper dann schnelle Abnutzung bis zum Fressen hervorrufen. Die gewöhnlichste Art von Verunreinigungen sind Metallspäne, Metalloxyde, Staub und die Rückstände, die sich oft im Öl bilden, das Wärmeeinflüssen unterworfen ist. Diese Art Abnutzung ähnelt einer Bearbeitungsoperation. Sie hängt von

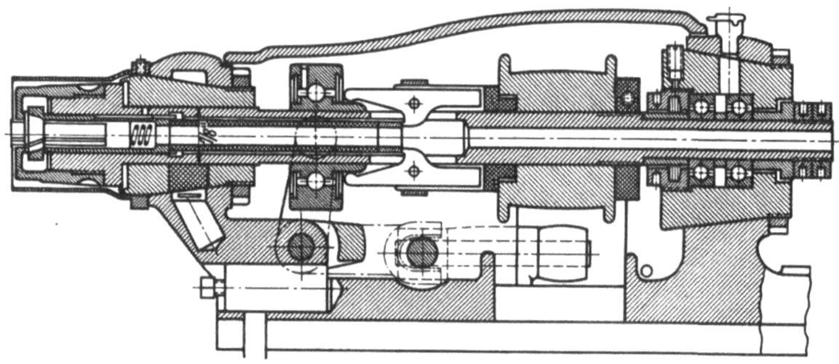

Abb. 78. Vorderes Zapfenlager des Peterman-Automaten von 22 mm Durchmesser. Tiefschulter-Kugellager hinten.

der relativen Härte der zusammenarbeitenden Teile ab. Die einfachste und gewöhnlichste Abnutzungsform ist die, in der eingebettete Schleifkörper eine Verschleißwirkung hervorrufen. Hervorzuheben ist, daß fast immer das härtere Stück abgenutzt wird, weil es weniger von dem abgeriebenen Material aufnimmt. Die weichen Lagermetalle, wie Babbitt, Bleilegierungen usw., Weichmetalle usw., haben die Eigenschaft, daß sie die Metall- oder Schleifkörnchen aufgreifen und an ihrer Oberfläche festhalten, wodurch zwar aktive Abreibung der Spindel entsteht, aber in erträglichen Grenzen, während das Spindellager von schweren Zerstörungen bewahrt bleibt. Diese Spanaufnahmefähigkeit ist daher wünschenswert, man nennt sie Einbettungsfähigkeit (Mougey 1936). Eine glatte fein geläppte Lagerfläche verringert Reibung und Abnutzung und vermehrt die Tragfähigkeit des Lagers. Es ist offensichtlich, daß unregelmäßige Oberflächen (vgl. Abb. 2b), auf denen vorspringende Spitzen hohen spezifischen Druck erzeugen, den Ölfilm durchbrechen wollen, während glatte, selbst wellige Vorsprünge es nicht tun (vgl. Abb. 2c). Die Schmierung der Oberfläche bei vollflüssiger Reibung verlangt, daß der Ölfilm dicker ist als die größte Höhe der Rauhigkeiten, um zu verhüten, daß die Metalle sich berühren (trockene Reibung).

Über die Dicke einer gleichmäßigen Ölschicht, die über eine sehr glatte Oberfläche ausgebreitet ist, sind Untersuchungen angestellt worden, indem man ebene Planglasplatten oder auch feinstgeschliffene Stahlendmaße zusammen rieb. RAWLEIGH maß einen solchen Film mit einer Dicke von 0,00001 mm; HARDY fand, daß zwischen zwei optischen ebenen Flächen, die gegeneinander mit Mindestreibung gleiten sollten, ein Film von sogar nur 0,000001 mm nötig ist. Die Texas Co. Beacon Laboratories, USA., erwähnt Schutzfilme, die dünner sind als

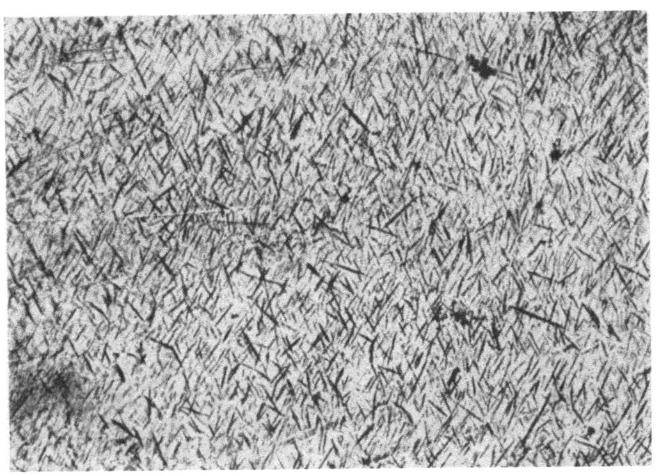

Abb. 79. Photographische Darstellung von Läpprissen auf einem gehärteten Kolbenbolzen von $h_{mittel} = 1$ μ-inch. Vergrößerung: 240fach.

0,00025 mm = 10 μ-inch. Gehärtete Kolbenbolzen in Flugmotoren hatten eine O-Rauhigkeit von $h_{mittel} = 1$ μ-inch. Die feinen Läpprisse (Abb. 79), die die Vickers-Aufsicht-Photographie gut verdeutlicht, halten das Öl zurück, da sie allseitig geschlossen sind. Sie können daher als gute Beispiele der Brauchbarkeit dünner Ölfilme für sehr glatte Oberflächen angesehen werden, die keine Vorsprünge oberhalb der theoretischen Berührungslinie zeigen. Viele andere Lager und Zapfen waren viel rauher, zwischen 20 und 40 μ-inch (= 0,5 bis 1,0 Mikron). Ihre Lagerflächen aber arbeiten unter Bedingungen von flüssiger Reibung mit mehr oder weniger Turbulenz (Abb. 80). Verschiedene technische Veröffentlichungen erwähnen Reibungskoeffizienten für 1. ungeschmierte Metallflächen: $f_1 = 0{,}1 - 0{,}4$; 2. Metallflächen mit leichter Schmierung: $f_2 = 0{,}002 - 0{,}01$; 3. feinstgeschliffene Flächen (CHRYSLER):

$f_3 = 0{,}0001$. Das beweist wiederum, wie wichtig ein bestimmter Grad von Oberflächenrauhigkeit für den jeweiligen Verwendungszweck ist.

Um den Einfluß der Abnutzung auf das Lagerspiel zu beurteilen, müssen wir wissen, wie stark das ursprüngliche Spiel als das Ergebnis der Abnutzung vergrößert wird. Wenn die Berührung zwischen irgend zwei Vorsprüngen an der Grenzfläche zweier Preßpassungen vollkommen aufhört, dann waren ihre Abmessungen an der äußersten Grenze und die Rauhigkeit war zu grob. – Die Zeitspanne, während der die Vorsprünge bei Spielsitzen durch Berührung abgeschlossen werden, wird die Einlaufzeit genannt (Abb. 81). Dieser folgt der Arbeitsabschnitt, währenddessen die Teile normal verschleißen, bis das größtzulässige Spiel erreicht ist. Dann folgt die Zeit des unerwünschten Verschleißes, während der die Abnutzung immer größer wird, so daß sie eigentlich nicht mehr aufhört. Um das zu verhüten, muß die O-Güte so fein gemacht werden, daß die richtige Passung unter dem Einfluß der Reibung praktisch unverändert bleibt. Da der Verschleiß sowohl von dem Druck auf die Oberfläche als von der Größe der Tragfläche abhängt, so muß man entweder den Formfaktor kennen oder die ABBOTTsche Tragfläche aus dem Profildiagramm konstruieren (vgl. Abb. 21). Der Formfaktor erlaubt den wahrscheinlichen Verschleißwiderstand zu beurteilen.

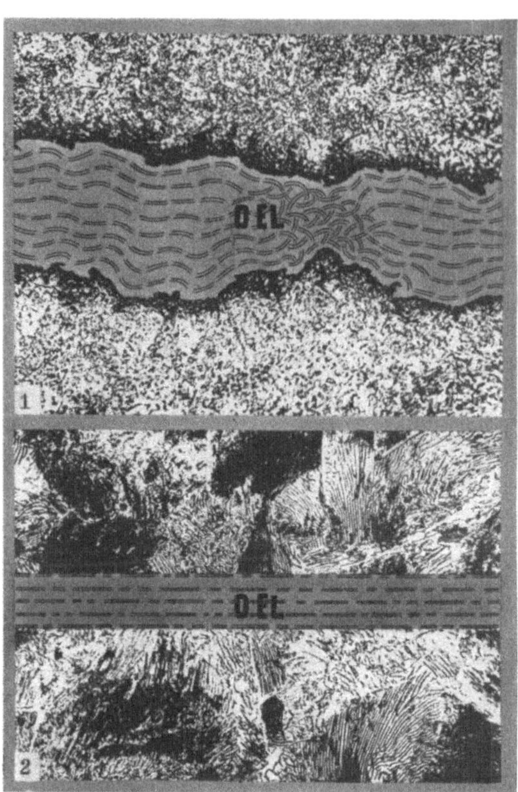

Abb. 80. Sehr glatte Lageroberflächen als Beispiele der Brauchbarkeit dünner Ölfilme.

Das französische Surfascope (NICOLAU) oder der Mechau (Zeiß) Oberflächenprüfer (vgl. Abb. 50), läßt ihn direkt ablesen. Das Profildiagramm gestattet, den Faktor $F_1 = \frac{h_1}{h_{max}}$ durch Planimetrieren zu finden. Es kann vorkommen, daß in Lagern, die vollkommene Schmierung besitzen, kein Verschleiß auftritt, wenn die Tragfläche groß genug ist, der spezifische Druck also klein, die Gleitgeschwindigkeit niedrig

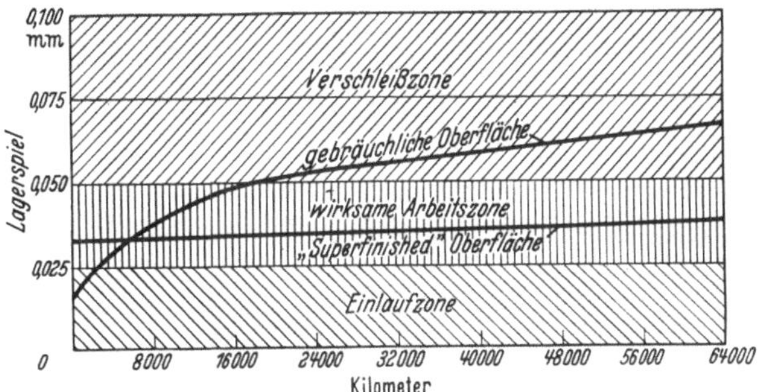

Abb. 81. Einlauf, Verschleiß und Kilometerlaufzeit für einen Automobilmotor.

und keine übermäßige Belastung auftritt. Das alte Verfahren, die Lagerzapfen zu schleifen und sie dann durch Läppen oder Polieren zu glätten und schließlich die Lagerschale an den Zapfen durch sorgfältige Handschaberei anzupassen, ergab Oberflächen, die in der Leistung mit uuseren heutigen besten Verfeinerungsverfahren wetteifern können, aber sie waren kostspielig und verlangten große Erfahrung und Geschicklichkeit. Abb. 82 zeigt eine ebene geschliffene (20 μ-inch) Oberfläche und die glättende Wirkung von fortgesetzten Handläpparbeiten auf einer vorgeschliffenen Spindel, deren Formfaktor langsam von 47 % auf 90 % vergrößert wurde, während die Oberflächenrauhigkeit von 20 auf 2 μ-inch, von 0,5 auf 0,05 Mikron, verbessert wurde. Heute kann dieses Ergebnis in wenigen Minuten durch mechanisches Läppen, Mikrohonen oder Feinstschleifen (vgl. Abb. 105) erzielt werden. Früher arbeiteten gelernte Leute mehrere Stunden, ohne daß die genaue Form des Stückes gewahrt noch seine Abmessungen austauschbar gehalten werden konnten. Sicher ist, daß der Verschleiß auch von der metallurgischen Beschaffenheit des Werkstücks abhängt, besonders von den Überresten der vorhergehenden Arbeitsverfahren.

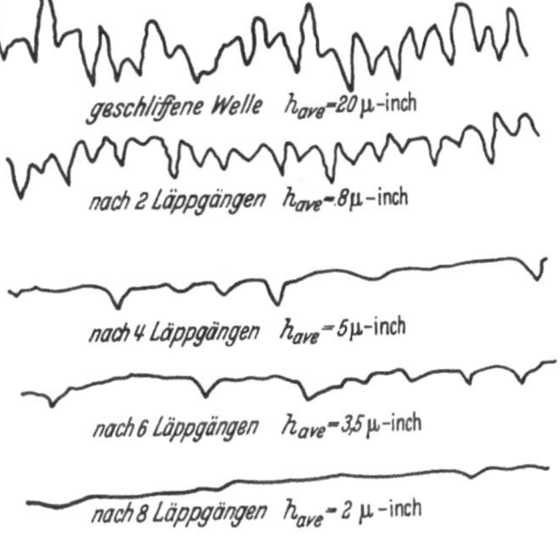

Abb. 82. Glätten der Oberfläche. Verminderung der Rauhigkeit durch wiederholtes Läppen (hier mit Schmirgelleinen 00).

Zweifellos erfordern schwere Schruppschnitte sehr große Kräfte, gleichzeitig entsteht beim Schneiden große Wärme, die die Schichten unmittelbar unter der Oberfläche durch die gewaltigen Schnittkräfte zertrümmern und ferner das Kristallgefüge bis zu einer gewissen Tiefe durch Wärme ändern. Je reiner die Schneidtätigkeit des Werkzeuges ist, je kleiner der Spanquerschnitt und die Schnittgeschwindigkeit, je gesünder wird die Unterlage bleiben, auf der eine wirklich hochwertige Oberfläche aufgebaut ist.

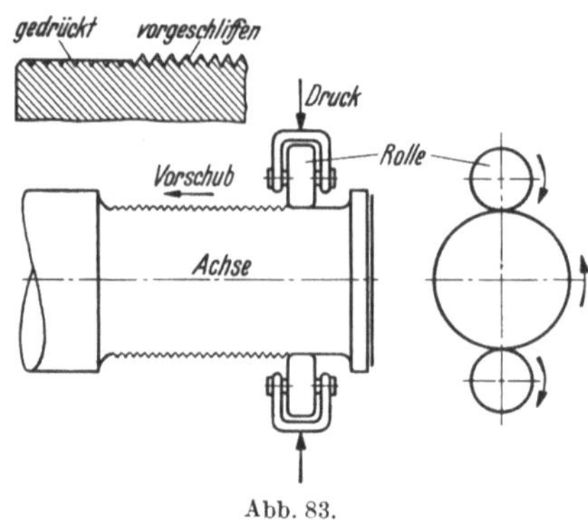

Abb. 83.

Das metallurgische Materialgefüge wird auch durch alle Bearbeitungsverfahren geschädigt, die die Vorsprünge und Vertiefungen des Oberflächenaufbaues verformen, sowohl durch den Schnittdruck beim Schneiden als besonders durch den Quetschdruck bei Roll- und Glättverfahren, die z. B. bei den Achsschenkeln von Eisenbahnlagern und beim Druckläppen von Zahnflanken auch heute noch Verwendung finden, endlich beim Aufkugeln von Bohrungen (Rollieren). Hierbei wird die innere oder äußere Oberfläche nicht bloß glänzend gemacht, sondern auch örtlich verdichtet. Teile dieser dünnen, zusammengequetschten Oberflächenschicht können später abblättern, weil ihr Zusammenhang mit der Unterlage zerstört wurde. Ein plötzliches Abblättern eines Teiles der Zapfen- oder der Lagertragfläche kann dann einen Zusammenbruch des ganzen Lagers zur Folge haben mit schweren Folgen, z. B. im Eisenbahnbetrieb.

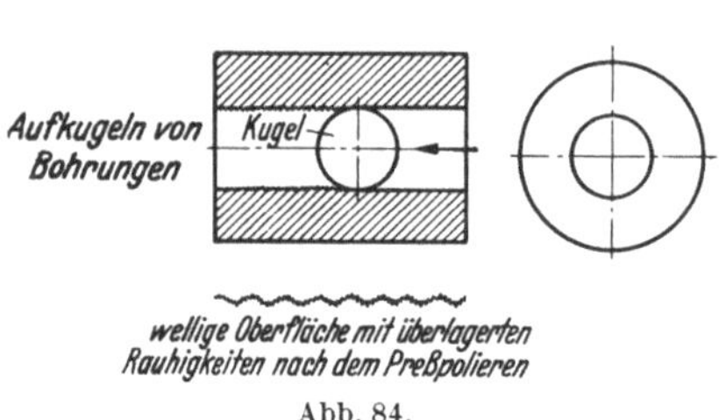

Abb. 84.

Rollieren erzeugt eine Oberflächengüte, die als genau genug für die Abmessung angesehen werden kann und die von geeignetem Gefüge z. B. für das Aufpressen des Radkörpers auf die Achse der Eisenbahnwagen, auch für die Zäpfchen von Taschenuhrwellen usw., ist. Preßsitze werden bei einem vorgeschriebenen Druck unter Kontrolle des Manometers ausgeführt. Das Rollieren von Außenzylindern erfordert die Anwendung einer Glättrolle (Abb. 83). Bei Innenbohrungen drückt man gehärtete Kugeln durch das Loch (Abb. 84) oder benutzt eine Glättnadel, die aus einem Schaft besteht, auf dem gehärtete Stahlknöpfe mit wechselndem Durchmesser aufgeschraubt sind. Dieser Glättkörper wird dann als Ganzes durch das Loch gedrückt. Im allgemeinen genügt es, als Materialzugabe etwa 0,025 mm für den Glättprozeß vorzusehen. Jedoch haben heute fortschrittliche Werkstätten für Eisenbahnachsen das Rollierverfahren für die Achsenschenkel meist durch einen feinen Schleifprozeß ersetzt wegen der erwähnten Unfallgefahr durch Abblättern von Oberflächenteilen. Die hohe Güte eines solchen feingeschliffenen Achsenschenkels wurde durch Messung mit $h_{mittel} = 2{,}8\ \mu$-inch (= 0,07 Mikron) nachgewiesen.

Ruhesitze.

Für Keil-, Preß- und Schrumpfsitze müssen so hohe Flächenkräfte erzeugt werden, daß sie einer Verdrehung oder Gleitbewegung der zusammengepreßten Teile widerstehen. Die Kräfte beim Zusammenbau zweier Teile mit Ruhesitzen werden einmal durch die Passungsabmaße (Makro) dieser Teile beeinflußt, dann wieder, und zwar wesentlich, durch die Oberflächengüte (Mikro). Ein Ruhesitz hängt vom Verschleiß ab, weil sowohl für den Zusammenbau wie für das Auseinandernehmen erhebliche Kräfte nötig sind, die den notwendigen Flächendruck der Berührung für das richtige Funktionieren verbürgen müssen; außerdem wird der festsitzende Zapfen auch dauernd durch die zu übertragenden Kräfte angegriffen. Naturgemäß hängt der Grad des Festsitzes von dem tatsächlichen Übermaß der Welle und dem tatsächlichen Mindestmaß der Bohrung ab. Ferner sind die Wandstärke und die Elastizität der Nabenwand[1] von Bedeutung, weil die Nabe gedehnt wird, wenn man die Welle in ihren Sitz preßt.

Die Güte der Oberfläche aber, ob rauh oder glatt, wellig oder eben, ist sicher von Bedeutung, nicht nur für den Druck beim ersten Zusammenbau, sondern für die endgültige Güte der geschaffenen Verbindung. Wenn Naben und Wellen durch erheblichen Längsdruck kalt zusammengepreßt werden, so werden die Oberflächen verändert, weil durch die Schäl- oder Scherwirkung der vorderen Nabenkante die Wellenoberfläche zerquetscht wird. Es ist wohl bekannt, daß die ISA-Ruhe-Passungen p 5 bis k 5 einander überlappen (vgl. Abb. 72); für Wellen z. B. fällt im Falle der Welle m 5 die obere Grenze in das Feld n 5 und die untere in das Feld von k 5.

Diese ungünstigen Verhältnisse machen den Zusammenbau teuer, weil die Teile zueinander ausgesucht werden müssen, gleichgültig, ob es sich um Massenfabrikation oder kleine oder große Stückzahlen handelt. Eine Verringerung der äußersten Grenzen ist nur denkbar, wenn die Größenabmaße und die Rauhigkeit erheblich verfeinert werden können.

[1] Vgl. G. Schlesinger: Die Passungen im Maschinenbau. 2. Aufl. S. 27. Doktorarbeit. Berlin 1917.

Der einzige Fall, in dem eine quetschende Axialbewegung vermieden und durch einen später einsetzenden Radialdruck ersetzt wird, ist der Schrumpfsitz. Hier wird die Nabe erwärmt, aber die Welle kühl gehalten, so daß die Welle leicht in die Nabe geht, ohne daß die Spitzen erheblich verletzt werden. Dann dehnt sich der Zapfen aus, und die Bohrung zieht sich zusammen. Die Oberflächenunregelmäßigkeiten werden radial zusammengepreßt und bilden so eine untrennbare Einheit, vorausgesetzt, daß die Welle nicht zu groß gemacht wurde, und die Wände der Nabe nicht zu schwach, so daß sie beim Schrumpfen gesprengt werden.

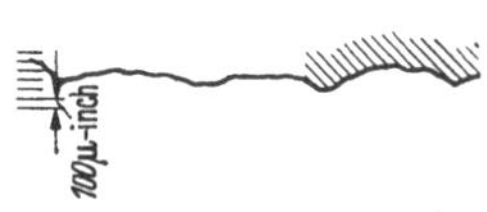

Abb. 85. Schrumpfsitz einer Eisenbahn-Radbandage.

Wenn ein Schrumpfsitz eine gute Oberfläche hat (Abb. 85, Radbandage), so ähnelt die Verbindung zwischen Bandage und Radkörper einer Art Kaltschweißung, die Fressen verursacht, wenn man versucht, die zusammengeschrumpften Teile durch Axialkräfte kalt zu trennen. Wenn die Oberflächen rauh (!) genug sind, dann kann man eine Welle aus der Nabe herauspressen, weil die langen Vorsprünge abgebrochen oder abgeschert werden. Daher muß betont werden, daß der „Griff“ einer feinen passenden Oberfläche mehr Widerstand und Sicherheit bietet. Wirkliche Versuche mit Preßsitzen bewiesen diese

Zahlentafel 22. **Einfluß des Durchmesser-Unterschiedes auf den Höchstdruck des Treibsitzes. Güte auf 16 bis 32 μ-inch geschätzt. Dieser Mikronunterschied ist nur etwa 10% des Größenunterschiedes von 0,0055 mm $\simeq$ 220 μ-inch.**

Angaben	Nabe	Zapfen I	Zapfen II	Bemerkungen
Material	Gußeisen	Stahl von 55 kg/mm²	Stahl von 55 kg/mm²	Die gleiche Büchse sehr glatt und gleichmäßig gerieben. Zapfen I war nicht genau zylindrisch. Zapfen II war nur etwa 0,0055 mm stärker als Zapfen I
Durchmesser a	32,0 mm	32,0045 mm	32,012 mm	
„ b		32,0065 „	32,012 „	
„ c		32,0065 „	32,012 „	
Länge	125 mm	163 mm	163 mm	
Bearbeitung	zweimal gerieben	fein geschliffen	fein geschliffen	
Güte	rund, grade, glatt	rund, glatt, etwas konisch	rund, glatt, genau grade	
Höchstdruck beim Durchdrücken	—	120 kg	810 kg	Kräfte, wenn die volle Länge der Büchse von 125 mm trug

Tatsache, bei denen feingeschliffene Dorne in sauber geriebene Bohrungen gepreßt wurden (Zahlentafel 22). Eine Vergrößerung des Dorndurchmessers um 5,5 Mikron steigerte die gemessene Axialpressung erheblich von 120 kg auf 810 kg. Jedoch zeigte ein viermaliges Aufpressen und wieder Abpressen der glatten Flächen durch die Kontrolle des hydraulischen Druckes, daß die auftreibende Kraft auch nach der vierten Abpressung praktisch unverändert geblieben war. Die glatte Dornoberfläche sah ebenso sauber und blank aus wie beim ersten Versuch. Es wurden damals leider keine Messungen der Rauhigkeit vorgenommen. Oberflächen von mehr als 2 Mikron = 80 μ-inch Rauhigkeit oder rauher sind für Schrumpf- und Preßsitze keinesfalls zu empfehlen. Die Annahme, daß Flächen für Treibsitz rauher gemacht werden dürfen, weil die zusammenarbeitenden Teile sich nicht gegeneinander bewegen, ist falsch. Die Kosten des Außenschliffes eines Außenzylinders mit wirklich glatter Oberfläche von h_{mittel} = 8 bis 16 μ-inch sind sehr wenig größer als für einen rauhen Schliff von 63 μ-inch desselben Zylinders. Man braucht in der Regel nur die richtige Schleifscheibe auszuwählen und die Zeit des Auslaufes zu verlängern.

In keinem Falle ist es ratsam, auch die rauheste Oberfläche gröber zu machen als h_{mittel} = 32 μ-inch (= 0,8 Mikron) gerade für die sehr empfindlichen Schiebe- und Keilsitze, die benutzt werden, um Räder auf Wellen zu bewegen oder zu befestigen, sowie Kugel- und Rollenlagerringe auf ihren Sitzen, sei es außen in dem Gehäuse oder innen auf der Welle (Abb. 86a, b).

Kupplungshülsen und Räder, die auf Keilwellen oder Keilen gleiten, sollten glatte Innen- und Außenflächen haben mit parallelen Abgrenzungslinien, um gleichmäßig dünne Ölfilme zu verbürgen. Nur in diesem Falle besteht keine Gefahr, daß der Ölfilm zerrissen wird. Auch die Gefahr erheblichen Verschleißes besteht nicht, die die genaue konzentrische Lage der gleitenden Kupplungshülsen oder der Zähne zusammenarbeitender Räder stören würde, auch nicht nach langem Gebrauch. Es war bemerkenswert, daß die geschliffene Oberfläche der Reitstockspindel einer Drehbank alle feinen Vibrationsmarken der Schleifmaschine zeigte, auf der sie hergestellt war. Besonders waren alle Zähne des letzten Übertragungsrades des Schleifspindelkastens markiert (40 Polygonecken), ohne das der satte Schiebesitz des Reitnagels im Reitstockgehäuse geändert wurde; h_{mittel} war hier 29 μ-inch.

Je größer der Formfaktor $F_1 = \frac{h_1}{h_{max}}$ der Oberfläche eines Festsitzes ist, um so größer ist die Genauigkeit und die Lebensdauer der Teile. Für Innenflächen wird ein Läppverfahren empfohlen (z. B. Sunnen, vgl. Abb. 136), für Außenflächen geben Fein- und Feinstschleifen oder Läppen gute Ergebnisse. Es ist klar, daß je größer die Tragfläche wird, um so schärfer muß die Größentoleranz eingehalten werden. Je rauher die Oberfläche aber ist, um so geringer ist die Sicherheit, die nötige Verbindungspressung zwischen den Teilen für Schiebe-, Keil-, Treib- und Preßsitz zu erreichen, weil dann ein erheblicher Teil des Preßdruckes für die Verformung der Vorsprünge verlorengeht, da, wie erwähnt, die großen Spitzen in die anstoßenden Täler gequetscht werden, ohne daß aber ein ausreichender Flächendruck zwischen Welle und Bohrung entsteht.

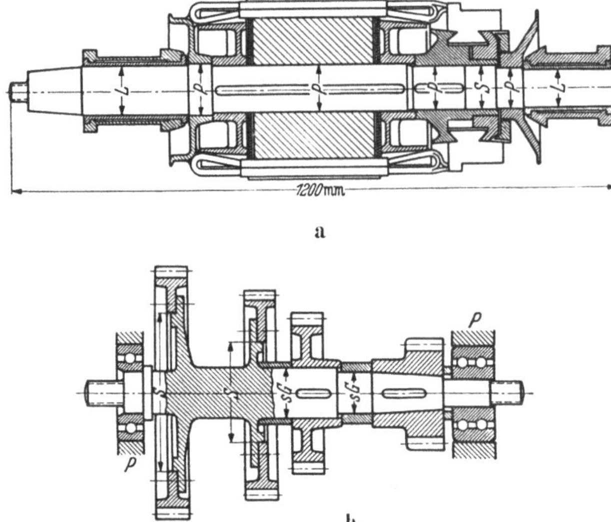

Abb. 86, a und b. Schiebe-, Keil- und Preßsitz für die Ankerwelle eines Elektromotors (a). Kugellager, Preßsitz, Schiebe- und Gleitsitz für die Welle eines Rädergetriebes (b).

Es ist kein Zweifel, daß für Massenherstellung die Rachengrenzlehre der Mikrometerschraube überlegen ist, die außerdem viel langsamer bei der Benutzung ist. Um z. B. sechs Messungen auszuführen: 2 waagerechte, 2 senkrechte, je an den beiden Enden, und 2 in der Mitte eines geschliffenen Zylinders braucht man nur 20 Sekunden mit der Rachenlehre unter Ausschluß von falschen Ablesungen. Die gleiche Anzahl Messungen verlangt wenigstens zwei Minuten mit dem Mikrometer und einen gelernten sorgfältigen Arbeiter. Es wird als selbstverständlich vorausgesetzt, daß die Arbeiter durch die Einrichter, Meister und Revisoren in der richtigen Benutzung und guten Behandlung von Rachenlehren ausgebildet werden. Über die Grenzkaliberdorne brauchen wir kein Wort zu verlieren. Sie können durch kein einfacheres, billigeres und genaueres Meßinstrument für die Prüfung von Bohrungen ersetzt werden.

Abb. 87 zeigt das Beispiel einer Welle mit vier sorgfältig ausgewählten Kugellagersitzen mit einer O-Güte von 8 bis 16 μ-inch (= 0,2 bis 0,4 Mikron), ausgeführt in einer großen Elektromotorenfabrik, in der gut geschulte Arbeiter stets nahe der Gutseite der Rachenlehre in der Massenfabrikation arbeiteten, um Ausschuß zu vermeiden. Für 20 Wellen der gezeichneten Art, die drei Schultern A, B, C und ein Schaftende D haben, auf die Kugellagerringe gedrückt werden, nutzte der Arbeiter nur die Hälfte der Toleranz von 0,015 mm aus. Diese große Werkstatt lieferte jeden Monat 670000 Paßteile, von denen 160000 Kugellagersitze hatten, ausschließlich mit Rachen- und Dornlehrenkontrolle. Die Gefahr, daß der Lagerring zu lose wird und der Arbeiter mehr nach der Ausschuß-

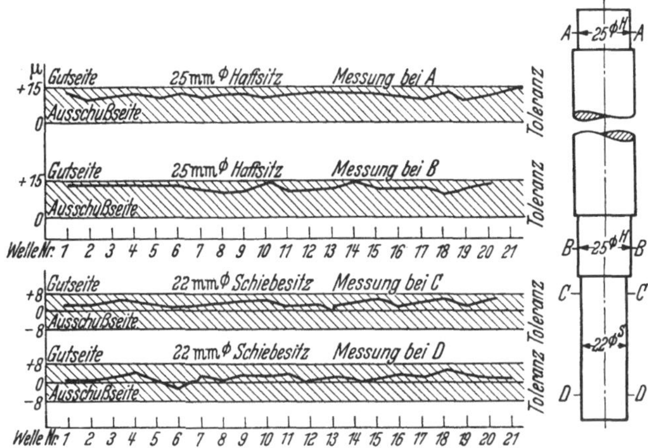

Abb. 87. Motorwelle mit Kugellager.

seite arbeitet, kann nur vermindert werden, wenn man die Toleranz verkleinert, z. B. auf 0,003 mm = 0,000120 Zoll. Und nun befinden wir uns bereits im Bereich der maximalen Oberflächenrauhigkeit (h_{max} = 125 μ-inch) für handelsübliche, geschliffene Wellen. Daher ist es klar, daß, bevor eine Toleranz verringert werden kann, die O-Güte verbessert werden muß. Beide Forderungen entsprechen dem gegenwärtigen Streben nach vollkommener Austauschbarkeit.

Kugel- und Rollenlager, die auf dem offnen Markte als primäre Teile verkauft werden und die nur sehr selten von den Herstellern von Maschinen, in die sie eingebaut werden sollen, selbst angefertigt werden, sollten das erste große Beispiel von vollkommener (non-selective) Austauschbarkeit für die inneren und äußeren Ringdurchmesser auf Wellen und in Gehäusen sein. Die Güte der äußeren Durchmesser der Wellen selbst sowie der Bohrungen muß dann natürlich unmittelbar folgen, sowohl in bezug auf Größenabmessung wie auf Oberflächenrauhigkeit. Wie genau heute die Rollen handelsüblicher Rollenlager gemacht werden, soll durch die folgenden Ergebnisse gezeigt werden. Die Genauigkeit der Rollen des Lagers wurden gemessen nach: 1. Größe, 2. Rauhigkeit.

Was die Größe anlangt, so zeigt die Zahlentafel 23 den Unterschied zwischen der kleinsten Rolle Nr. 1 von 14,34975 mm und der größten Nr. 12 von 14,35075 mm, das war 1 Mikron (= 40 μ-inch). Die Oberflächenrauhigkeit der 12 Rollen war überaus gleichmäßig und der Unterschied war kleiner als $h_{mittel} = 1\ \mu$-inch, das ist ein außerordentlich gutes Ergebnis für handelsübliche Einheiten, die in Massenfabrikation hergestellt waren.

Zahlentafel 23.

Größenabmessungen und Rauhigkeit der 12 Rollen desselben Rollenlagers.

Größtabweichung: Rolle 12 = 14,35075 mm
Rolle 1 = 14,34975 mm

Differenz = 0,00100 mm
= 1 Mikron

Nr. der gemessenen Rolle	Durchmesser mm	Oberflächengüte Mikron	Oberflächengüte μ-inch
1	14,34975	< 0,025	< 1,0
2	14,34975	< 0,025	< 1,0
3	14,34975	< 0,025	< 1,0
4	14,350	< 0,025	< 1,0
5	14,350	< 0,025	< 1,0
6	14,350	< 0,025	< 1,0
7	14,350	< 0,025	< 1,0
8	14,35025	< 0,025	< 1,0
9	14,35025	< 0,025	< 1,0
10	14,35025	< 0,025	< 1,0
11	14,35075	< 0,025	< 1,0
12	14,35075	< 0,025	< 1,0

Das Endmaßsystem.

Dieses grundlegende System für alles mechanische Messen ist auf dem Gedanken der „progressiven Toleranz“ aufgebaut, d. h. die zulässige Abweichung wächst mit der zunehmenden Meßlänge, so daß die Grenze der Genauigkeit für

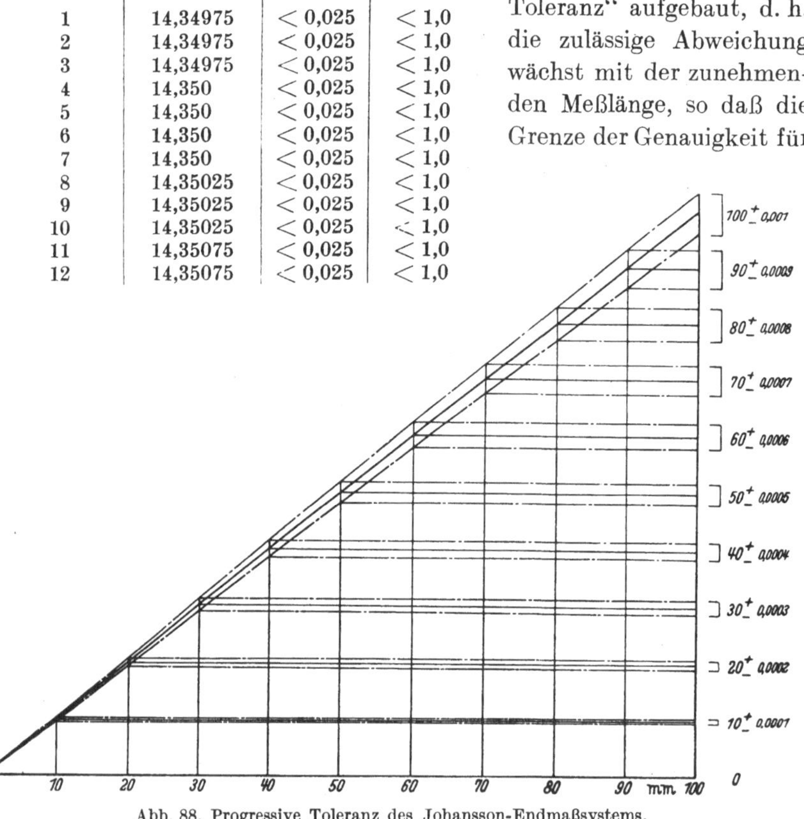

Abb. 88. Progressive Toleranz des Johansson-Endmaßsystems.

jeden Wert die gleiche bleibt, gleichgültig, ob das Maß aus einem einzigen Endmaß besteht oder aus 2, 3, 4 oder mehr aneinandergepreßter Platten zusammengesetzt ist (Abb. 88). Das System ist von Johansson schon vor 50 Jahren entwickelt und durchgebildet worden. Die Toleranzen ändern sich gemäß den Meßlängen, sie ist z. B. für 50 mm $\pm$ 0,5 Mikron. Dieser Wert entspricht etwa der Wärmeausdehnung des Stahlblockes für 1° C. Man darf also diese Endmaße nicht mit der bloßen Hand anfassen.

Genauigkeit der Endmaße.

Endmaße können nach Johansson in den folgenden vier Gütegraden geliefert werden:

1. Güte AA für höchste, wissenschaftliche Anwendung, für *Forschungszwecke* mit einem Genauigkeitsgrad z. B. von 0,00005 mm auf Längen von 0 bis 30 mm und 0,00075 mm auf Längen von 400 bis 500 mm.

2. Güte A: *Vergleichslehren* für Abnahme neu angeschaffter Lehrensätze: Genauigkeit von 0,1 Mikron unter 30 mm und 1,5 Mikron bis 500 mm.

Zahlentafel 24. Verbürgte Genauigkeit der „Johansson"-Endmaße.

Genauigkeit AA für höchste wissenschaftliche Zwecke,
A „ Vergleichskontrolle,
B „ Abnahmegebrauch,
C „ Werkstattsgebrauch

Größe mm		Gestatteter Fehler für Endmaße			
		Grad der Genauigkeit			
über	bis	AA	A	B	C
—	30	0,00005	0,00010	0,00015	0,0002
30	40	0,00006	0,00012	0,00020	0,0003
40	50	0,00008	0,00016	0,00025	0,0004
50	60	0,00009	0,00018	0,00030	0,0004
60	70	0,00010	0,00020	0,00035	0,0005
70	80	0,00012	0,00024	0,00040	0,0006
80	90	0,00014	0,00026	0,00045	0,0006
90	100	0,00015	0,00030	0,00050	0,0007
100	125	0,00019	0,00038	0,00060	0,0009
125	150	0,00022	0,00044	0,00075	0,0010
150	175	0,00026	0,00052	0,00090	0,0012
175	200	0,00030	0,000 0	0,00100	0,0014
200	250	0,00038	0,00075	0,0013	0,0018
250	300	0,00045	0,0009	0,0015	0,0022
300	400	0,00060	0,0012	0,0020	0,0028
400	500	0,00075	0,0015	0,0025	0,0035

3. Güte B: *Prüflehren* für die Werkstattsabnahme. Genauigkeit von 0,15 Mikron unter 30 mm und 2,5 Mikron bis 500 mm.

4. Güte C: *Arbeitslehren* für den Werkstattsgebrauch: Genauigkeit von 0,2 Mikron unter 30 mm und 3,5 Mikron bis 500 mm.

Die Zahlentafel 24 gibt die zulässigen Abweichungen von der Nenngröße bei der genormten Temperatur von 20° C = 68° F.

Die Oberflächengüte von Endmaßen ist von jeher außerordentlich gut gewesen, schon seit ihrem ersten Erscheinen auf dem Markte. Sie waren genau glatt und eben. Nur mit einer sehr guten Oberfläche konnten AA-Toleranzen von 0,05 bis 0,75 Mikron (= 2 bis 30 μ-inch) und C-Toleranzen von 0,2 bis 3,5 Mikron (= 8 bis 140 μ-inch) erreicht werden.

Die Revisionslehren der Klasse B der Zahlentafel 24 haben die Grenzen 0,15 bis 2,5 Mikron (= 6 bis 100 μ-inch). Ihre geprüfte O-Güte war unter 1 μ-inch, d. h. sie schwankte von rd. 17 bis 1% der Lehrenlänge. Die kurzen Längen müssen also besonders gute Oberflächen haben.

Wir wissen heute, daß nur die feinsten Läppverfahren den Grundgedanken JOHANSSONS der progressiven Toleranz bereits vor etwa 50 Jahren (1897) verwirklichen konnten. Die zulässige Abweichung eines feinen Endmaßes ist ein hunderttausendstel der Meßlänge, aber für dünne Platten unter 10 mm Stärke für Werkstattsgebrauch wurde eine konstante zulässige Toleranz von wenigstens 0,1 Mikron festgesetzt. Abb. 88 gibt die verschiedenen Toleranzen für die verschiedenen Werte, z. B. die Zusammenstellung von 10 mm und 20 mm. Folgende Makroabweichungen:

	10 mm (0,395 Zoll) = gestattete Abweichung 0,1 Mikron	(4 μ-inch)
	20 mm (0,790 Zoll) = gestattete Abweichung 0,2 Mikron	(8 μ-inch)
Gesamt:	30 mm (1,185 Zoll) = gestattete Abweichung 0,3 Mikron	(12 μ-inch).

Nur mit dieser sehr großen Maßgenauigkeit, verbunden mit einer vollkommenen Oberfläche, kann zugesichert werden, daß nach Addition unvermeidlicher Fehler das Gesamtmaß Ungenauigkeiten vermeidet, die ein zusammengesetztes Maß ungeeignet für Prüfzwecke machen würden. Dieses Endmaßsystem, nach dem die ganze internationale technische Welt arbeitet, ist ein ausgezeichnetes Beispiel für unbeschränkte Austauschbarkeit für die verschiedensten Zusammensetzungen für das gleiche Maß mit ungewöhnlich feinen Größentoleranzen und feinster O-Güte.

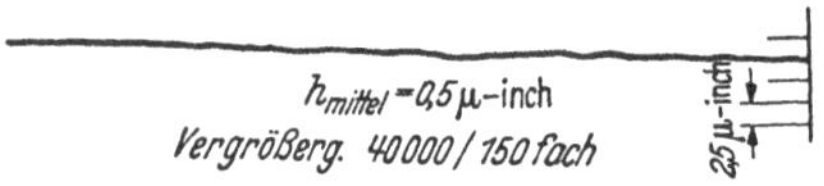

h_{mittel} = 0,5 μ-inch
Vergrößerg. 40000/150 fach
25 μ-inch

Abb. 89. Profilkurve eines genauen Endmaßes. Rauhigkeitsgüte feiner als h_{mittel} = 0,5 μ-inch (= 0,0125 Mikron).

Die Oberflächen von vorhandenen Endmaßen wurden nachgeprüft; eine Profilkurve wird in Abb. 89 gezeigt. Diese Maße waren eben, parallel und maßgenau innerhalb 0,025 Mikron (= 1,0 μ-inch), sie erfüllten daher das JOHANSSONsche Gesetz der progressiven Toleranz für die wahlfreie Zusammensetzung der Prüflängen.

X. Zeitgemäße Arbeitsverfahren für glatte, ebene und genaue Flächen.

Die Verfahren, maschinenfertige feine Oberflächen herzustellen, zerfallen in 2 Gruppen, die:

A. nur glatte, oft freie Flächen erzeugen, ohne hohe Genauigkeitsansprüche zu erfüllen;

B. ebene, glatte und genaue Flächen von großer Feinheit für zusammenarbeitende Oberflächen hoher Genauigkeit erzeugen.

Zur Gruppe A gehören Einzelteile, z. B. Wasserleitungsarmaturen, Ventile u. dgl., die gut aussehen und sehr dichte Oberflächen haben müssen, um der Korrosion durch Gas- oder Flüssigkeitsangriff zu widerstehen. Ähnliches gilt für Konservendosen (Säureangriff), für Rasierklingen und ähnliche Gegenstände. Sie interessieren nur ganz bestimmte begrenzte Herstellungsgruppen. Es wird daher genügen, später einige Meßergebnisse anzugeben.

Zur Gruppe B gehört dagegen der gesamte Maschinenbau, die Feinmechanik, der Instrumenten- und Lehrenbau. Hier muß also auch auf die maschinelle Entwicklung eingegangen werden, die in den letzten zehn Jahren durchgeführt wurde mit dem Ziel, den Schlußstein in dem großen Gebäude des unbeschränkten Austauschbaus unter möglichster Ausscheidung sowohl der üblichen Aussuch-Paarung wie auch der höherstehenden Auslese-Paarung zu setzen[1].

Ein kurzer Überblick zur Charakteristik der gebräuchlichen Verfahren und der normal erreichbaren Ergebnisse wird für beide Gruppen genügen.

1. Polierarbeiten: Polieren, Feinpolieren (buffing) und Schwabbeln.

Unter *Polieren* soll hier nur das Blankmachen rauher Oberflächen verstanden werden, deren Größe und Gestalt festliegt, deren Äußeres aber glatt, glänzend und dicht gestaltet werden soll. Das sind alle Einzelteile, die nicht mit einem Gegenstück zusammenarbeiten. Als Werkzeuge benutzt man Scheiben aus Geweben, Leder, Filz oder anderen elastischen Stoffen, in die feine Schleifmittel eingerieben werden, entweder trocken für das Vorpolieren oder mit Fett gemischt für die Herstellung feiner Oberflächen (2 bis 8 μ-inch = 0,05 bis 0,2 Mikron). Polierscheiben werden entweder aus Holzkörpern gemacht, auf denen von außen Ledersegmente aufgeleimt sind, oder aus massivem Filz. Die Oberfläche trägt dann entweder trockene oder als Polierpaste aufgetragene Schleifmittel. Die Ledersegmente oder die Filzkörper sind so

---

[1] Kienzle, O.: Auslese-Paarung. S. 441 bis 448. — Werkstattstechnik. Berlin 1942.

hart und widerstandsfähig, daß Profile, z. B. ein Handgriff (Abb. 90), in die aufgeleimte Schmirgelschicht eingedreht werden können. Das erhöht die Schleifwirkung und erhält die richtige Form.

Rohe Gußstücke oder vorbearbeitete Stahlteile können auf diese Weise direkt poliert werden. Nachdem dann die Unvollkommenheiten des Vorverfahrens, z. B. Gießen, Schmieden, Vordrehen, Vorfräsen, entfernt sind und eine saubere gleichförmige Grundlage geschaffen ist, ist es zweckmäßig, das Polieren mit feiner werdenden Schleifmitteln fortzusetzen, zuerst trocken mit Schleiffeuer, dann geschmiert mit zweckmäßig zusammengesetzten Fettmischungen.

Das Schleifpulver, in der Regel Schmirgel, wird mittels Leim auf dem Rand aus Ledertuch oder Filz befestigt; die Wahl des richtigen Leims ist sehr wichtig. Nur erstklassiger Lederleim sollte benutzt werden. Untergeordnete Sorten können leicht die Politur verderben und das Stück in unerwünschter Weise färben. Der Außendurchmesser der Scheibe, die genau laufen und ausgewuchtet sein muß, wird durch ein oder zwei Lagen dünner Leimlösung auf Maß gebracht. Der Leim wird heiß auf die vorgewärmte Scheibe aufgetragen, und nachdem diese auf Größe gebracht ist, werden wenigstens noch zwei Lagen von Leimschmirgelmischung aufgetragen. Die Scheibe muß zwischen den beiden Überzügen gut trocknen.

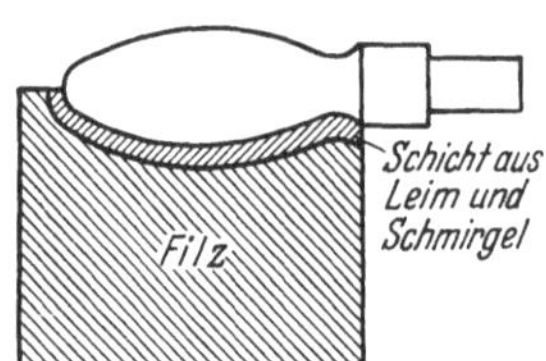

Abb. 90. Filzschleifscheibe mit Auftragung von Leim und Schmirgel.

Trockene Schleifmittel besitzen die größte Schneidfähigkeit. Es entstehen richtige Funken. Sie werden immer dann verwendet, wenn viel Metall entfernt werden muß, z. B. beim Vorschleifen roher Gußstücke. Schleifmittel feinen Grades gefährden beim Trockenschleifen die Oberfläche des Werkstücks durch Überhitzen und verursachen Werfen. Die Fette bestehen in der Regel aus Mischung von Hammeltalg und Stearinsäure; sie sollten mindestens zu 50% verseifbar sein. Beim Polieren ist es gute Praxis, für jede aufeinanderfolgende Arbeitsstufe ein neues Schleifmittel zu verwenden, etwa 20 bis 40 Nummern feiner. Die Oberflächengeschwindigkeiten beim Polieren schwanken zwischen 2000 und 3000 m/min, das entspricht bei einer Scheibe von 350 mm Durchmesser etwa 1800 bis 2700 U/min. Die Geschwindigkeit steigt mit der Verfeinerung des Schleifmittels. Wird trocken geschliffen, so sind etwa 20% kleinere Geschwindigkeiten empfehlenswert. Die Rauhigkeiten schwanken zwischen 8 bis 32 μ-inch = 0,2 bis 0,8 Mikron, je nach dem gewünschten Glanz.

Feinpolieren[1] oder *Schwabbeln* wird zur Erzeugung von Spiegel-

[1] Schröder, A.: Feinstbearbeitung. Berlin: VDI-Verlag 1932. — A. W. F. Nr. 74: Feinstbearbeitung. Beuth-Verlag 1932.

flächen benutzt. Das Verfahren wird mit weichen, aus einzelnen dünnen Gewebescheiben bestehenden Schleifrädern ausgeführt, die durch die hohen Drehgeschwindigkeiten elastisch fest werden und auf die man die feinsten Schleifmittel mit einer Fettpaste auftragen kann. Rauhigkeiten von 1 bis 2 μ-inch = 0,025 bis 0,05 Mikron wurden auf chromplatierten medizinischen Instrumenten erreicht, die dadurch gegen Rosten und Abnutzung gut geschützt sind. Das Schleifmittel wird in Form einer Paste aus Schmirgel und Fett eingerieben. Die Schleifmaterialien sind Mischungen aus Kalk, Kieselsäure, Eisenoxyd und Chromoxyd (Poliergrün).

Die Einzelscheiben sollen dünn und weich sein. Höhere Geschwindigkeiten als 3000 m/min sind gestattet, müssen aber mit Vorsicht angewendet werden wegen der Gefahr des Brennens.

Preßpolieren gehört bereits zur spanlosen Formung. Es ist ein Verfahren, das eine glatte Oberfläche dadurch erzeugt, daß das Material einer vorbearbeiteten Oberfläche gewalttätig in eine neue Lage gebracht wird (vgl. Abb. 83, 84). Es wird dabei fast gar kein Material von der Oberfläche entfernt, sondern der Werkstoff wird in erheblicher Weise verlagert. Preßpolieren wird manchmal benutzt für Zapfenlager, Büchsen und Zahnräder. Es werden etwa 0,025 bis 0,05 mm im Durchmesser sowohl für Außen- und Innenzylinder als Zugabe empfohlen. Diese dünne Schicht liefert genügend Material und vermeidet die Gefahr unzulässiger Verformung der geometrischen Gestalt der Oberfläche. Für Zahnräder genügen Zugaben von 0,013 mm. Preßpolieren ist eine gewalttätige Arbeit und kann zu Fehlschlägen führen, da bei den heruntergequetschten Materialteilchen die Gefahr besteht, daß die verdichtete Zone später in Flocken abblättert. Besonders tritt das ein, wenn der Polierdruck zu groß gewählt wird. Die abgeblätterten Teilchen bestehen aus verdichtetem Material, das, wenn es zwischen Lager und Zapfen kommt, gefährliches Fressen verursacht, wie es z. B. bei preßpolierten Eisenbahnachsen vorgekommen ist (vgl. S. 124).

Die erzeugte Güte ist zwischen 16 bis 25 μ-inch = 0,4 bis 0,65 Mikron, jedoch haben einige recht fortschrittliche Werkstätten das Preßpolieren der Wagenachsen wieder aufgegeben und es, wie erwähnt, durch einen letzten feinen Schleifprozeß ersetzt.

Für die Innenflächen von Büchsen werden entweder Rollen oder Kugeln als Preßpolierwerkzeuge benutzt. Das Glättwerkzeug für das Rollieren von Bohrungen enthält eine Anzahl gehärteter und polierter Rollen, die an beiden Enden leicht abgeschrägt sind. Der Vorschub beginnt dadurch mit einer sanften, dann steigenden Druckwirkung, damit man das Werkzeug leicht in die Bohrung einführen kann.

Für das Aufkugeln nichteiserner Büchsen verwendet man eine Anzahl von Kugeln (vgl. Abb. 84) von möglichst gleichem Durchmesser mit etwa nur 0,00025 mm Toleranz, die durch das Arbeitsstück unter Benutzung eines Plungers einer Spindelpresse hintereinander von unten nach oben durch die Bohrung gedrückt werden und die dann automatisch in die untere Arbeitsstellung zurückrollen. Es hat sich jedoch herausgestellt, daß die durch dieses Aufkugeln hergestellten Innenflächen zuweilen erhebliche Wellen auf der Oberfläche zeigten. Es scheint, als ob das Material durch die vorrückende Kugel zunächst niedergequetscht wird, aber hinter der Kugel wieder hochwächst, wenn die Elastizitätsgrenze nicht vollkommen überschritten war. Aussehen und Feinheit zwischen 2,1 bis 8 μ-inch (= 0,05 bis 0,2 Mikron) sind sehr gut.

Das Aufkugelverfahren ist heute wohl durch das selbsttätige Feinbohren und Mikrohonen überholt, Verfahren, die wesentlich schneller sind, eine gewalttätige Behandlung der Oberfläche vermeiden und mühelos Oberflächen zwischen 1 und 4 μ-inch (= 0,025 bis 0,1 Mikron) erzeugen.

Spanlose Formung. Eine wichtige Arbeitsverrichtung der spanlosen Formung ist das Ziehen von Blechen in Näpfe, Deckel, Hülsen usw. Die Oberflächen, die durch diese Arbeitsart erzeugt werden, haben manchmal sichtbare Riefen, parallel zur Stempelbewegung. Das ist oft Absicht, z. B. bei den Deckeln von Konservendosen, um sie besser hantieren zu können. Trotzdem haben solche in Massenfabrikation erzeugten Deckel eine sehr große Maßgenauigkeit. Sie schließen trotz häufiger Benutzung lange Zeit dicht. Die Messung der O-Güte der Deckel in Längsrichtung ergab Rauhigkeiten zwischen 32 bis 125 μ-inch

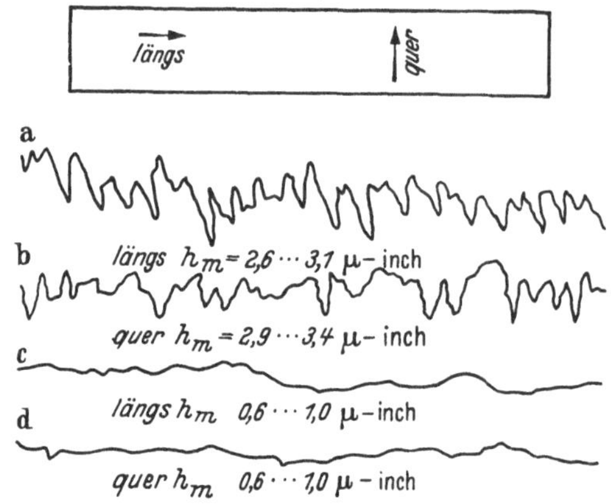

		1	2	3	4	5	6	7	8	9	10	average
I. matte Bänder	a — längs	3,1	2,9	2,6	2,9	2,6	2,6	2,9	2,8	2,6	2,6	2,8
	b — quer	2,9	3,4	3,4	2,9	3,2	3,0	3,0	3,3	3,0	3,0	3,1
II. blanke Bänder	c — längs	0,9	0,7	1,0	0,8	0,7	0,6	0,8	0,7	0,8	0,9	0,8
	d — quer	0,8	0,9	0,6	0,6	0,7	1,0	0,8	0,9	0,7	0,6	0,8

Abb. 91, a–d. Rasierklingen-Bandstahl: a, b matt gewalzt; c, d blank gewalzt.

(= 0,8 bis 3,13 Mikron); d. h., sie sind ziemlich grob. Rund um die Oberfläche zu messen, also quer zu den Ziehfurchen, ist unnütz, wegen der erwähnten wellblechartigen Riefen. Ein Zinnüberzug, der über die Innen- und Außenseite der Konservenbüchsen gelegt wird, deckt die durch die Ziehoperation erzeugten Riefen zu und schützt sie gegen Rost und chemische Anfressung. Die Oberflächengüte verzinkter Konservenbüchsen ist daher oft fein von 4 bis 16 μ-inch (= 0,1 bis 0,4 Mikron).

Der Walzprozeß als ein Kaltschlichtverfahren wird in Stahlwalzwerken benutzt, um gewissen Werkstücken eine sehr feine Oberfläche zu geben und gleichzeitig die Metalldicke durch Walzen (Quetschen) des Materials in der Längsrichtung zu regeln. Als Beispiel für die Anwendung mögen die Stahlbänder für Rasierklingen erwähnt werden. Zwei Gütegrade wurden untersucht, die matten und die glänzenden Bänder (Abb. 91). Die Rauhigkeit wurde quer und längs gemessen, die Durchschnittsablesungen waren recht gleichmäßig, von 2,6 bis 3,4 μ-inch (= 0,065 bis 0,085 Mikron) für die matten und von 0,6 bis 1,0 μ-inch (= 0,015 bis 0,025 Mikron) für die glänzenden Bänder. Da diese Oberfläche durch geschliffene und geläppte Walzen im Dauerverfahren erzeugt wurden, so kann man schließen, daß die Oberflächen der Walzen selbst sehr fein sein müssen.

2. Die Feinschlichtverfahren,

die richtiges Größenmaß mit feiner Oberflächengüte durch Spanabhebung zur Erzeugung ebener und glatter Flächen verbinden, stehen heute im Vordergrunde des Interesses. Sie bilden die Grundlage systematischer Gütemessung und verdienen daher eine besondere Betrachtung. Sie umfassen Feindrehen und Feinbohren mit Diamanten, Reiben, Räumen, Feinschleifen, Honen, Läppen und Feinstschleifen (Superfinishing) (vgl. Abb. 61).

Unsere Betrachtungen beziehen sich nur auf feinbearbeitete Oberflächen beider Hauptgruppen, die durch wirkliche Messung bestimmt sind und die sich zwischen der handelsüblichen Güte von 32 μ-inch (= 0,8 Mikron) und der sehr feinen Güte von 0,5 μ-inch (= 0,0125 Mikron) bewegen.

Bestimmte Meßinstrumentenhersteller behaupten, bis 0,10 μ-inch (= 0,0025 Mikron) messen zu können. Verfasser hat bisher keinen Apparat gefunden, der auch beim Eichen durch optische Planglasflächen einen geringeren toten Anlauf als 0,3 μ-inch (= 0,0075 Mikron) zeigte, gleichgültig, ob der Fühler die Planglasfläche berührte oder nicht (vgl. S. 52). Es ist praktisch aber bedeutungslos, ob eine Fläche feiner als 0,5 μ-inch = 0,0125 Mikron ist oder nicht. Für bestimmte Laboratoriumsmeisterstücke muß dann eben mit Verfahren gearbeitet werden, die optisch mit Hilfe von Interferenzapparaten (vgl. Abb. 46) theoretisch bis auf 0,01 Mikron geeicht werden können. Zuverlässige Mitteilungen über solche Feinstmessungen sind bisher nicht veröffentlicht worden.

Für die Verfahren mit spanabhebenden Werkzeugen wird angenommen, daß die besterreichbaren Arbeitsbedingungen abhängig sind von dem Material und der Form des Werkstückes, der Form und dem Anschliff des Schneidwerkzeuges und der Steifigkeit und der Vibrationsfreiheit der Werkzeugmaschine. Das Material des Werkstückes ist immer bekannt, es bildet die Grundlage des gewählten Arbeitsverfahrens. Das Material des Werkzeugs kann gewählt werden, um bestimmte Arbeitsbedingungen zu erfüllen, z. B. Schnellschnittstahl, Kobalt-Schnellstahl, Stellit, Hartmetall, Diamant oder Schleifmittel feiner Art.

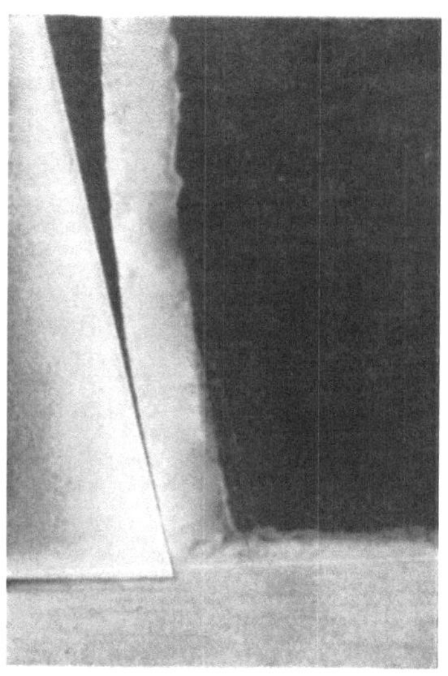

Abb. 92. Hartmetall, Drehstahl mit Fließspan ohne Schneidenansatz.

Werkzeuge. Die Gestalt des Werkzeugs hängt von der Arbeit ab, ob man einen Zylinder dreht oder bohrt, eine ebene Fläche erzeugt, ob man absticht oder Gewinde schneidet. Die Schneidwinkel werden durch die Materialeigenschaften des Werkstücks bestimmt.

Die Verwendung der richtigen Art eines Kühlmaterials, ob reichlich oder spärlich, hängt vom Material des Stücks und des Werkzeuges und von der Arbeitsart ab.

Wie bereits erwähnt, sollte der Arbeitszustand der Werkzeugmaschine so vollkommen wie möglich sein. Das heißt, die Schlichtmaschine sollte gut ausgerichtet sein, alle Gleitflächen gut erhalten, frei von unzulässiger Abnutzung und Spiel, alle schnell kreisenden Teile dynamisch ausgewuchtet und reichlich geschmiert. Wenn auch nur einer dieser Punkte nicht beachtet wird, kann es leicht vorkommen, daß man nicht einmal die handelsübliche Schlichtgüte, d. i. 32 μ-inch = 0,8 Mikron, erreicht.

Die Herstellung gleichförmiger, guter, feiner Oberflächen mit einschneidigen Werkzeugen (Diamanten, Hartmetallen) ist nur möglich, wenn die Bildung der Aufbauschneide vermieden wird. Der Schlichtspan muß zur Klasse der reinen Fließspäne gehören (Abb. 92). Die saubere und glatte Brustfläche des Werkzeugs muß in dauernder Berührung mit dem Material des Werkstückes selbst bleiben. Da beim Schlichten unter korrekten Schneidbedingungen nur geringe Hitze erzeugt wird, so genügt ein mäßiger Betrag von fettigem Schmiermittel, um die Oberfläche des

Werkzeuges sauberzuhalten und geringe Reibung zu sichern. Das ist besonders wichtig für weiche Nichteisenmetalle. Sogar der hochpolierte Diamant zerreißt die Oberfläche, wenn ein abgeschnittenes Materialteilchen auch nur für einen Bruchteil einer Sekunde auf seiner Schneidkante haftenbleibt (Abb. 93).

Es ist abwegig, immer noch die veralteten Anschauungen über die Schrupptätigkeit mit mäßiger Geschwindigkeit und hoher Temperatur (600° C rotwarm) bei Benutzung ungenügender Kühlung darzustellen, eine dauernd zerstörend wirkende Aufbauschneide zu zeigen, und dies nicht nur den Normalprozeß zu nennen, sondern zu behaupten, daß die Aufbauschneide die Stahlbrust „schont". Diese Darstellungsweise vernachlässigt die moderne Ausnutzung der physikalischen Bedingungen bei der Metallzerspanung, die auf Anwendung höchstzulässiger Geschwindigkeit, kräftiger Kühlung, teilweise negativer Schnittwinkel und der Erzeugung von Fließspänen beruht. Die moderne Praxis, den negativen Stahlanschliff an der richtigen Stelle zu benutzen, ist wertvoll bei der Verwendung der sehr spröden Hartmetalle, weil diese dann nur auf Druck beansprucht werden; was für ihre Standzeit günstig ist. Vor Übertreibung des negativen Anschliffs muß aber nachdrücklich gewarnt werden, da negative Winkel beim Schneiden stets mehr Kraft verlangen als positive Winkel, also größere Wärme entwickeln, die stets der O-Güte schadet.

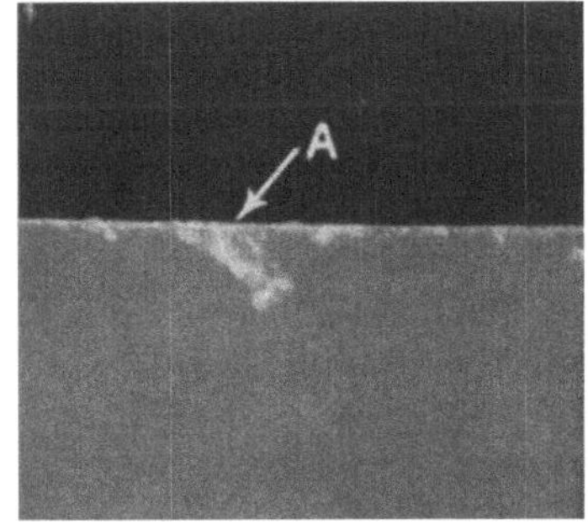

Abb. 93. Diamantschneide mit Ansatz (*A*).

Vielschneidige Werkzeuge. Die Reibahle und die zylindrische Räumnadel erzeugen Bohrungen von hoher Güte zwischen 4 bis 16 μ-inch ($=$ 0,1 bis 0,4 Mikron), aber sie erfordern sehr sorgfältige Herstellung und Behandlung. Alle Zähne müssen gleichzeitig schneiden (vgl. S. 158), was im Falle der Reibahle durch einen gut ausgeführten Pendeldorn und ungleiche Teilung der Zähne erreichbar ist.

Weder der Spiralbohrer noch der zylindrische Fräser erzeugt unter gewöhnlichen Arbeitsbedingungen dauernd Oberflächen, die feiner sind als 32 bis 63 μ-inch $=$ 0,8 bis 1,57 Mikron. Der Spiralbohrer muß symmetrisch und konzentrisch zum Kegelschaft geschliffen werden. Seine Querschneide muß in vollkommenem Zustande erhalten werden. Die Bohrspindel muß mit der Achse des Bohrers genau laufen. Trotz aller dieser eigentlich selbstverständlichen Maßregeln ist der schneidende Teil des eigentlichen Bohrerkörpers so biegsam, daß er den Unregelmäßigkeiten des Materialgefüges, besonders Blasen und Fehlstellen, folgt, exzentrisch schneidet und dann die Oberflächengüte schädigt. — Der zylindrische Walzenfräser muß auf seinem Dorn genau laufen, wenn dieser in die Arbeitsspindel eingesetzt ist; d. h. die Zähne dürfen nicht mehr als 0,01 mm Schlag haben. Er muß also stets so sorgfältig geschliffen sein, daß „hohe Zähne“ vermieden werden. Der Dorn soll so stark wie möglich im Durchmesser gewählt werden. Einseitige Drehmomentübertragung am Fräsdorn durch falsche Befestigung ist zu vermeiden.

Zahlentafel 25. Arbeits- und Leistungsbedingungen

Gegenstand	Schleifen	Honen
Rauhigkeit (*rms* oder Durchschnitt)	von 1 (fein) μ-inch bis 32 (handelsmäßig)	von 1 bis 8
Aussehen	Scharfe parallele Linien	gekreuzte Linien (halbscharf)
Bewegungen von (a) Schleifmittel (b) Werkstück, mechanisch oder hydraulisch angetrieben	kreisende Schleifscheibe, kreisendes, oszillierendes Werkstück, z. B. Zylinder	kreisendes, hin und her gehendes Schleifzeug, ruhendes Werkstück, z. B. Zylinder
Kreisende Geschwindigkeit des Schleifzeuges (Umfangsgeschwindigkeit in m/min)	1200 bis 2400 (20 bis 40 m/s)	45 bis 150
Kreisende Geschwindigkeit des Werkstückes (Umfangsgeschwindigkeit in m/min)	9 bis 27	keine
Größe und Art der Hinundherbewegung (je min)	Dauerbewegung (Vorschub): $^{1}/_{10}$ bis $^{3}/_{4}$ der Scheibenbreite	30 bis 100 Wechsel
Schleifzeug	zylindrische, gebundene Schleifscheibe	expandierende Schleifstäbe (1 bis 6 Steine)
Schmiermittel oder Kühlmittel	Kühlmittel-Emulsion 1 : 40	
Art der Berührung des Werkzeuges	Linienberührung durch einen Zylinder (kleines Stück der Fläche)	Berührung von 1 bis 6 Oberflächen (Zylinder) Linienkontakt der Steine
Schleifdruck (kg/mm²)	6 bis 75	1,5 bis 3,5
Arbeitstemperatur (° C)	180 bis 2000 (verbrannter Stahl)	20 bis 40
Material-Abhub mm (a) Dimensionierung	0,25 bis 0,4	0,05 bis 0,4
Material-Abhub mm (b) Feinschlichten	0,075 bis 0,005	0,025 bis 0,005

Schleifwerkzeuge. Das Auswählen der richtigen Schleifscheiben ist eine besondere Kunst, die in Büchern nicht gelehrt werden kann. Dagegen lassen sich die wesentlichen Kennzeichen der gebrauchten Schleifverfahren wohl zusammenstellen. Zahlentafel 25 (oberste Reihe) zeigt die typischen Unterschiede zwischen den Schlicht-Schleif-Verfahren selbst und den erreichbaren Rauhigkeitsgraden, während Abb. 61 photographisch vergrößerte Aufsichten auf Oberflächen zeigte, die a) fein geschliffen (3,5 μ-inch), b) diamantgedreht (6,6), c) fein geläppt (1,2),

für feine Schlicht-Schleifarbeiten.

Mechanisches Läppen	Mikro-Schleifen durch Honen	Feinstschliff (Superfinish)
von 0,5 bis 5	von 0,5 bis 5	von 0,5 bis 5
regellose Risse (glatt)	gekreuzte feine Linien (glatt)	regellose Linien (glatt) für ebene Flächen oder irgendein regelmäßiges Muster für Zylinder
kreisendes und hin und her gehendes Schleifzeug und Werkstück, z. B. Kolbenzapfen	kreisendes und hin und her gehendes Schleifzeug, ruhendes Werkstück, z. B. Bohrung	kreisendes und / oder hin- und hergehendes Werkstück kreisendes und / oder hin- und hergehendes Werkzeug z. B. Ebene
9 bis 27 für ebene Oberflächen	30 bis 90	1 bis 15 (1,5 bis 6 bevorzugt)
6 bis 24	keine	Schruppen 3 bis 12 Schlichten 9 bis 18
30 bis 90 Wechsel	30 bis 100 Wechsel (langer Hub)	300 bis 3000 Wechsel (Kurbelantrieb bevorzugt)
2 parallele metallene Läppscheiben. Loses Schleifmittel	Schleifahle mit 1 bis 6 expandierenden Steinen	1 bis 6 expandierende Steine; lang und breit
Schmiermittel: Öl von niedriger Viskosität		
Linienberührung von Ebenen	Oberflächenberührung von Zylinder oder Ebene	Breite Oberflächenberührung. Automatisches Aufhören der Schneidtätigkeit bei vollem Zusammenfallen von Schleifzeug und Werkstück, Zylinderebene
bis 5 (für langsames Schlichten)	0,2 bis 0,5, aber verstärkt durch Keilwirkung	0,25 bis 10 Innenarbeit, 0,75 bis 18 Außenzylinder (1 bis 7 bevorzugt)
20 bis 40	10 bis 20	unmerklich
sehr gering	0,0125 bis 0,025	sehr gering
0,0075 bis 0,0025	0,0025 bis 0,0005	0,0025 bis 0,00125

d) gehont (1,0), e) teilweise feinstgeschliffen (1.5 bis 2) und vollkommen „superfinished" (0.5 bis 1) worden sind. Bei allen gezeigten Beispielen wurden die drei Hauptbedingungen erfüllt:

Abb. 94. Diamantdrehbank von Bryant-Symons, London, mit getrennt fundiertem Motor (Federpufferung).

1. hohe Genauigkeit der geometrischen Form,
2. Abmessung in sehr engen Grenzen,
3. hohe Oberflächengüte, eben und glatt.

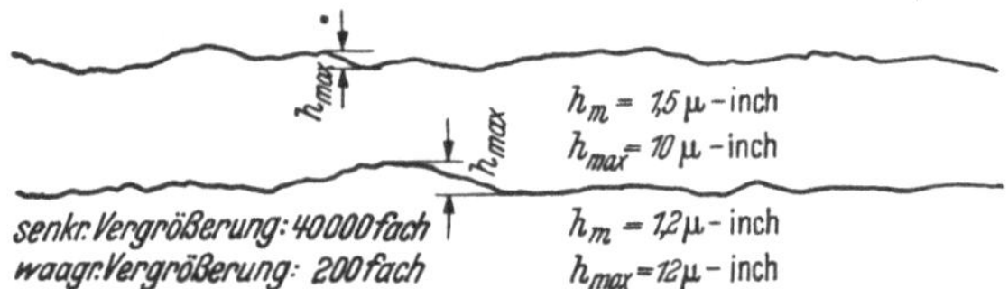

Abb. 95. Profilkurven von feinst-(diamant-)gedrehten Aluminiumkolben für Flugzeuge 1,2 bis 1,5 μ-inch (0,03 bis 0,038 Mikron) und h_{max} = 10 bis 12 μ-inch.

Über die Entwicklung der genannten Verfahren soll im einzelnen berichtet werden.

Feindrehen und Feinbohren mit Diamanten. Die Diamantdrehbank (Abb. 94) wurde zum Feindrehen von Zylindern aus Legierungen von Aluminium, Magnesium (Elektron) und Kupfer benutzt. Die beiden ersten wurden für Kolben von Motoren für Automobile und Flugzeuge, die Kupferlegierungen für die Tiefdruckwalzen für Zeitungen und Zeitschriften verwendet. Der erzeugte Gütegrad war in allen 3 Fällen zwischen

1 bis 4 μ-inch. Abb. 95 zeigt Profilkurven für die Dauerherstellung von Flugzeugkolben mit 1,2 bis 1,5 μ-inch h_{mittel} und einem h_{max} zwischen 10 bis 12 μ-inch. Die Drehbank lief zwischen 90 und 3000 U/min, die Spindel hatte nachstellbare zylindrische Zapfenlager mit 0,02 mm Spiel und benutzte ein feines Valvoline-Spindelöl von 1,8 Engler-Viskosität.

Die Spindel mit allen auf ihr befestigten Teilen war nach vollendeter Montage dynamisch für die höchste Geschwindigkeit ausgewuchtet und zeigte bei keiner Stufe periodische Resonanz.

Der Elektromotor war getrennt von der Maschine fundiert und saß außerdem auf 4 kräftigen Spiralfedern elastisch auf seiner Grundplatte. Die Verbindung mit der Maschine geschah durch endlosen Keilriemen. Kugellager waren in dieser Maschine durchweg vermieden. Sie sind zweifellos stark reibungsvermindernd, laufen zunächst auch sehr ruhig und erzitterungsfrei. Für den jahrelangen Dauerbetrieb bei höchster Geschwindigkeit und Last besteht aber die Gefahr, daß die Abnutzung in den Laufringen, die nicht nachstellbar sind, zuviel Spiel verursacht und daß dann der Gütegrad von 1 bis 2 μ-inch (= 0,025 bis 0,05 Mikron) nach einigen Monaten nicht mehr aufrechterhalten werden kann. Daß von vornherein für Diamantfeinbohren und Drehen nur Wälzlager von höchster Güte verwendet werden können, ist selbstverständlich. Die Kugeln oder Rollen haben dann eine verbürgte Größengenauigkeit von ± 1 Mikron im Durchmesser und in der Kugelgestalt. Abb. 16 zeigte 2 Profilkurven von Elektronzylindern fast gleicher Rauhigkeit von 3 und 4 μ-inch (*rms*). Kurve *a* ist eben und stammt von einer Diamantdrehbank mit Zapfenlagern und riemengetriebenem Vorschub. Kurve *b* ist wellig, mit einer Amplitude von *W* gleich 20 μ-inch (= 0,5 Mikron); sie stammt von einer Bank mit Kugellagern und einem nicht ganz ruhig arbeitenden (pulsierendem) hydraulischen Antrieb. Hier war also die Konstruktion der Maschine für den Mißerfolg haftbar. Vielfach, besonders bei der Herstellung von Feinbohrungen, wird mit Diamanten nur vorgebohrt, während die letzte Fertigarbeit der Innen-Honemaschine (vgl. Abb. 138) überlassen bleibt.

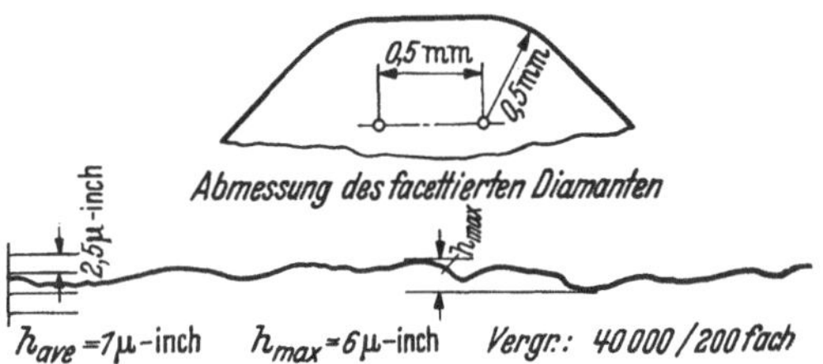

Abb. 96. Profilkurve eines diamantgedrehten Flugzeugkolbens aus Aluminiumlegierung.

Entscheidend für den Gütegrad der diamantgedrehten Oberfläche aber ist die Form und Politur des Diamantwerkzeuges selbst und die Stellung der Facette zur Achse des Werkstückes. Hier soll als typisches Beispiel der benutzte Facettendrehdiamant mit abgerundeten Ecken (Abb. 96) besprochen werden. Der erzeugte Gütegrad wurde je nach der Stellung der Facette als Mittelwert in μ-inch gemessen. Das Schaubild (Abb. 97) zeigt deutlich, daß die feinste Oberfläche stets erhalten wurde, wenn die mittlere arbeitende Facette parallel zur Achse stand. Dazu mußte ein Stahlhalter benutzt werden, der eine zweifache Einstellung zur Seite und aufwärts ermöglichte.

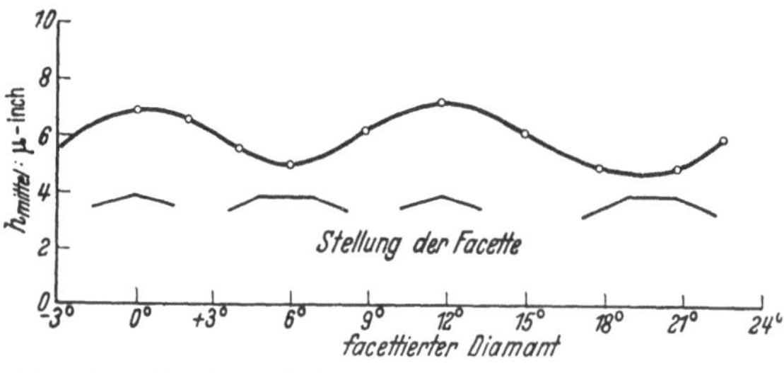

Vorschub: 0,0125 mm, Tiefe: 0,075 mm, Schnitt: $v = 350$ m/min.

Abb. 97. Facettierter Diamant beim Drehen von Elektronzylindern. Wichtigkeit von Stellung der Facette.

Die Einzelheiten dieser Diamantwerkzeughalter mit einstellbarer Facette sind in Abb. 98 dargestellt.

1. Bohrstange für Innenarbeit (Abb. 98a):

A_1, A_2 = Einstellschrauben zur Drehung des D-Stahlklotzes als Träger des Diamantwerkzeuges.

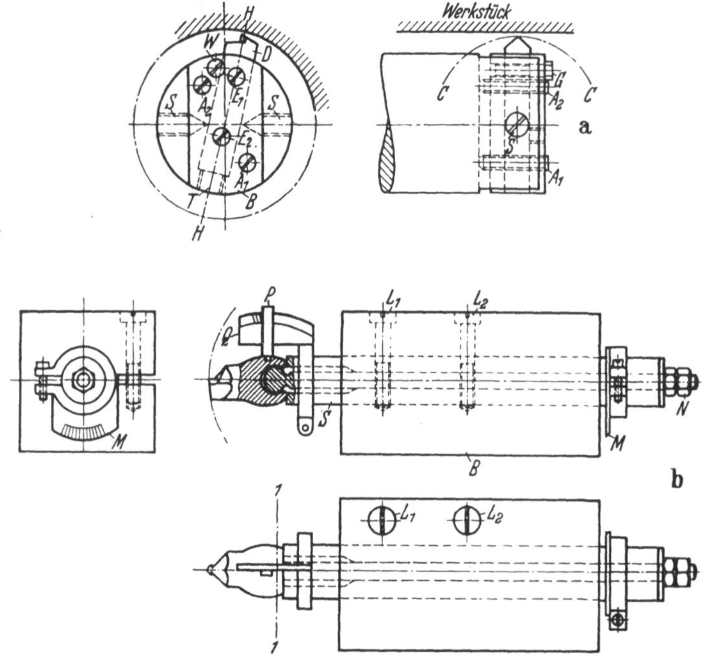

Abb. 98, a und b. Werkzeughalter für Diamanten mit doppelter Einstellbarkeit für Seiten- und Rückenschnittwinkel. a Bohrstange, b Drehstahl.

CC = Schwenkkreis der Diamantspitze um SS, zwei Spitzenschrauben als Zentrum.

T = Verstellschraube des Diamanten D in HH-Längsrichtung.

E_1, E_2 = Feststellschrauben des Diamanten nach Einstellung.

W = Stellschraube zur Einstellung des Seitenwinkels in Eingriff mit dem Diamanthalter D durch Muttergewinde G.

Drehung des ganzen Diamantwerkzeuges um Achse H durch Lösung der Stellschraube A_1 und Anziehen von A_2 Ermöglichung einer sehr genauen Einstellung der Facette zur Drehachse.

2. Werkzeughalter zur Einstellung von Seiten- und Rückenwinkel (Abb. 98b). Ein Werkzeughalter, der am vorderen Ende Kugelform hat, wird durch seinen zylindrischen Schaft S im Stahlblock B gehalten. Der Radialwinkel des Werkzeuges wird eingestellt durch Lösen der Gegenmutter N und Schwenken der Werkzeugnase um ihren Kugelzapfen, so daß der Zeiger P um die Skala Q schwenkt, von der man Änderungen des Radialwinkels genau ablesen kann.

Die Einstellung des Seitenschnittwinkels wird bewirkt, indem man die Klemmschrauben L_1 und L_2 löst, den Schaft S des Diamantwerkzeuges dreht und auf einer Skala M die Änderung des Seitenwinkels abliest.

Abb. 99. Polierter Drehdiamant mit abgerundeten Ecken. Vergrößerung: 200fach.

Die Einführung der Skala Q und des Zeigers P bedingt eine seitliche Beschränkung des Kugelzapfenwerkzeuges. Dieses ist kein ernsthaftes Bedenken, weil eine genau einstellbare erhebliche Seitenbewegung durch Drehung des ganzen Obersupportes der Drehbank mit dem eingespannten Diamanthalter stattfinden kann. Es wurden Flugmotorkolben aus Aluminiumlegierungen in Massen bearbeitet. Der gewählte Vorschub war 0,05 mm/U, die Tiefe 0,08 mm. Die Nase des Werkzeugs hatte einen Radius von 0,5 mm. Die Gestalt des Werkzeugs ist gegeben durch den Schneidenwinkel, den Einstellwinkel im Grundriß und den Radius der Meißelnase. Diese Werkzeugform bestimmt zusammen mit Vorschub und Schnittiefe die Gestalt der durch den Meißel verursachten Spanfurche (vgl. Abb. 10). Für Feindrehen sind Vorschübe zwischen 0,01 und 0,1 mm je Umdrehung empfehlenswert. Die erwähnte Arbeit wurde tatsächlich 10 Wochen lang unter Benutzung desselben Diamanten ausgeführt, wobei 1000 bis 1200 Kolben von 120 mm Durchmesser und 150 mm Länge je Woche und Drehbank von angelernten Mädchen hergestellt wurden. Abb. 99 zeigt die Werkzeugform bei einer 200fachen Vergrößerung. Profilkurven bewiesen, daß durch den feinen Vorschub und die breite Facette bei runder Schneidecke der Einfluß der Spantiefe durch das Überlappen der aufeinanderfolgenden Stellungen des Werkzeugs nahezu ausgeschaltet ist.

Feindrehen mit Diamanten ist bislang auf die Bearbeitung von

Nicht-Eisen-Metallen beschränkt. Für eiserne und vor allem gehärtete Werkstücke, kommen nur die Schleifverfahren in Betracht, die in den letzten Jahren besonders in Hinsicht auf beste Oberflächengüte vervollkommnet wurden.

3. Schleifverfahren.

Die Schleifmaschine mit der schnellkreisenden Schleifscheibe ist viele Jahre hindurch in all ihren Abarten als die einzige normale Werkzeugmaschine angesehen worden, die geeignet war, einen ansehnlichen Materialbetrag von einem Werkstück abzuheben und gleichzeitig die erforderliche Genauigkeit und eine brauchbare Oberflächengüte zu erzeugen. Heute folgt dem handelsüblichen Schleifen (16,1 bis 32 μ-inch) das Feinschleifen (etwa 4 bis 8 μ-inch = 0,1 bis 0,2 Mikron oder weniger), und hinterher können noch weitere Feinstverfahren angeschlossen werden, die unter Umständen gestatten, eine Trennung vorzunehmen in: genaue Form und Abmessung (8 bis 32 μ-inch) als Grundlage für die anschließende Erzeugung einer sehr feinen Oberflächengüte von 0,5 bis 5 μ-inch (vgl. Zahlentafel 25).

a) Feinschleifen. Der gewöhnliche Schleifvorgang bleibt unverändert, aber die Verfeinerung der Oberfläche wird mittels feinerer Scheiben und geringerer Geschwindigkeiten (10 bis 18 m/sec) erreicht. Jede nachfolgende Schleifarbeit muß etwas mehr Material entfernen als die Riefentiefe des vorangehenden Schnittes. So ist es möglich, Spiegelgüte zu erreichen.

Betrachten wir noch einmal die Zylinderoberfläche in Abb. 65, a–d. d vergleicht die Profilkurve eines feingeschliffenen Zylinders von 40 μ-inch (= 1 Mikron) Rauhigkeit mit den Dornflächen a bis c, die Oberflächengüten von 0,5 bis 1 μ-inch (= 0,01 bis 0,025 Mikron) besaßen. Die typischen unregelmäßigen Schnittmarken der Schleifwerkzeuge waren in beiden Fällen deutlich zu sehen. Jedoch war der Formfaktor, der „sehr feinen“ Dornlehren (a, b, c) ungefähr 70% gegen 45% des nur „fein“ geschliffenen Stückes (d). Das bedeutet eine Vervielfachung der Lebensdauer der Feinlehren (a, b, c) gegenüber (d) bei einer nur geringen Erhöhung der Herstellungskosten (etwa 20%). Jeder Werkstattsmann wird den Feinschliff mit der wesentlich längeren Lebensdauer mit einem erträglichen Aufpreis dem alten Verfahren vorziehen. Hier liegt ein wichtiger ökonomischer Fortschritt gegenüber der veralteten Abneigung gegen „zu“ genaue, weil zu teuere Herstellung. Wir haben aber heute die wirtschaftlich wirksamen Produktionsmittel.

b) Feinstschleifen (Superfinish). Es liegt in der natürlichen Entwicklung der Oberflächenverfeinerung, daß sich die Arbeitsverfahren den höheren Anforderungen an die Güte angepaßt haben. Das gilt vor allen Dingen für die grundlegende letzte Verfeinerungsarbeit durch Schleifen.

die seit 50 Jahren, seit der Entwicklung der Passungssysteme, die Schlichtverfahren sowohl für runde als für ebene Flächen beherrscht. Der Hauptvorteil des normalen Schleifens liegt in der Möglichkeit, genaue Größenabmessungen herzustellen. Seine Nachteile für die Oberflächeneinheit sind:

1. Das oft sichtbare Schleifmuster;
2. mechanische Ungenauigkeiten, hervorgerufen durch großen Materialabhub unter erheblicher Wärmeentwicklung;

a

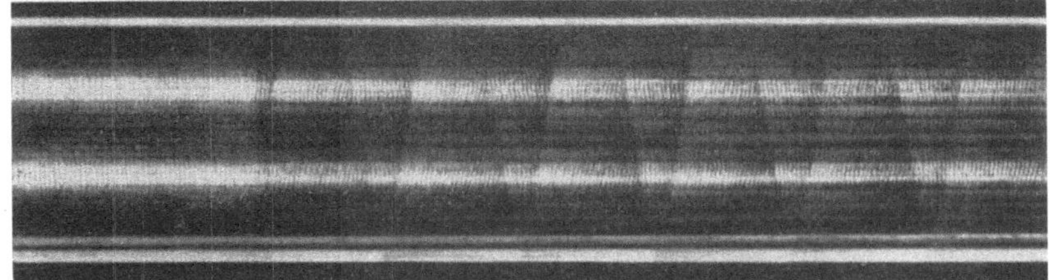

b

Abb. 100. Häufige Fehler beim Rundschleifen. a Schraubenlinie des groben Vorschubs, b Rattermarken einer vibrierenden Schleifmaschine, hervorgerufen durch Wahl einer falschen Scheibe und zu großer Schnittiefe.

3. Entstehen von Flächen auf dem zylindrischen Werkstück als Folge der Lagerluft in der Schleifscheiben- und Werkstückspindel;
4. ungenügende Kühlung trotz erheblicher Wassermengen.

Die genannten vier Fehler lassen sich durch richtige Auswahl der Schleifscheibe und sachgemäße Bedienung einer guten Schleifmaschine vermeiden. Das sei nachdrücklich hervorgehoben.

Das typische Schleifmuster selbst einer guten Rundschleifmaschine wird durch eine zusätzliche feine Feinstschliffarbeit aufgedeckt (Abb. 100a). Es legt sich in schraubenförmigen Linien um den Zylinder. Ihre Einzelelemente liegen in Abhängigkeit von der Größe der Schleifkörner dicht beieinander und ihre sehr lange Steigung ist je nach der

Scheibenbreite von 5 bis 40 mm für eine Umdrehung des Werkstückes. Dazu kommen bei unrichtiger Scheibenauswahl manchmal sehr große Ratterwirkungen (Abb. 100b).

Um einen genau runden und geraden Zylinder zu erzeugen, ist nicht nur eine gute Maschine, sondern auch ein geschickter Arbeiter erforderlich. Dazu kommt die unvermeidliche örtliche außerordentlich hohe Erwärmung von 700 bis 1600° C entsprechend den Schmelzpunkten von Messing bis Stahl, die insbesondere auf wärme- und härtebehandelte Werkstücke aus Stahl einen stets schädlichen Einfluß hat, einmal weil Spannungen im Werkstück hervorgerufen werden, dann weil seine Härte durch die Brennwirkung nicht gut ausgewählter Scheiben herabgesetzt wird, endlich durch die Tiefenwirkung der erzeugten Hitze, die zwischen 1 Mikron und 50 Mikron schwankt. Diese große Wärmewirkung wird hervorgerufen durch die Linienberührung der Schleifscheibe mit dem Stück bei einer spezifischen Schleifkraft von 200 kg/mm^2 und mehr. Sie wird ferner gesteigert durch die unter Umständen stark negativen Schnittwinkel der einzelnen Körner, die man als eine unabänderliche Eigenschaft dieses Werkzeuges hinnehmen muß. Sie beweist besonders im Hinblick auf die heutige nur z. T. gerechtfertigte Vorliebe für negative Schnittwinkel bei einschneidigen Werkzeugen deutlich, daß Wärmeentwicklung und negativer Winkel miteinander verbunden sind.

Das normale Schleifen ist in jedem Falle das wirksamste Verfahren zur Herstellung genauer Größenmaße. Es ist ohnedies allein anwendbar für gehärtete Stücke und gehärtete Werkzeuge. Für Lagerstellen ist es aber wegen der oft unzureichenden Güte der Oberfläche gegen Verschleiß verbesserungsfähig. Es ist klar, daß die Reibung zweier zusammenarbeitender Teile um so kleiner wird, je glatter die Oberfläche ist. Das gibt die beste Begründung, um den Normalschliff durch den Feinstschliff zu ergänzen.

Durch die grundlegenden Arbeiten von BOWDEN[1] ist eine Revision der alten Auffassung über Reibung eingetreten, besonders was den Zusammenhang von Verschleiß und Oberflächengüte anlangt.

Nach BOWDEN folgt der metallischen Berührung der Rauhigkeitsspitzen sofort ein Verschweißen und Schmelzen der Gipfelteilchen, die dann entweder abbrechen oder in die Nachbartäler gequetscht werden, kurzum, die den Verschleiß durch minimale Schweißungsvorgänge herbeiführen. Es sind ferner die Fragen über Korrosion (nicht Rost) geklärt worden und über die Notwendigkeit der schützenden Schmierfilme mit ihrer chemischen Wirkung, die Schmiermittelzusätze, die bei höherer Temperatur aktiv werden (Chlor, Schwefel), der Einfluß der Atmosphäre (Stickstoff, Sauerstoff), endlich die Eigentümlichkeiten der fressenden Korrosion (fretting corrosion).

[1] BOWDEN, F. P.: 1935—1939. Cambridge University (England).

Bestimmte Schleifarbeiten können durch die Wärmewirkung Oberflächenrisse erzeugen, z. B. auf gehärteten Materialien (Abb. 101), die durch den Feinstschliff aufgedeckt werden.

Aus diesen Erwägungen kommt man dazu, Oberfläche und Verschleiß vor allen Dingen in einen bestimmten Zusammenhang zu bringen und festzustellen, daß zusammenarbeitende Flächen, sie mögen kreisen oder hin und her gehen, nirgends in metallische Berührung kommen dürfen. Das ist abhängig von

1. der Auswahl der bestgeeigneten Metalle und ihrer Härte;
2. der wirksamen Schmierung durch einen zuverlässigen Ölfilmschutz;
3. einer so hohen Oberflächengüte, daß die Teile, z. B. eines Lagers, von vornherein ohne eigentliche Einlaufzeit richtig miteinander arbeiten.

Abb. 101. Härte- oder Schleifrisse, aufgedeckt durch Feinstschliff.

Wenn ein Lager warm läuft, so treten folgende Schädigungen auf:

a) die Fluchtung von Lager und Welle wird durch die verschiedene Ausdehnung der Metalle gestört;
b) die Viskosität des Öls wird verringert;
c) das Lagerspiel ändert sich;
d) das Gefüge der Metalle wird geändert;
e) die Neigung zum Fressen wird vergrößert durch Zerreißung des Ölfilms infolge der durchtretenden Rauhigkeitsspitzen.

Nach Kenntnis der Vor- und Nachteile des Normalschliffes können wir die Vorteile des Feinstschleifens im folgenden zusammenfassen.

Im Vordergrund steht die Wahl der richtigen Flächengüte, d. h. es soll entweder die glatteste Fläche, die erreichbar ist, erzeugt werden, oder es ist ein Riefenmuster zu schaffen, das in den Tragpunkten natürlich glatt sein muß, aber mit regelmäßigen Vertiefungen (vgl. Abb. 61) versehen ist, um das Öl dauernd zu halten. Dabei ist zu beachten, daß bei allen gleitenden Teilen, kreisend oder hin und her gehend, der Verschleiß die geometrische Form zu verbessern sucht. Vorschubkämme werden abgetragen, schlagende Spitzen beseitigt. Die auf der Oberfläche haftenden Teilchen werden in Späne verwandelt und weggeführt.

Dazu kommt heute die Forderung, daß die tragenden Flächen von vornherein so genau und glatt hergestellt werden müssen, daß ein

Maximum von Tragfläche und ein Minimum von Verschleiß zusammentrifft. Das verlangt eben eine scharfe Kontrolle der Oberflächengüte, um Größe und Verlauf des Verschleißes auf das Kleinstmaß zu beschränken.

Auf die Frage des Ersatzes einer volltragenden feinstgeschliffenen Fläche durch ein Riefenmuster soll später eingegangen werden (vgl. Abb. 103). Solche Muster werden insbesondere empfohlen für hin und her gehende Bewegungen und für sehr hohe Lagerbelastungen.

Für gehärtete Werkzeuge und Arbeitsspindeln wurde seit jeher die feinste Oberflächengüte angestrebt. Dabei ist zu beachten, daß die Lauf-

Abb. 102, a u. b. Schneidkante eines Schneidwerkzeuges.
a vorgeschliffen mit Karborundumscheibe,
b nachgehont mit diamantimprägnierter Scheibe.

fläche einer kreisenden Arbeitsspindel immer besser durch ihre kreisende Bewegung wird. Das Werkzeug dagegen nutzt sich durch seine Arbeitsleistung stets ab. Es steht aber fest, daß der feinste Werkzeugschliff die längste Lebensdauer des Werkzeugs bei bester Leistung hervorruft (Abb. 102). Niemand wird für die Schneidkanten der Werkzeuge etwas anderes als eine glatte Fläche vorschlagen. In bezug auf die Wirksamkeit eines Oberflächenmusters ist noch folgendes aufzuführen: Jede Ölriefe soll quer, mindestens geneigt, zur Bewegungsrichtung laufen (Abb. 103), also bei einer Welle parallel zur Achse und nicht rundherum in feinen oder stark steigenden Schraubenlinien wie beim Feindrehen und beim Schleifen. Das gleiche gilt für die Riefen zwischen Bett und Schlittenführung. Dadurch wird die Neigung zum Fressen am besten beseitigt. Das Öl hält sich im Tal und schmiert quer zur Riefe besser als längs. Das braucht nicht wörtlich ausgeführt zu werden. Schon eine kräftige Winkelneigung hilft. In allen Fällen kommt es darauf an, daß das Oberflächenmuster sehr glatt und eben ist und keine tiefen Riefen hat.

10 bis 16 μ-inch (= 0,25 bis 0,4 Mikron) ist als Durchschnitt zu empfehlen. Die größte Gefahr des Fressens aber entsteht nicht beim Laufen, sondern beim Anlassen und Stillstellen der Maschinen. Nach den in

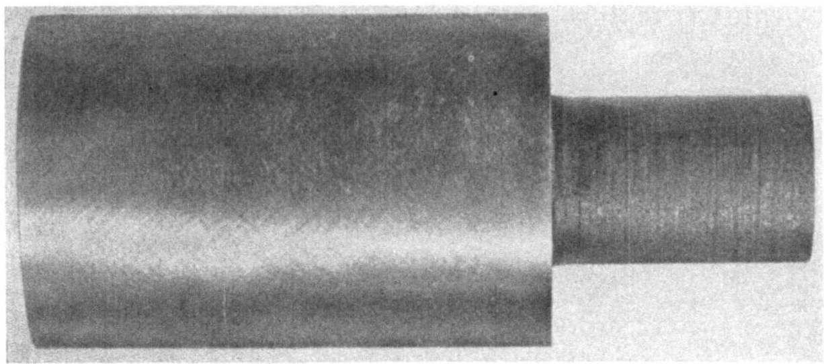

Abb. 103. Schrägliegende Riefen erzeugt durch das Hone- oder Superfinish-Verfahren.

den letzten Jahren gesammelten Erfahrungen hat sich für Spindel und Lager eine Feinheit von 1 bis 4 μ-inch als erwünscht erwiesen. Da Werkzeugmaschinen vom langsamsten zum schnellsten Lauf gleichmäßig arbeiten müssen und die Frage ausreichender Schmierung bei langsamen Bewegungen am gefährlichsten ist, so ist der Feinstschliff (Superfinish) anzuwenden, weil der hohe genannte Gütegrad nur durch dieses Verfahren maschinell erreichbar ist. Es ist zwar von vornherein kein Verfahren gewesen, daß die Größenabmessungen eines Stückes schuf, aber es brauchte doch einen gewissen Materialzuschlag, im Durchschnitt zwischen 2½ und 5 Mikron im Durchmesser, um die zweifelhaften Metallagen von der Oberfläche zu entfernen[1].

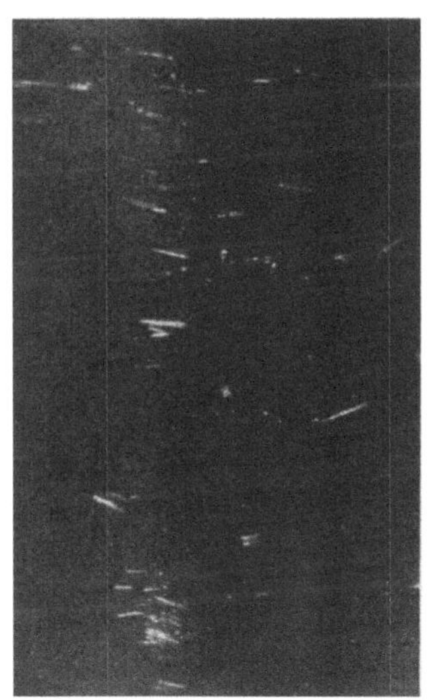

Abb. 104. Schwarze photographische Aufsicht einer feinstgeschliffenen (superfinish) Oberfläche mit einigen sehr feinen Rissen.

In bezug auf die Feinheit des Gütegrades ist es sehr anpaßbar, man kann eigentlich jede Kratzertiefe erzeugen von praktisch 0,5 des Spiegelschliffs bis 30 μ-inch. Die feineren Grade haben kein Riefenmuster, sie zeigen daher in der photographischen Abbildung eine schwarze oder fast schwarze Oberfläche (Abb. 104). Sie sind ferner auch für jede Bewegungsrichtung brauchbar. Der Schleifstein ist entweder ein

[1] WALLACE, D. A.: Story of Superfinish. E. L. Hemingway-Gisholt Machine Corp. 1947. Wear and Surface Finish.

gebundener Stab für zylindrische oder kegelige Formen (Abb. 105) oder eine Tassenscheibe mit verglaster oder Silikatbindung (Abb. 106) für kugelförmige oder ebene Werkstücke. Während beim Schleifen nur eine Linienberührung zwischen Werkzeug und Werkstück stattfindet, wird beim Feinstschleifen stets eine bedeutende Fläche des Schleifzeuges angewendet, z. B. verwendet man für zylindrische Arbeiten einen Stab, der bis 60% des Stückdurchmessers in der Breite und oft die gleiche Länge wie die zu bearbeitende Oberfläche hat. Er macht dann nur eine kurze und schnelle Hinundherbewegung. Bei einer so großen Steinfläche werden die Unvollkommenheiten des Schleifens, wie Ratter- und Vorschubmarken, vollkommen entfernt, ebenso die durch das „Brennen“ hervorgerufenen metallurgischen Schäden. An Stelle der üblichen Schnittgeschwindigkeiten einer Schleifscheibe von 30 m/sec = 1800 m/min werden selten mehr als 15 bis 25 m/min verwendet.

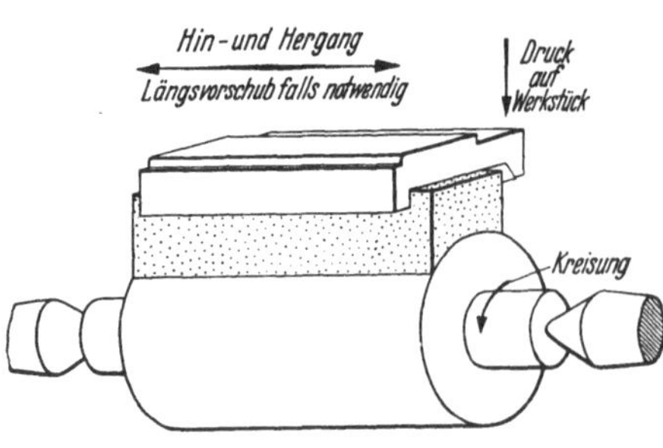

Abb. 105. Zylinder-Superfinish (Gisholt Hemingway).

Das Schleifzeug wird mit dem Arbeitsstück unter elastischem Druck in Berührung gehalten, der 0,5 bis 3 kg/cm² beträgt. Ein Kühlmittel niedriger Viskosität wird benutzt. Unter diesen Bedingungen entsteht keine merkliche Erwärmung, die das Metallgefüge des Werkstückes oder seine Härte ändern könnte, ebensowenig wird ein gewalttätiger Einfluß der Schnittkraft auf das kristallinische Gefüge der Oberfläche eintreten.

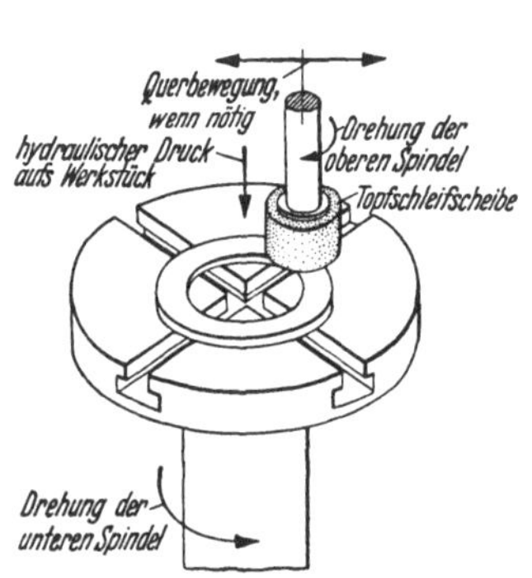

Abb. 106. Schematische Zeichnung des Prinzips beim Feinstschleifen ebener Flächen (Gisholt-Hemingway).

Durch das fortschreitende Abschleifen der Oberflächenvorsprünge und die sehr große Tragfläche der schneidenden Schleifsteine (vgl. Abb. 105) entsteht schließlich zwischen dem hin und her gehenden Schleifwerkzeug und der Flüssigkeitsschicht auf der erzeugten Oberfläche ein so geringer Arbeitsdruck, daß die Schleifwirkung nach Erreichung des höchsten Feinheitsgrades selbsttätig aufhört und dadurch das Ende des Schlichtprozesses, automatisch wirkend, anzeigt. Dies ist sein besonderes Kennzeichen.

In dem jetzigen Entwicklungszustand des Verfahrens sind eine ganze Anzahl von Maschinen sowohl für den allgemeinen Gebrauch als für

Massenfertigung konstruiert worden. Es gibt Sondermaschinen für Kurbelwellen, Kurvenscheiben, Ventilstangen, Kolbenbolzen, Bremstrommeln, um nur ein paar der typischen Teile von Flugzeugen und Automobilen zu nennen, bei denen das Verfahren sich nicht nur mit Bezug auf die Güte der Oberflächen, sondern auch auf die Verringerung der Gesamtkosten bewährt hat. Weitere Ersparnisse sind erzielt worden, weil Arbeitsstufen ausgeschaltet werden konnten.

Für solche Werkstätten aber, die zunächst einmal einen Versuch machen wollen, ob sich der Feinstschliff für ihre Fabrikation eignet, sind Aufsatzapparate konstruiert worden, die z. B. auf dem Support

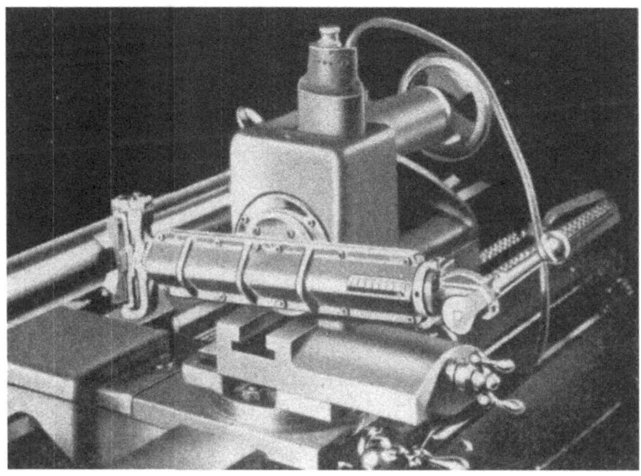

Abb. 107. Aufsatzapparat für eine Drehbank zum Feinstschleifen (Gisholt Corp.).

einer Drehbank befestigt werden können. Abb. 107 zeigt einen solchen Zusatzapparat. Der Antriebmechanismus erzeugt eine waagerechte Hinundherbewegung von etwa 5 mm mit einer Geschwindigkeit von 425 vollkommenen Wechseln in der Minute. Die Drehbank dreht das Werkstück, der Bettschlitten übernimmt die Einstellung des Feinstschliffapparates, und dieser enthält selbst den Schleifmechanismus. Wenn die zu verfeinernde Oberfläche kurz ist, etwa 25 bis 100 mm lang, abhängig vom Durchmesser, dann ist keine zusätzliche Längsbewegung des Steines, außer der kurzen Wechselbewegung, notwendig, da er die gleiche Länge hat wie die Oberfläche. Bei größeren Längen muß ein axialer Arbeitsgang des Supportes vorgesehen werden.

Abb. 108a zeigt Mängel einer geschliffenen Oberfläche einer Kurbelwelle eines Außenbordmotors, die einen vorläufigen Feinstschliff erhalten hat; den vollendeten Feinstschliff zeigt Abb. 108b.

Das ganze Verfahren kann mit dem Schaben eines Maschinenlagers verglichen werden. Statt Schaber, Tuschierfarbe und eine feine

Anreibeplatte zu verwenden, beseitigt der hin und her gehende Stein die hohen Stellen des Stückes und bringt die Schleifwirkung deutlich

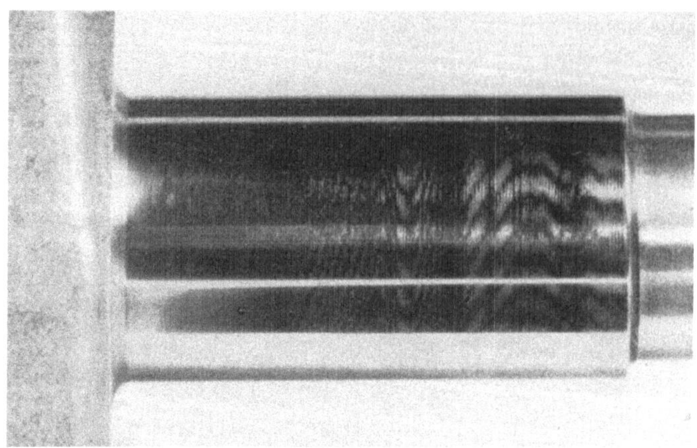

Abb. 108a. Mängel der geschliffenen Oberfläche einer Kurbelwelle eines Außenbordmotors mit vorläufigem Feinstschliff.

zur Erscheinung. Nur daß hier das ganze Verfahren mechanisiert ist und daß Kontrollfläche und Schabeinstrument in dem wirkenden Schleif-

Abb. 108b. Kurbelwelle mit vollendetem Feinstschliff.

stein vereinigt sind. Ferner erreicht man das Ergebnis wesentlich schneller und viel besser.

Es ist zuzugeben, daß der Feinstschliff Unrundheiten und Abweichungen von der Zylinderform nicht beseitigt, aber er bringt auf einer geometrisch richtigen Vorform eine vollkommene Oberfläche zustande, in dem er alle Mängel beseitigt, die kleiner sind als die der Steinfläche selbst.

Der Steindurchmesser wird dauernd selbständig richtig erhalten; das ist eine Eigenschaft, die kein anderes Verfahren besitzt; er verlangt keine besondere Aufmerksamkeit des Arbeiters. Ein Schleifstein, der richtige Bindung hat, verlangt kein Abziehen, wenn er sich einmal auf den Durchmesser eingelaufen hat.

Die Zeit für eine bestimmte Oberflächenverbesserung wurde in dem Schaubild (vgl. Abb. 75) gezeigt.

Die Zahlentafel 26 gibt den Zusammenhang zwischen Materialabhub beim Feinstschleifen und dem Gütegrad der Oberfläche, der mit diesen Spänen erreichbar ist.

Zahlentafel 26.

Geschliffene Oberfläche		Material-abhub
Güte		
μ-inch (*rms*)	Mikron	mm
10	0,25	0,003
15	0,375	0,005
20	0,50	0,0065
25	0,625	0,0075
30	0,75	0,009
35	0,875	0,010

Die Zeit für eine Feinstschliffarbeit ist natürlich von der Güte der vorangegangenen Oberfläche abhängig. Wenn der Vorschliff rauh ist, muß mehr Metall beim Feinstschliff abgenommen werden. Es dauert auch länger. Eine Stange von ungefähr 35 mm Durchmesser und 50 mm Länge wird von 20 μ-inch (= 0,5 Mikron) Vorschliff in einer Minute auf 3 μ-inch (= 0,075 Mikron) verfeinert. Oberflächen über 120 cm^2 Fläche verlangen in der Regel eine zusätzliche Hinundherbewegung. Die Schleifleistung ist etwa 60 cm^2/min. Wenn eine feinere Oberfläche für irgendeinen Sonderzweck verlangt wird, so besteht eine bestimmte Beziehung zwischen der Normalzeit und der Zeit für einen feineren Vergütungsgrad. Z. B. wenn ein Schleifstein in einer Minute eine Feinheit von 3 μ-inch (= 0,075 Mikron) erzeugt hat, ausgehend von 18 μ-inch (= 0,45 Mikron) (vgl. Abb. 75), so wird seine weitere Tätigkeit so verlangsamt, daß er weitere 3 Minuten braucht, um die Oberfläche auf 2 μ-inch (= 0,05 Mikron) zu verfeinern. Dieses ungefähre Verhältnis ist auf jede Oberflächengröße übertragbar.

Ebene und kugelförmige Oberflächen werden in kürzerer Zeit als zylindrische verfeinert.

Abb. 109 zeigt einen Vergleich zweier normal geschliffener Lager[1] von 30 und 20 μ-inch und einem feinstgeschliffenen Lager von 1,5 μ-inch. Die Lager wurden bis zum Versagen belastet. Das erste versagte nach 158 Minuten Laufzeit und 500 kg Belastung, das zweite ebenso große aber von 20 μ-inch Güte nach 200 Minuten und 725 kg, das dritte von

[1] Hemingway-Gisholt: Wear and Surface Finish. Madison, Wisc. 1947.

1,5 μ-inch nach 280 Minuten bei 1175 kg Belastung. Dabei blieb die Lagertemperatur bei der feinsten Oberfläche bei etwa 38° C und stieg erst ganz zum Schluß auf 200° in die Höhe, wodurch der Zusammenbruch angezeigt wurde, während die beiden anderen schon nach 70 bzw. 110 Minuten, erhebliche Temperatursteigungen zeigten, die langsam auf 235° bzw. 250° C anstiegen.

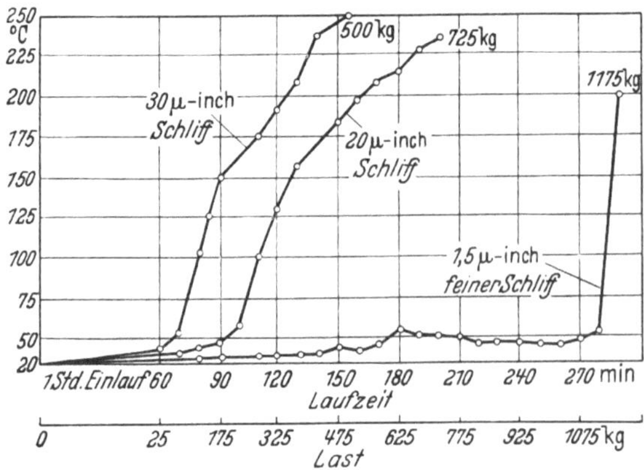

Abb. 109. Vergleich zweier normal geschliffener Lager von 20 bis 30 μ-inch und einem feinstgeschliffenen Lager von $1\frac{1}{2}$ μ-inch. Verdoppelung der Belastung und wesentliche Erhöhung der Laufzeit durch die Verbesserung der Oberfläche.

Abb. 110, a–c zeigt 3 Prüfwellen, die bis zum Festfressen ge-

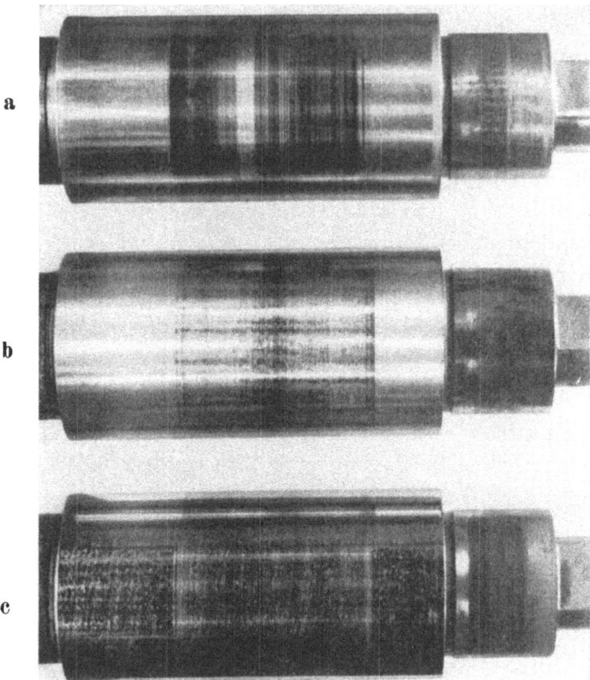

Abb. 110, a–c. Vergleich von Oberflächengüte und Belastungszeit. Belastung steigt von 480 bis 1400 kg/cm². Die Schliff-Feinheit wird dabei von 10 auf 2 μ-inch erhöht.

laufen wurden. Welle (*a*) war aus weichem Stahl bis auf 10 μ-inch geschliffen, Welle (*b*) gehärtet und ebenfalls auf 10 μ-inch geschliffen, Welle (*c*) auf 2 μ-inch feinstgeschliffen. Die erste versagte bei 480 kg Last, die zweite bei 700 kg und die dritte bei 1400 kg. Die Wellen liefen unter übereinstimmenden Arbeitsbedingungen mit 1700 U/min, die gehärteten Wellen hatten Rockwell C-62 Härte.

Abb. 111. Scharfschliff einer Reibahle mit dem Aufsatzapparat. Vermeidung der Brenngefahr.

Die Anwendung des Feinstschliffapparates auf der Drehbank für den feinen Schliff einer Reibahle zeigt Abb. 111. Hier ist das Verfeinerungsverfahren besonders wirksam, weil es unmöglich ist, Reibahlen mit der notwendigen Feinheit zu schleifen, ohne einzelne Stellen der Schneidkanten zu verbrennen. Solche Werkzeuge können daher weder eine genügende Zahl von Löchern noch eine genügende saubere Oberfläche herstellen. In 1 bis 2 Minuten ist

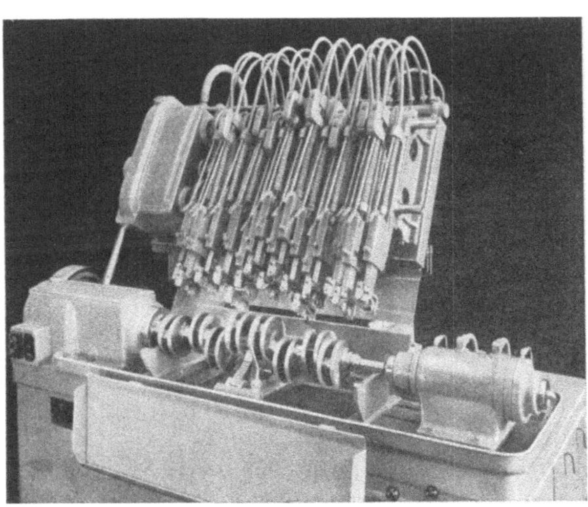

Abb. 112. Kurbelwellen-Feinstschleifmaschine, alle Haupt- und Zapfenlager gleichzeitig bearbeitet, Leistung 50 Kurbelwellen pro Stunde.

eine Reibahle heute feinstgeschliffen mit völlig tadellosen Schneidkanten, die alle in der gleichen zylindrischen Fläche liegen, die also gleichmäßig am Schneiden teilnehmen. Die Arbeitsgüte ist wesentlich verbessert und liegt zwischen 4 und 8 μ-inch (= 0,1 bis 0,2 Mikron).

Abb. 112 zeigt eine Kurbelwellen-Feinstschleifmaschine. Die Leistung ist für vorgeschliffene Wellen 3 bis 7 μ-inch Güte für alle Haupt-

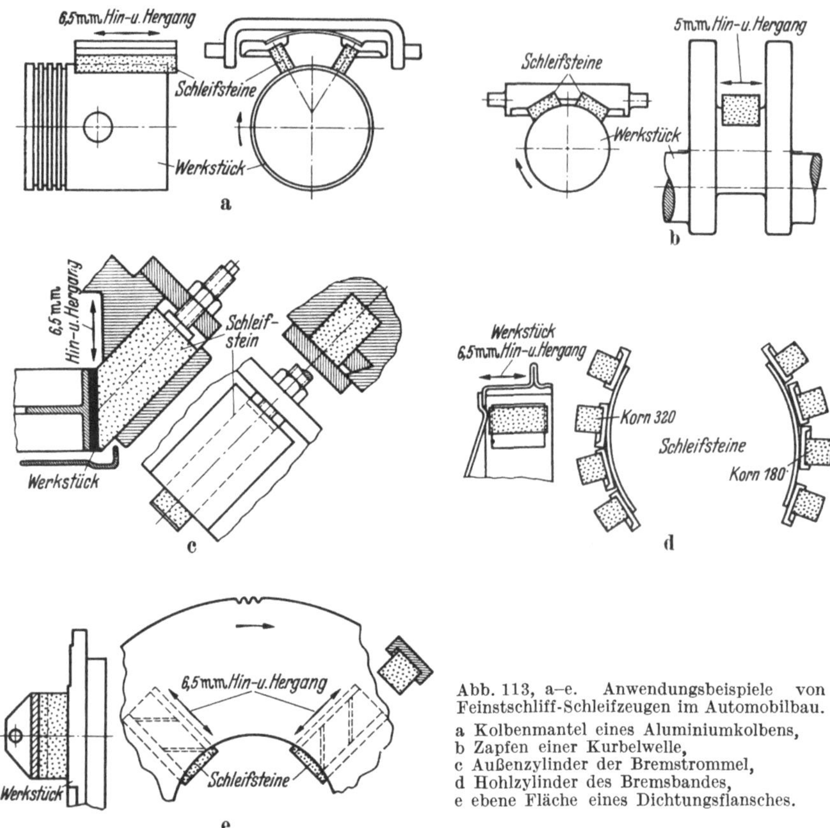

Abb. 113, a–e. Anwendungsbeispiele von Feinstschliff-Schleifzeugen im Automobilbau.
a Kolbenmantel eines Aluminiumkolbens,
b Zapfen einer Kurbelwelle,
c Außenzylinder der Bremstrommel,
d Hohlzylinder des Bremsbandes,
e ebene Fläche eines Dichtungsflansches.

und Zapfenlager gleichzeitig, bei einer Leistung von 50 Kurbelwellen je Stunde.

Abb. 113, a–e zeigt Anwendungsbeispiele von Feinstschliffwerkzeugen im Automobilbau für:

a den äußeren Zylinder eines Aluminiumkolbens. Zwei Schleifsteine machen eine Hinundherbewegung von ¼ Zoll = 6,5 mm. Der Kolben dreht sich langsam;

b den Zapfen einer Kurbelwelle. Die Steine gehen mit 5 mm Querbewegung hin und her. Die Kurbelwelle dreht sich;

c den Außenzylinder einer Bremstrommel. Der Stein macht 6,5 mm Hinundherbewegung. Die Trommel dreht sich;

d den Hohlzylinder der zugehörigen Bremse. Die vier Schruppsteine haben eine Korngröße von 180, die Schlichtsteine von 320. Das Werkstück macht 6,5 mm Querbewegung;

e die ebene Fläche eines Dichtungsflansches. Die beiden Steine machen 6,5 mm Hinundherbewegung. Das Werkstück dreht sich.

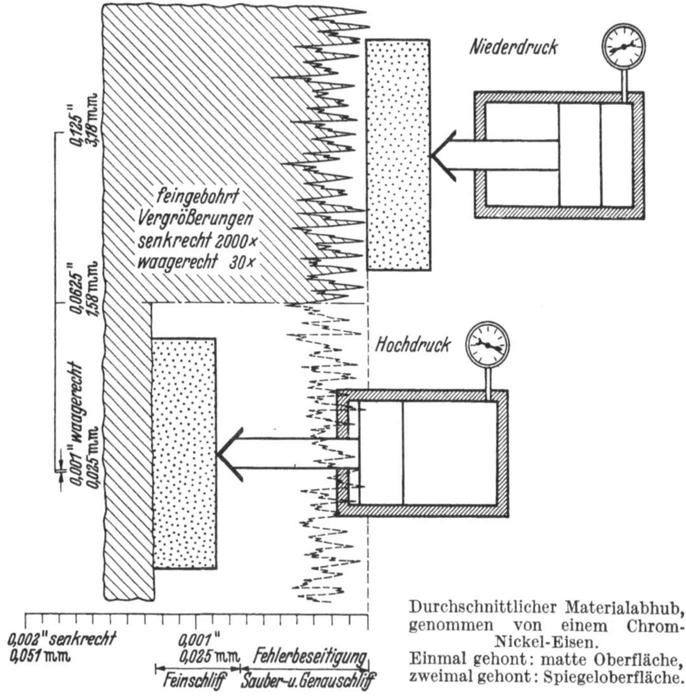

Abb. 114. Schema der hydraulischen Betätigung des Honewerkzeuges beim Schleifen eines genau vorgebohrten Zylinderloches.

c) Der Mikromatik-Honeprozeß und das Läppen. Jeder Honevorgang verbindet eine Schleiftätigkeit auf Größenmaß mit einer Verfeinerung der Rauhigkeit. Dies ist der Unterschied gegen das Feinstschliff- (Superfinishing-) Verfahren, das sich im wesentlichen nur auf eine Verfeinerung der Oberfläche beschränkt, ohne die Größenabmessung merkbar zu beeinflussen. Das Microhoning wird besonders angewendet für Bohrungen, aber heute auch für Außenzylinder und ebene Flächen. Die Schnittätigkeit wird durch Schleifsteine von großer Arbeitsfläche ausgeführt.

Häufig wird eine hydraulische Betätigung des Honevorganges vorgesehen. Abb. 114 zeigt schematisch, wie ein gut vorgebohrtes Loch durch die unter Druck stehende Schleifahle zunächst berichtigt, dann geglättet und schließlich auf genauestes Maß und feinste Güte geschliffen wird. Die groben Bohrriefen [Profilkurve etwa 32 μ-inch (*rms*)] verschwinden, im vorliegenden Falle nach 0,01 mm Eindringen, dann arbeitet der Stein im gesunden Material und vollendet seine Arbeit bei etwa 0,02 mm Tiefe. Die eingezeichneten senkrechten und waagerechten Maßstäbe verdeutlichen die vorliegenden Größenabmessungen. Es sind zwei Arbeitsstufen nötig, um eine spiegelnde Oberfläche zu erzeugen. Die Vergrößerungen sind 2000mal senkrecht und 30mal waagerecht für die Profilkurven. Die Schlußgüte ist 1,5 μ-inch (= 0,0375 Mikron).

Dazu kommt die Benutzung einer großen Menge von Kühlflüssigkeit, um örtliche Erhitzung und damit Oberflächenrisse und Verformungen

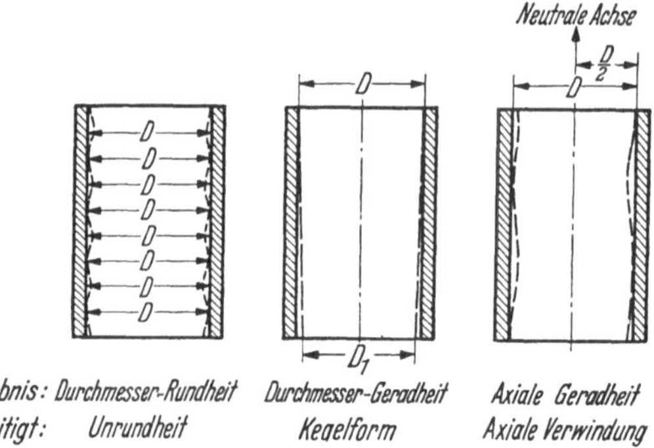

Abb. 115. Das Zieh-Schleifverfahren (Honen). Vorkommende Fehler und ihre Beseitigung zur Erzeugung gerader und zylindrischer Bohrungen.

zu verhüten. Honen wird benutzt, um Gußeisen, weichen oder harten Stahl, Bronze, Aluminium, Silber, Glas, Porzellan und Kunststoffe aller Art zu bearbeiten. Die Vereinigung von großer Maßgenauigkeit mit hoher Oberflächengüte und hoher Leistung sind die Kennzeichen des Mikrohoneverfahrens, die kurz noch einmal zusammengefaßt werden sollen:

1. Materialabhub: Es können Späne in der Größe bis zu 0,3 mm auf den Durchmesser minutlich abgenommen werden. Mengenmäßig wurden z. B. beim Honen von Röhren bis zu 3000 cm^3/Std. abgehoben.

2. Geometrische Genauigkeit: Die 3 Hauptfehler der Vorarbeit unrund, kegelförmig und axial-verzerrt (Abb. 115) werden durch das Mikrohoneverfahren korrigiert. Es erzeugt Rundheit und Gradheit von Achse und Durchmessern in den Gütegrenzen von 0,6 Mikron bis 25 Mikron (= 24 bis 1000 μ-inch), je nach Größe des Werkstückes und der Ausrüstung, die benutzt wird.

3. Gleichförmige Maßgröße. Die (Makro) Größengenauigkeit wird mit Toleranzen von 5 bis 8 Mikron (ISA-H 6) ausgeführt, die

genügend genau für die meisten heute auszuführenden Arbeiten sind. Wo höchste Genauigkeit ausschlaggebend, aber große Schnelligkeit nicht wichtig ist, kann die Größengenauigkeit auf 2 Mikron gesteigert werden.

4. Oberflächengüte. Jede gewünschte Güte an Rauhigkeit und Ebenheit von 0,5 μ-inch = 0,013 Mikron aufwärts ist durch eine geeignete Wahl der Schleifkörner, verbunden mit regellosem Schleifstrich, erreichbar.

Im allgemeinen sind 4 Arten von Schleifstrich verwendbar. Jede von ihnen kann mit beliebiger Feinheit verknüpft werden.

a) Regelmäßiger Kreuz- und Querstrich entspricht den üblichen Mikrohoneverfahren (Abb. 116a).

1

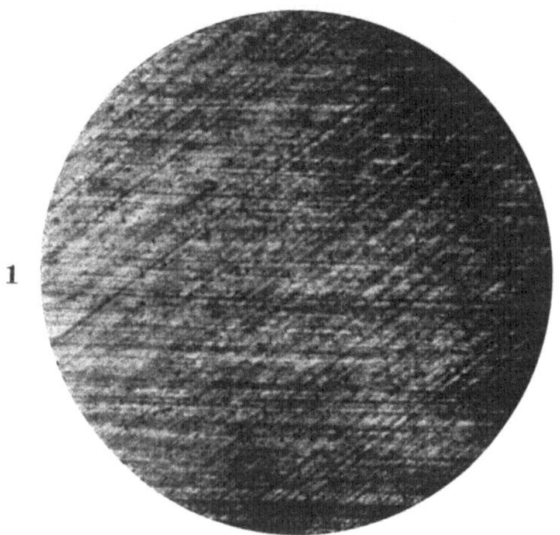

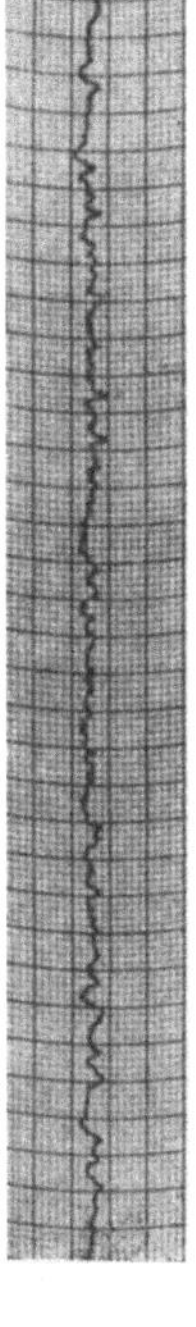

3

2

Abb. 116a, 1, 2, 3. Regelmäßiger Kreuz- und Querstrich. Schräg gerichtete Honeriefen.

b) Unregelmäßiger Kreuz- und Querstrich (Abb. 116b) erzeugt durch gleichzeitige Kreisung der Arbeitsspindel, verbunden mit zwei Hinundherbewegungen mit nicht ganz gleichmäßiger Zustellung, damit die Furchen sich nicht decken. In der Regel wird eine kurze Hinundherbewegung der Spindel mit einer langen Hinundherbewegung des Stückes verbunden.

c) Überlagerter Feinststrich. Die Oberfläche ist gekennzeichnet durch Vorarbeiten mit einem groben Schleifmittel und Nacharbeiten durch

Mikrohoning mit feinem Schleifzeug. Es bleiben dann unregelmäßige Riefen als Folge der Vorarbeit bestehen (Abb. 116c).

d) Gleichgerichtetes Ziehschleifen. das durch die Riefen eines Einlaufmusters in der normalen Arbeitsrichtung, z. B. gradlinig, gekennzeichnet ist (Abb. 116d).

Abb. 116b. Ungerade Übersetzung. Vielfachbewegung der Ziehschleifahle. Hin- und Hergang des Werkstückes.

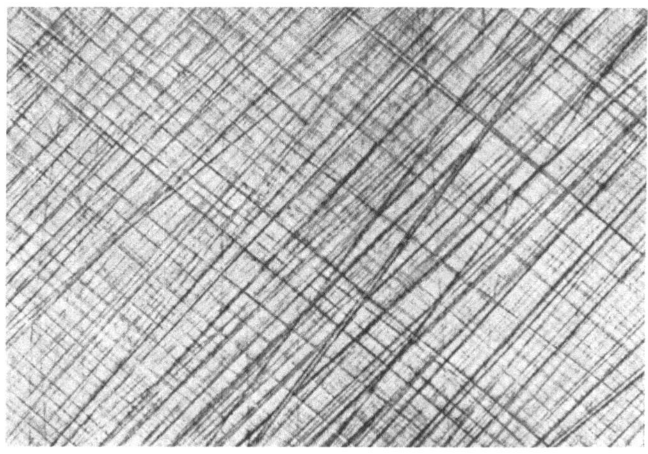

Abb. 116c. Überlagerter Feinstrich durch Nachhonen.

Beispiele: Abb. 116a zeigt Profilkurven für Kreuz- und Querschliff gleichmäßiger Neigung auf einem Futter eines Automobilzylinders aus gehärtetem Stahl, das trocken gehont wurde. Die Rauhigkeit war in der Längsrichtung 4 μ-inch (= 0,1 Mikron) und in der Zylinderform 3 bis 5 μ-inch (= 0,075 bis 0,125 Mikron) ohne Wellen bei einer Durchmessergenauigkeit von 5 Mikron. Abb. 116d zeigt eine Oberfläche mit gleichgerichteten Furchen, die dadurch entstanden sind, daß für die letzten Längshübe die Drehbewegung des Schleifzeugs ausgeschaltet wurde. Die Profilkurven zeigten für das gußeiserne Zylinderfutter eines Traktors 7 bis 9 μ-inch längs und 12 bis 16 μ-inch rund (= 0,175 bis 0,225 und 0,30 bis 0,40 Mikron).

Wenn außerdem das Werkstück mit einer kleinen Änderung der Geschwindigkeit hin und her geht, so lassen sich ganz regellose Strichmuster erzeugen, die für die Fähigkeit, das Öl zu halten, günstig sind (Abb. 116b).

Die Maschinen werden meist mehrspindlig ausgeführt, um ihre Wirtschaftlichkeit zu er-

Gleichgerichtetes Ziehschleifen
Abb. 116d, 1. (Vergr. 5 ×)

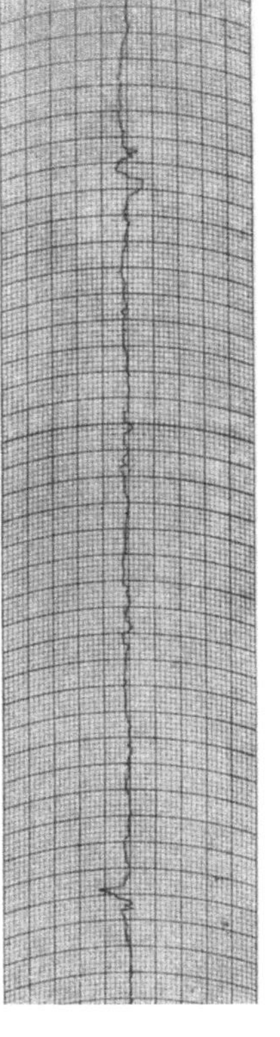

Abb. 116d, 3.

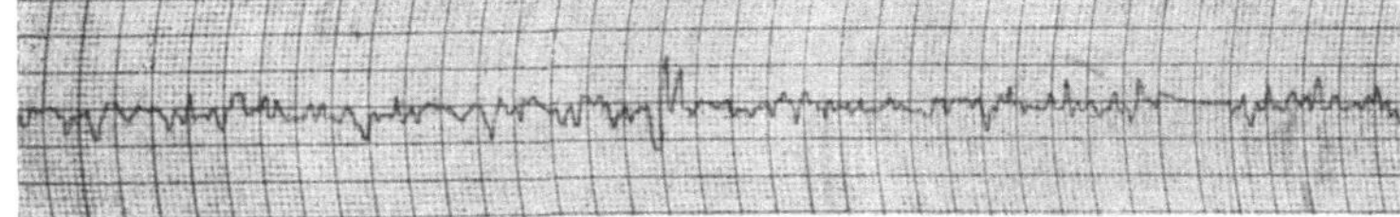

Im Umkreis (*rms*) 12–16 μ-inch (0,30–0,40 Mikron).
Abb. 116d, 2.

höhen. Abb. 117 zeigt eine Zwei-Spindel-Maschine mit 2 Arbeits- und 2 Füllstellen für die Räder eines Automobilräderkastens, bei denen zunächst die lange Bohrung sehr genau in bezug auf Rundheit und Gradheit hergestellt wird. Dann werden die Körper mit Zähnen versehen, von der Bohrung ausgehend, im Einsatz gehärtet und noch einmal mit der Aufnahme an den fertigen Radzähnen fein nachgehont, um die Innenbohrung genau zentrisch zu den Zähnen, ferner gerade und rund zu erhalten. Die Innengüte der Bohrung war etwa 1 bis 4 μ-inch (= 0,025 bis 0,1 Mikron).

Unterbrochene Laufflächen. Versuche der letzten Zeit haben gezeigt, daß für Lager, die unter hohem Druck laufen, die vollkommen glatte Oberfläche, wie sie durch Feinstschliff (Superfinish) erzeugt wird, nicht immer die beste *Tragfähigkeit* ergibt[1].

Abb. 117. Zweispindelmaschine mit zwei Arbeits- und zwei Füllstellen.

Ein gußeiserner Zylinder wurde auf 9 bis 14 μ-inch Güte gehont und diente als Vergleichsgrundlage für eine Anzahl ähnlicher Stücke. Die glattgehonte Oberfläche von 14 μ-inch versagte bei 800 kg/cm² Belastung. Die weiteren Oberflächen wurden auf 9 μ-inch mit Kreuzschliff unter 45° verfeinert. Die glattgehonte Oberfläche wurde dann absichtlich durch Querriefen mittels chemischer Ätzung unterbrochen, deren zunächst schädigender Einfluß auf die Oberfläche durch einen zweiten feinen Honschliff beseitigt wurde, so daß diese mit einer Güte von 9 μ-inch arbeitete. Die Oberfläche (Abb. 118) hatte 27% Tragflächenverlust, aber die ölhaltenden absichtlich eingearbeiteten Kerben erhöhten ihre Tragfähigkeit so, daß sie erst bei 1100 kg/cm² versagte.

Die Lagerschalen (Abb. 119, a–c) sind bei a) fein und glatt gehont; zeigen bei b) eine mechanisch durch unter Druck geschleuderte feine Stahlkugeln verdichtete, aber aufgerauhte Oberfläche; c) die gleiche glatt vorgehonte, mechanisch durch Schleuderkugeln gerippte, dann wieder auf 9 μ-inch fein gehonte Oberfläche.

Das geschah, um Tragflächen zu schaffen, die in der gleichen Zylinderebene liegen.

Das gleiche Ergebnis kann man auch durch chemische Ätzung er-

[1] Martz, L. S.: Preliminary Report on the Development of Interrupted Surfaces. Proc. Instn. Mech. Engrs. Sept. 1949.

reichen, indem man entweder das Flächenmuster der Kreuz- und Querkanäle (Abb. 119d) wählt oder eine durch kleine Vertiefungen unter-

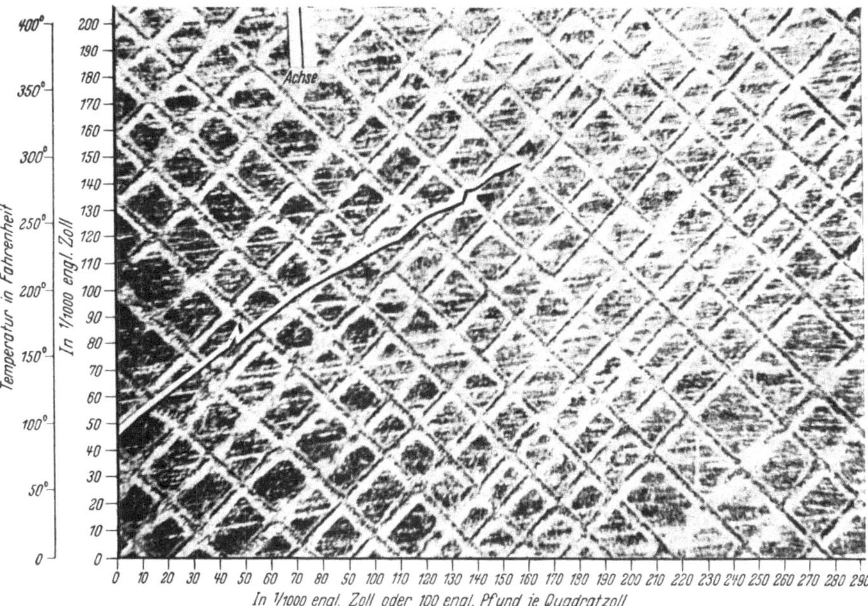

Abb. 118. Vergleich von gehonten Oberflächen. *a* mit absichtlich durch querliegende Riefen unterbrochenen Flächen, *b* Erhöhung der Tragfähigkeit.
Flächen, b Erhöhung der Tragfähigkeit.

brochene Oberfläche. Diese neuartige Form der unterbrochenen Oberflächen von Lagern ist erst in der Entwicklung. In allen Fällen müssen die verbleibenden Tragflächen sehr fein und eben sein.

a b c

Abb. 119. Drei Arbeitsstufen für die Herstellung einer hoch belastbaren Lagerschale mit Oberflächenunterbrechung. a erster Honevorgang: glatt, b Druckschleuderung von Stahlkugeln (genarbt), c Fertighonen der aufgerauhten Fläche.

Gehonte Kolbenbolzenbohrungen. Das Bolzenloch in dem Aluminiumkolben für Flugzeuge muß überaus genau rund und gerade innerhalb 0,002 mm sein und eine Oberflächengüte zwischen 2 und 3 μ-inch

(= 0,05 bis 0,07 Mikron) erhalten. Das geschieht mittels einer besonders konstruierten Honingmaschine (vgl. Abb. 138). Die Manteloberflächen des Kolbens selbst werden ebenfalls auf besonderen Maschinen für Massenfabrikation mit einer Güte von 2 bis 4 μ-inch feinstgeschliffen (vgl. Abb. 131). Sie können aber auch durch Feindrehen mit Diamanten auf die gleiche Güte gebracht werden (vgl. S. 143).

Zylinderbohrungen. Mehr als 70% aller Automobilzylinder und Zylinderfutter werden heute durch automatische Vielspindel-Honemaschinen (Abb. 120) in einer Güte von 4 bis 16 μ-inch (= 0,1 bis 0,4 Mikron) hergestellt.

Abb. 119d. Links Flächenmuster der Kreuz- und Querkanäle, rechts eine durch kleine Vertiefungen unterbrochene Oberfläche. Beides erzeugt durch chemische Ätzung.

Mechanisches Läppen ist ein Herstellungsverfahren, bei dem sich Arbeitsstück und *loses* Schleifmittel übereinander bewegen, ohne positive Führung der Schleifkörner. Es werden stets lose Schleifmittel und ein leichtes Schmieröl benutzt, während die Richtung des Angriffs ständig wechselt. Die Gestalt und die Bewegung der Läppscheiben sollen so gewählt werden, daß die vollkommene ursprüngliche Gestalt des Schleifmittelträgers, sei es eine Ebene oder ein Zylinder, aufrechterhalten bleibt, um eine Größtzahl von Werkstücken von genauer Form und Gestalt und feiner Oberflächengüte zu erzeugen. Auf Läppmaschinen, die zwei waagerechte, gewöhnlich aus dichtem Gußeisen bestehende Scheiben besitzen, können sowohl ebene als zylindrische Stücke geläppt werden.

Zwei verschiedene Arten von Läppmaschinen sind im allgemeinen in Gebrauch.

1. Solche mit einer feststehenden und einer kreisenden Läppscheibe (Abb. 121a) und 2. solche mit zwei kreisenden Läppscheiben, die in entgegengesetzter Richtung umlaufen (Abb. 122).

Die Werkstücke werden in einen besonderen Werkstückhalter eingelegt und ruhen auf der unteren Scheibe auf. Die obere pendelnde sich selbsteinstellende Scheibe wird gesenkt, bis sie das Werkstück berührt und sich in die Arbeitsfläche eingestellt hat. Dann wird die Maschine in Gang gesetzt. Der Betrag der exzentrischen Bewegung (E), der auf den Werkstückhalter übertragen wird (Abb. 121a), kann so geändert werden, daß er die Bedingungen erfüllt, die die Gestalt und die Größe

Abb. 120. Vielfach-Zylinder-Honemaschine.

des Werkstücks verlangen. Die Lage des Werkstücks zum Halter in Verbindung mit der exzentrischen Bewegung ruft eine kombinierte Gleit- und Rollbewegung hervor, die die Werkstücke zwingt, ihre Oberflächen so über die ganze Schleifscheibenebene zu schieben, daß diese eben erhalten wird. In der Lage (*1*) (Abb. 121a) rollt der Werkstückzylinder lediglich; in der Lage (*2*) führt er nur eine Gleitbewegung aus, und in allen Zwischenstellungen (*3*) ist die Rollung und Gleitung kombiniert. Das Ergebnis ist eine regellose Oberflächenmarkierung ohne ausgesprochene Richtung der Bearbeitungsriefen. Abb. 121b zeigt als Beispiel das gleichzeitige Läppen von 32 Ventilstangen in der kreisenden Haltevorrichtung. Abb. 123 zeigt ein typisches Muster mit regelloser Schleifmarkierung einer feingeläppten das Öl gut haltenden Fläche.

Daß der Hauptunterschied zwischen Außenhonen und mechanischem Läppen nur durch die Anordnung der Werkzeuge hervorgebracht wird, ist in der Maschine Abb. 122 gezeigt, die sowohl als Hon- als auch als Läppmaschine gebraucht werden kann. Man geht von dem einen Verfahren zum anderen dadurch über, daß man die gußeisernen Läppscheiben links oben und unten, die mit losem Schleifmittel arbeiten, rechts durch Honescheiben mit gebundenen Schleifmitteln ersetzt. Von der Erörterung der Hand-Läppverfahren, die vielfach bei der Herstellung genauer Sonderlehren gebraucht werden, sei hier abgesehen. Sie geben zwar sehr gute Oberflächen, sind aber an Verwendung besonders geschickter Facharbeiter gebunden und bilden kein eigentliches Fabrikationsverfahren.

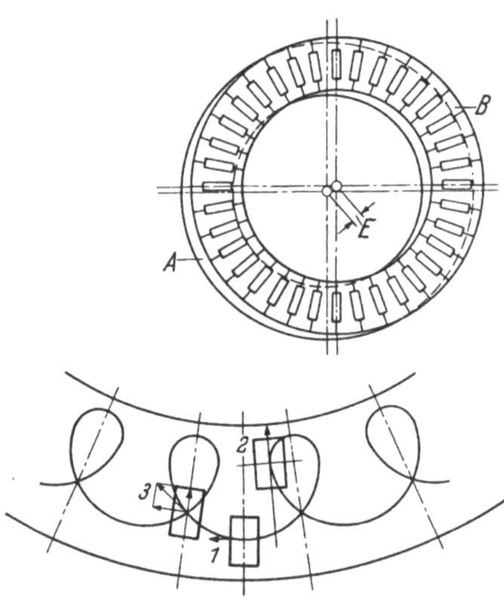

Abb. 121a. Schema des mechanischen Läppvorganges.

d) Diamantschliff von Werkzeugschneiden. Der Feinschliff der Schneidkanten von Werkzeugen, besonders der aufgeschweißten Hartmetallplättchen unter Benutzung diamantimprägnierter Schleifscheiben, ist ein Honeverfahren, da das Schleifmittel gebunden ist.

Abb. 121b. Läppen von 32 Ventilstangen in der kreisenden Haltevorrichtung.

Um Nicht-Eisen-Metalle mit Hartmetallwerkzeugen feinst zu schlichten, ist das Diamanthonen der Werkzeuge sehr wertvoll, nachdem der Vorschliff auf Form durch weiche Karborundumscheiben erfolgt ist. Der Formfaktor (vgl. Abb. 6) der schneidenden Oberfläche des Werkzeuges, die als Spanableiter eine wichtige dem Verschleiß ausgesetzte Tragfläche darstellt, wurde so von 45% auf mindestens 80% erhöht. Dadurch nehmen die Lebensdauer des Werkzeuges und die erzeugte Oberflächengüte des Werkstückes erheblich zu. Diese Tatsache ist gut dargestellt in dem Diagramm (Abb. 124), das die langsame Abnützung eines mit der Diamantscheibe gehonten Hartmetallwerkzeuges durch fortlaufende Messung der erzeugten Oberflächengüte bei einer ununterbrochenen Arbeitsdauer von 40 Stunden nachweist.

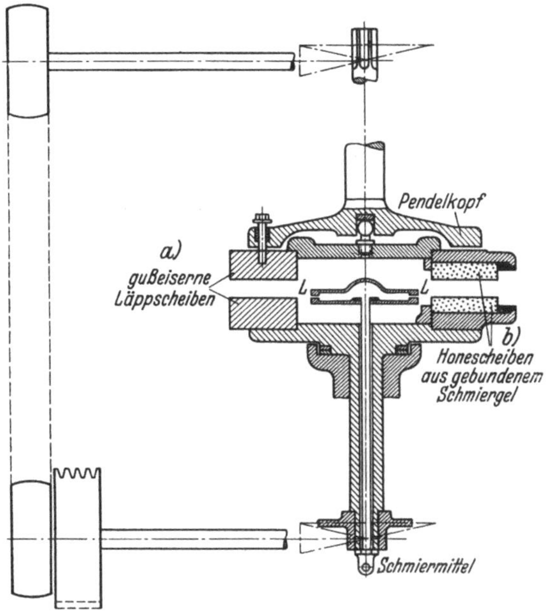

Abb. 122. Läppmaschine mit pendelnder Oberscheibe: *a* mit gußeisernen Platten und losem Schmirgel (lapping), *b* mit gebundenen Schleifplatten (honen).

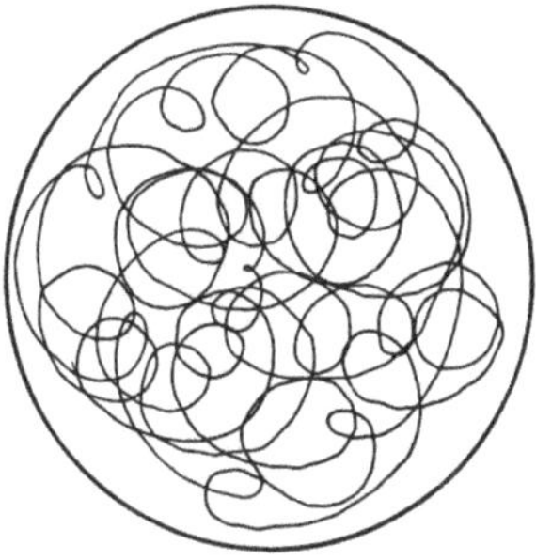

Abb. 123. Regelloser Schleifstrich durch Läppen (vgl. Honen, Superfinishen). Bild einer geläppten Fläche mit feinen regellos verlaufenden Riefen.

Die gemessene Rauhigkeit der Oberflächengüte ist also indirekt als Maß für die Schärfe oder das Stumpfwerden des Werkzeugs in den Grenzen der Güteklasse, hier zwischen 4 bis 16 μ-inch (= 0,1 bis 0,4 Mikron) benutzt worden.

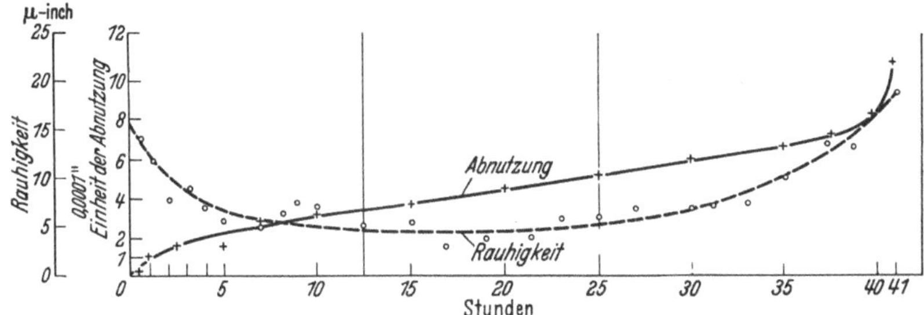

Abb. 124. Das Abstumpfungskennzeichen für Schlichtwerkzeuge, gemessen durch die abnehmende Güte der Oberfläche.

Hartmetallwerkzeug, Spanwinkel 20°, Neigungswinkel 15°, Freiwinkel 6°, Einstellwinkel 2°, Radius der Nase 1 mm, Aluminiumlegierung gepreßt, Schnittgeschwindigkeit 400 m/min, Vorschub 0,012 mm, Tiefe 0,050 mm, Schnittdauer 40 Std. Werkzeugverschleiß in 40 Std. = 0,02 mm, Oberflächengüte beginnt mit $h_m = {}^8/_4$ μ-inch, endet mit $h_m = 12$ μ-inch (nach 40 Std.).

XI. Praktische Beispiele für die Anwendung der Oberflächenmessung.

Bei der Ausführung von Schlichtarbeiten, wie Feindrehen und Bohren mit Diamanten und Hartmetallen, Schleifen, Honen, Läppen und Feinstschleifen, können O-Gütemessungen als das Hauptkennzeichen einer befriedigenden späteren Funktion von maschinenfertigen Teilen benutzt werden. Um die Einzelheiten der Oberflächenmessung für die praktische Kontrolle in der Werkstatt auszunutzen, müssen folgende Bedingungen erfüllt werden:

1. Sicherung einer verständnisvollen Zusammenarbeit zwischen Konstrukteur, Werkstatt und Abnahme.

2. Austauschbarkeit der Einzelteile, wenn möglich ohne Einschränkung (non-selective), gefolgt von der sofortigen störungsfreien Zusammenarbeit zusammengehöriger Teile in einer Maschine, ohne Handkorrektur.

Unerläßliche Bedingung für die erfolgreiche Zusammenarbeit von Konstrukteur, Arbeiter und Revisor ist, daß

a) der Konstrukteur entscheidet, welche Art der Oberflächengüte und welches Fabrikationsverfahren zu wählen ist, bevor die Arbeit begonnen wird, indem er die nötigen Symbole in die Zeichnung einträgt;

b) daß die Werkstatt diesen Anweisungen für jedes einzelne Werkstück folgt;

c) daß der Revisor die Oberflächengüte sowie die Anwendung des vorgeschriebenen Arbeitsverfahrens prüft, wobei er gleichzeitig verpflichtet ist, Anregungen in Richtung von Verbesserungen zu geben.

Wenn die Voraussetzungen a, b, c erfüllt sind, so ist der Beweis für unbeschränkte Austauschbarkeit dadurch geliefert, daß die Montageabteilung zusammengehörige Teile gemäß der vorgeschriebenen Passung (Spiel- oder Ruhesitze) einbauen kann und daß die gute Funktion ohne lange Einlaufversuche bestätigt wird entsprechend den Vorschriften:

a) für Laufsitze: niedrige und hohe Geschwindigkeiten ohne unzulässiges Warmwerden, ohne Vibrationserscheinungen, Geräusch und Abnutzung;

b) für Keilsitze: wiederholter Ein- und Ausbau der Einzelteile ohne Verletzung der Oberfläche oder Verringerung der Festpassung;

c) für Preß- und Schrumpfsitze: erforderliche Kraftübertragung.

Ein Normalblatt über die Oberflächengüten sollte alle notwendigen Anweisungen für die drei zusammenarbeitenden Abteilungen enthalten. Es muß aber die bedauerliche Feststellung gemacht werden, daß brauchbare Normen weder in den angloamerikanischen Ländern noch auf dem Kontinent bisher veröffentlicht wurden.

Das von der American Standard Association veröffentlichte ASA-B 46, 1, 1947 über Oberflächenrauhigkeit, Welligkeit und Meßrichtung gibt zwar (auf zwei Druckseiten!) eine gedrängte Übersicht des schwierigen Gegenstandes:

1. Begriffsbestimmung der drei Kennzeichen: Welligkeit, Rauhigkeit, Meßrichtung;
2. besondere Zahlenangaben über Welligkeit und Rauhigkeit (vgl. S. 39);
3. empfehlenswerte Werte von Rauhigkeit und Welligkeit und
4. Zeichnungssymbole.

Die amerikanische Norm legt weder Mittel noch Verfahren fest, durch die irgendein Rauhigkeitsgrad erzeugt werden kann, noch die Mittel und Methoden für die Messung von Rauhigkeit und Welligkeit. Das Normblatt lehnt ferner ab, sich mit den übrigen Oberflächeneigenschaften zu befassen, wie Aussehen, Glanz, Abnützung, Widerstand, Härte, Gefüge, Absorption, Widerstand gegen Korrosion usw., noch irgendeinen überragenden Einfluß bei besonderen Anwendungen namhaft zu machen.

Trotzdem Höhe, Breite, Länge, Form und Richtung der Oberflächenunregelmäßigkeiten alle von praktischer Bedeutung im besonderen Fall sein können, befaßt sich die amerikanische Norm nur mit der Rauhtiefe, der Höhe und der Meßrichtung der Welligkeit. Das Normblatt überläßt die Feststellung im einzelnen und die Kennzeichnung der Oberfläche für einen besonderen Zweck offenbar mit Absicht einem besonderen Sachverständigen. Man möchte nun fragen: Wo sind die Sachverständigen im Konstruktionsbüro, die die notwendige Kenntnis und Erfahrung haben, welche Rauhigkeit zwischen 0,25 und 16 μ-inch (= 0,0063 bis 0,4 Mikron) gewählt werden soll, z. B. für ein Spindellager der Werkzeugmaschine, für ein Zylinderfutter, für den Kolben einer Verbrennungsmaschine usw.? Wo sind die Angaben, die den Konstrukteur bei solch einer Entscheidung leiten oder dem Arbeiter an Schleif-, Hone- und Läppmaschinen helfen zwischen glatt und rauh, eben und wellig zu unterscheiden? Das amerikanische Normblatt gibt eine Normreihe für die Rauhigkeitswerte in *rms*-μ-inch (Zahlentafel 3).

Die Norm gibt ferner eine zweite Tafel (vgl. Zahlentafel 4) über mögliche lineare Welligkeitshöhen. Kein Arbeiter oder Revisor ist fähig, zwischen ¼ bis 1 μ-inch oder 2 bis 6 oder 10 bis 16 oder 20 bis 32 μ-inch mit Gesicht oder Gefühl zu unterscheiden, besonders da meist viel größere Rauhigkeitsdifferenzen innerhalb dieser Stufen auf derselben Oberfläche (vgl. S. 48) an eng benachbarten Stellen bestehen.

Zahlenwerte dieser Art können nur auf empirische Erfahrung gegründet werden. Es gibt bisher kein zuverlässigeres Mittel, um solche Richtwerte in großen Werkstätten anzuwenden, als gute Musterteile für alle wichtigen Funktionen herzustellen, ihre Oberfläche zu messen und nunmehr die hergestellten Teile mit bewährtem Muster zu vergleichen (vgl. Abb. 25). Danach muß der Konstrukteur die Symbole eintragen, die kennzeichnen:

1. den Grad der zulässigen Rauhigkeit;
2. die zu benutzenden Arbeitsverfahren;
3. die Meßrichtung, mit der der Revisor die Oberflächenrauheit messen soll.

Diese drei Angaben sind notwendig und erreichbar. Auf sie sollte sich eine zielbewußte Organisation der O-Messung beschränken, wenn sie Erfolg haben will (vgl. Zahnräderbearbeitung und Messung, Abb. 145).

Heute ist man nicht im Zweifel, daß die wirklich wahllose Austauschbarkeit der Teile in bezug auf die Größe nur durch Angabe der genormten Passungen und Toleranzen durchaus nicht gesichert ist, da z. B. in England noch nicht einmal Einigkeit herrscht über die Wahl der Bezugslinie, ob sie einheitlich als Symmetrieachse oder als Nullgrenze zu normen ist (vgl. die Berichte über den Mangel an Austauschbarkeit von Munition, Geschossen und Waffenteilen usw., die während des Krieges in Amerika für England hergestellt wurden).

Verfasser hat tatsächliche Werkstattsversuche über brauchbare O-Güten von 1939 bis 1944 anstellen lassen, z. B. um die abnehmende Güte der erzeugten Oberflächen von Werkstücken während der Arbeitsverrichtung durch Abstumpfung des Werkzeuges als Kennzeichen der Werkzeugschärfe (Lebensdauerversuche) für Feindrehen und Bohren sowie für Schleifarbeiten zu bestimmen. Diese wurden dann kontrolliert (vgl. Zahlentafel 5) nach Gütestufen wie: 0,5 bis 1; 1 bis 2; 2 bis 4; 4 bis 8; 8 bis 16; 16 bis 32; 32 bis 63. Diese Stufen bedeuten Grenzwerte im Verhältnis immer 1 : 2, d. h. 100% Schwankung war erlaubt. Sie entsprechen dem früheren Normvorschlag der Amerikaner von 1940, der durchaus brauchbar war.

Es wurde z. B. auf einer guten Rundschleifmaschine mit 8 μ-inch (= 0,2 Mikron) Rauhigkeit begonnen und die Versuche unterbrochen, wenn sich die Güte auf 16 μ-inch (= 0,4 Mikron) verschlechtert hatte. Dann hatte sich in der Regel die Schleifscheibe vollgesetzt und war stumpf geworden. Dieser langsam fortschreitende Verschlechterungsprozeß der Schleifscheibe wurde nach je 10 Schleifhüben kontrolliert. Sobald die obere Grenze von 16 μ-inch erreicht war, wurde die Schleifscheibe abgedreht oder durch eine geeignetere ersetzt, bis die feine Oberflächengüte von 8 μ-inch wieder erzielt wurde.

Diese Kontrolle wurde z. B. mit vollem Erfolg angewendet, um den Einfluß der Art und Verdünnung eines Kühlöls (vgl. S. 230) bei Schleifarbeiten, beim normalen Bohren, Fräsen und Zähnefräsen festzustellen.

Es wird also bei diesen Schnittversuchen die zunehmende Rauhigkeit der geprüften Oberflächen der Werkstücke benutzt, um die wachsende Abstumpfung der Werkzeugschneide festzustellen. Gleichzeitig erhält man Aufschluß über die Mittel, um eine bestimmte Oberflächengüte in vorgeschriebenen Grenzen zu halten. Für den letztgenannten Zweck ist die Durchschnittsziffer der Integrationsmessung ausreichend, wenn die Schlichtmaschine keine versteckte Welligkeit auf der Werkstückoberfläche erzeugt. Die Werte der Zahlentafel 5 können verbessert werden, aber der Fundamentalgedanke ist zweifellos korrekt zur Schaffung von zuverlässigen Arbeitsnormen in der Werkstatt, die dann nur stichprobenmäßig überwacht zu werden brauchen. – Wenn wir O-Messungen in die Zeichnung eintragen, müssen wir kennen:

1. die verfügbaren Arbeitsverfahren;

2. den Grad von Rauhigkeit, der auf den vorhandenen Maschinen erhältlich ist;

3. die erlaubten Grenzen der O-Güten für einen bekannten Zweck;

4. die erreichbaren Möglichkeiten, wenn man neue Verfahren einführt oder wenn man die vorhandene Einrichtung verbessert oder ergänzt.

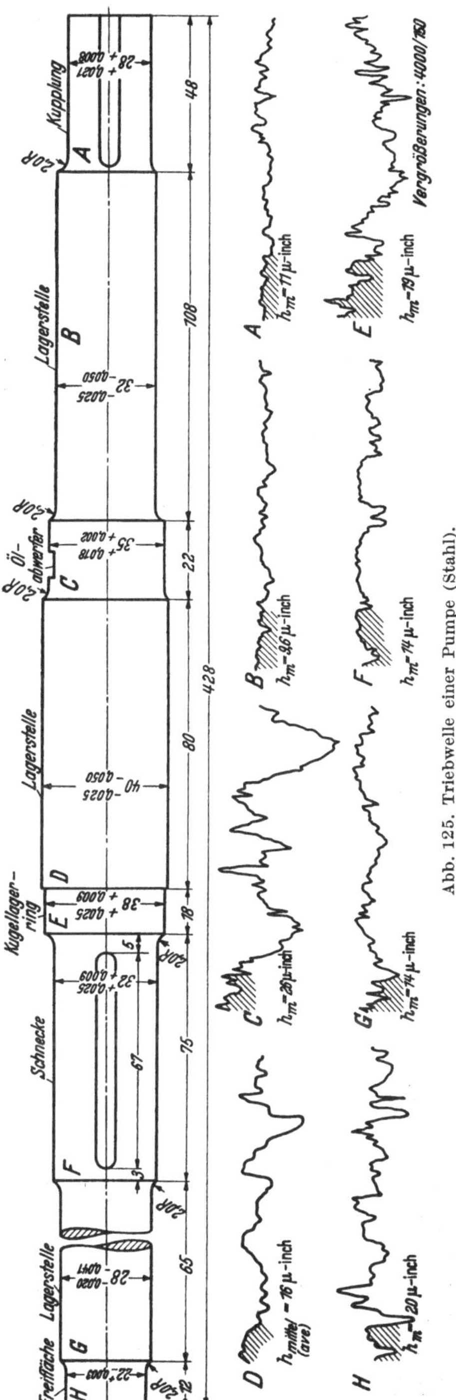

Abb. 125. Triebwelle einer Pumpe (Stahl).

Die Verwirklichung dieser Vorschriften ist nur möglich, wenn dem Abnehmer ein geeignetes Meßgerät zur Verfügung gestellt wird, mit dem er die vorgeschriebene O-Güte nach Rauhigkeit, Welligkeit und Meßrichtung mißt, oder da das Nachmessen der Einzelflächen durch den Arbeiter selbst undurchführbar ist, daß man ihm gemessene Musterstücke zur Verfügung stellt, deren O-Güte er mit den von ihm erzeugten Oberflächen durch Auge und Finger vergleicht. Das Ergebnis wird dann von seiner persönlichen Erfahrung und Urteilsfähigkeit abhängen. Ein anderer Weg zur Einführung der O-Gütenormen in der Werkstatt erscheint aussichtslos. Die gewaltige Vorarbeit muß im Laboratorium geleistet werden. Sammelabnahmeplätze können Kontrollinstrumente unter Aufsicht eines geübten Revisors erhalten. Aber die Einübung der gelernten Arbeiter an den Feinschlichtmaschinen scheint der wichtigste Gesichtspunkt zu sein.

Eine Anzahl durch Messung der Mittelwerte und Aufzeichnung der Profilkurven geprüften Teile soll den Umfang der Aufgabe klarstellen.

Beispiele:

1. Triebwelle (Abb. 125, S. 173). Diese Welle wurde in kleinen Mengen auf einer normalen guten Schleifmaschine in einer Aufspannung unter Benutzung derselben Schleifscheibe geschliffen. Der einzige Unterschied bestand in der Zahl der Schleifhübe. um die verschiedenen Oberflächengüten zu erreichen. Die Messung in μ-inch erfolgte hinterher. Der Arbeiter war angewiesen, auf die Lagerstellen *B*, *D* *G* für Spielsitze und *A*, *C*, *E*, *F* für Festsitze sorgfältig zu achten. Das Aussehen der Lagerstellen *B*, *D*, *G* sollte besser sein als bei den anderen Teilen. Wäre der Arbeitsplan so gemacht worden, daß die Durchmesser für die empfindlichen Festsitze auf einer Maschine größerer Genauigkeit gemacht würden, und die gröberen Toleranzen auf einer gewöhnlichen Maschine, so wären die Unterschiede in den Passungen stärker zum Ausdruck gekommen. Auf diese Weise hätte die Gesamtzeit verkürzt und die Ausführung verbilligt werden können.

2. Arbeitsspindeln von Drehbänken (Abb. 126a, b). Die Hauptspindel (Abb. 126a) einer Diamantdrehbank hatte 65 mm Durchmesser im Vorderlager, war aus nitriertem Stahl gemacht, gehärtet und feingeschliffen. Sie lief in der Maschine mit Drehzahlen zwischen 100 bis 3000 U/min, getrieben durch einen 5-PS-Motor. Das Vorderlager (*B*) verursachte Schwierigkeiten und wurde zweimal überholt und geläppt. Nach dem ersten leichten Läppen war kein Unterschied in der Güte festzustellen, die Durchschnittsrauhigkeit war 11 μ-inch geblieben, nach dem zweiten Läppen wurde die Feinheit auf 5 μ-inch erhöht (*C*), die Drehbank lief dann nach Wiedereinbau der Spindel zufriedenstellend.

Das zweite Beispiel (Abb. 126b) zeigt die Spindel einer 30 Jahre alten Drehbank, die nach dem Aufarbeiten mit 30 bis 750 U/min statt mit 12 bis 300 U/min laufen sollte, mit entsprechend stärkerem Motor (2,5 : 1) wegen der erhöhten Geschwindigkeit. Die Lagerstellen D und E der Spindel waren im Einsatz gehärtet, das Vorderlager hatte 90 mm Durchmesser und wurde beim Überholen auf eine Rauhigkeit von 3,45 μ-inch

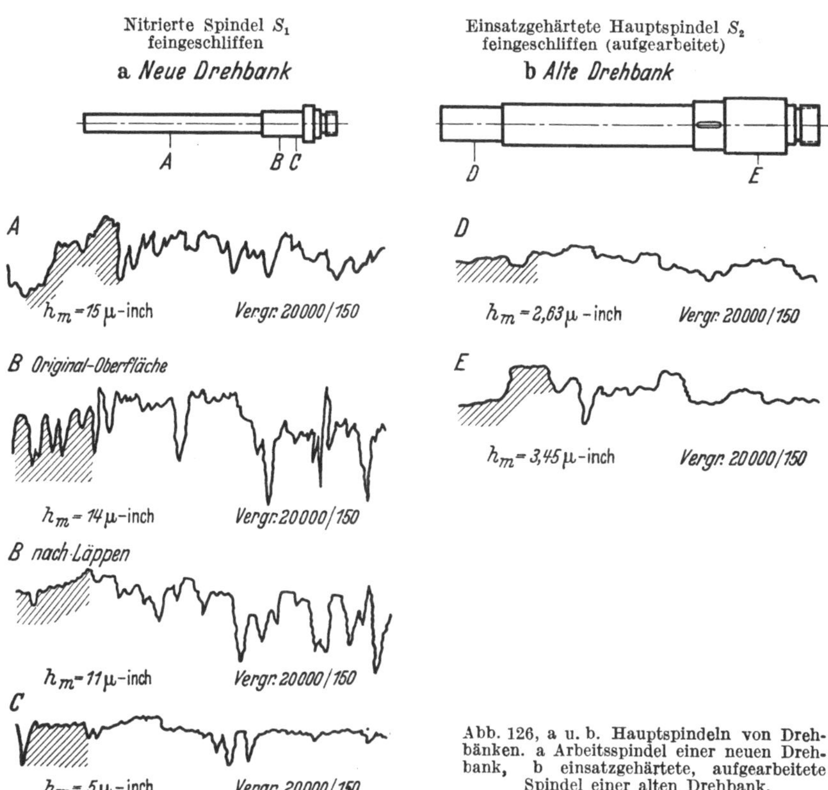

Abb. 126, a u. b. Hauptspindeln von Drehbänken. a Arbeitsspindel einer neuen Drehbank, b einsatzgehärtete, aufgearbeitete Spindel einer alten Drehbank.

vorn (E) und 2,63 μ-inch hinten (D) geschliffen. Sie wurde dann mit einem Weißmetall-Vorderlager und einem Bronze-Hinterlager ausgerüstet und lief 20 Monate lang bei allen Geschwindigkeiten ohne irgendeine Schwierigkeit. Das Beispiel ist für die heutige Entwicklung alter Werkstätten nach der Schnellarbeit hin von Bedeutung.

Spindelzapfen und Lagerschalen von Werkzeugmaschinen sollten stets sehr feine Oberflächen haben. Nach meiner Meinung sind die Verfahren des Läppens, Honens und Feinstschleifens (Superfinish) die bestgeeigneten Arbeitsverfahren für diese besonders wichtigen Maschinenteile. Feine Oberflächen mit Rauhigkeiten von 1 bis 3 μ-inch Durchschnitt sichern die Bildung des Ölkeils und gleichmäßiger Ölfilme bei Benutzung feiner Öle niedriger Viskosität (1,5 bis 1,8 Engler). Die Lager sollen in der unteren Schalenhälfte keine Ölnuten haben, um ein Maximum von Tragfläche mit einem Minimum von Lagerspiel zu verbinden. Abb. 82 veranschaulicht die günstige Wirkung von aufeinanderfolgenden Läppoperationen auf die Güte der Oberfläche: Ebenheit, große Feinheit, große Tragfläche.

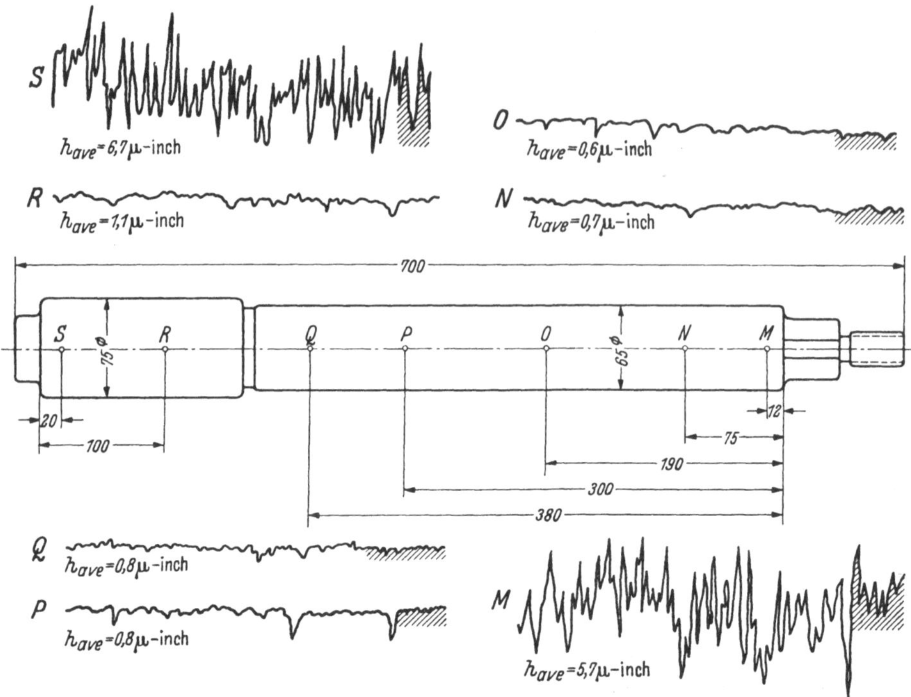

Abb. 127. Kolben für eine Hochdruckpumpe. Vergrößerungen: 40000/150 mal.

3. Kolben für eine Hochdruckpumpe (Abb. 127). Der Kolben war aus erstklassigem Chrom-Nickel-Stahl gemacht von etwa 4,5% Nickel und einer Zugfestigkeit von 130 bis 150 kg/mm². Er war im Einsatz gehärtet, wärmebehandelt und in Öl abgekühlt. Das Musterstück wurde an den Stellen von *M* bis *S* an sieben verschiedenen Durchmessern gemessen. Die Enden *M* und *S* gehörten zur Güteklasse 4,1 bis 8 μ-inch und hatten ungefähr den gleichen Mittelwert von 5,7 und 6,7 μ-inch. In allen Fällen wurden Profilkurven mit 40000 mal senkrecht und 150 mal waagerecht aufgenommen, die die typischen handelsüblichen Oberflächenrauhigkeiten zeigten. Der Kolben sollte eine Dreh- und eine Hinundherbewegung gegen einen Druck von ungefähr 1500 at gleichzeitig ausführen. Dieser ungewöhnlich hohe Druck bewirkte sehr harte Arbeitsbedingungen. Daher müssen die zusammenarbeitenden Teile haben:

1. Genaue Form: a) rund, b) zylindrisch;
2. enges Spiel;
3. feine Oberflächen.

Zu 1. Form: Eine starre und genaue Universalschleifmaschine wurde benutzt, praktisch ohne Erschütterungen arbeitend, deren Arbeitsbereich war:

a) bis 75 mm Durchmesser: rund mit 0,0025 mm Toleranz;

b) übeı 75 mm Durchmesser bis 500 mm Länge: zylindrisch innerhalb 0,01 mm Abweichung.

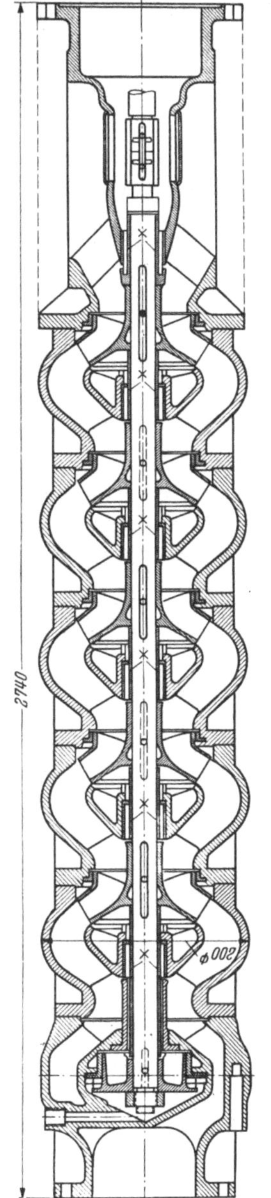

Abb. 128. Schnitt durch eine Grundwassertiefpumpe mit 6 feinstbearbeiteten (superfinished) Lagerstellen (×).

Die fertig geschliffene Oberfläche war nicht gut genug, um gegen 1500 atm dicht zu halten, so daß es nötig war, sie durch „Superfinishing" zu verbessern. Daher wurden als Kontrollstellen die Punkte M und S unberührt gelassen, die, wie erwähnt, ungefähr 6 μ-inch Durchschnittsrauhigkeit hatten. Dann wurde der ganze Zylinder feinstgeschliffen und zwischen den Stellen N und R fünfmal gemessen. Die Feinheit war auf 0,6 bis 1 μ-inch verbessert worden. Diese feine Oberfläche erfüllte die Anforderung an Genauigkeit und Dichtigkeit. Das Ölspiel war 0.01 mm für 75 mm Durchmesser (R) und 0,006 mm für 65 mm (Q bis M) Durchmesser. Diese Spiele sind ohne Schwierigkeiten erreichbar, wenn Kolben und Zylinder die genaue Form innerhalb der genannten Grenzen einhalten.

Die mittleren Probemessungen, dargestellt durch die Kurven N, O, P, Q, R, waren mit der Ausnahme von R in der Klasse von 0,5 bis < 1 μ-inch ($= 0{,}012$ bis 0,025 Mikron). R selbst gab 1,1 μ-inch. Die Oberflächen waren sehr gut und bestätigten die Tatsache, daß sie feinstgeschliffen (superfinished) waren. Ein paar Riefen auf der Prüfstelle O gaben 1,2 bis 1,5 μ-inch. Diese sind offenbar verknüpft mit den Teilen der Oberfläche, an denen Unvollkommenheiten des vorangehenden Schleifverfahrens durch die Feinstschliff-Schlußarbeit aufgedeckt wurden. Eine Stelle bei P von 1,8 μ-inch wurde aufgedeckt, ohne daß eine Riefe sichtbar war, um diese höhere Rauhigkeit zu rechtfertigen. Sie war aber wahrscheinlich verursacht durch Schleifrisse ähnlich denen an der Prüfstelle O. Die Profilkurven N. O. P, Q, R zeigen vorzügliche Ergebnisse.

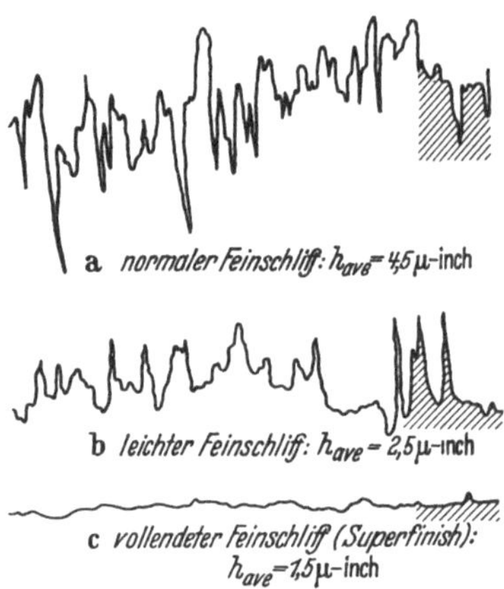

Abb. 129, a–c. Darstellung der Oberflächengüte einer Pumpenwelle nach den verschiedenen Arbeitsgängen. Vergrößerung: horizontal 40000-, vertikal 150fach.

4. Antriebspindel einer Grundwasser-Tiefpumpe (Abb. 128, Seite 177). Der Schnitt durch die Grundwasser-Tiefpumpe zeigt 6 Lagerstellen (X) einer langen Zentralwelle von 60 mm Durchmesser aus nicht rostendem Stahl, die in korrosionsfesten Lagerbüchsen mit Wasserschmierung läuft. Ölschmierung war unzulässig, da das geförderte Wasser zur Getränkherstellung (Bier) ohne die geringste Verunreinigung verlangt wurde. Die Pumpe lieferte 6000 Liter/min gegen 75 m/ws Druckhöhe. Sie wurde angetrieben durch einen Motor von 150 PS bei 1450 U/min. Die Herstellung der Welle ist aus den drei Diagrammen verfolgbar (Abb. 129, a–c):

a) Normaler Feinschliff:

$$h_{ave} = 4{,}5\ \mu\text{-inch};$$

b) leichter Feinstschliff:

$$h_{ave} = 2{,}5\ \mu\text{-inch};$$

c) vollendeter Feinstschliff (Superfinish)

$$h_{ave} = 1{,}5\ \mu\text{-inch}.$$

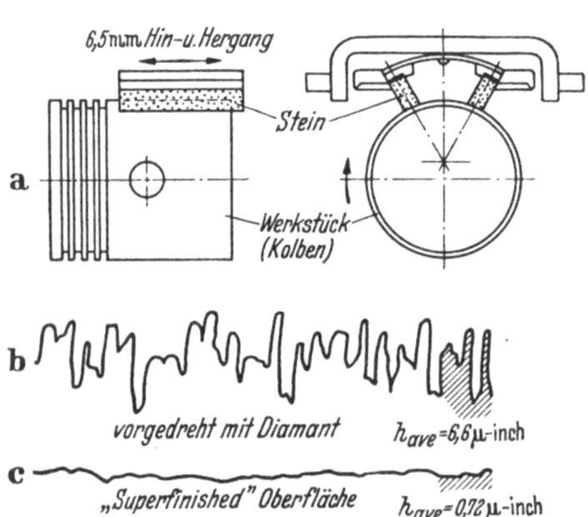

Abb. 130. Feinstschliff eines Kolbenmantels. Profilkurven vor und nach der „Superfinish"-Arbeit. Vergrößerung: 40000mal senkrecht, 150mal waagerecht.

Die erfolgreiche Dauerlösung der schwierigen Aufgabe lag in der hier zweckmäßigen Anwendung des Feinstschliffes (Superfinish), der einen Wasserfilm als Kühlung in den Lagern von nur 10 μ-inch (0,000 25 mm) Dicke ermöglichte.

5. Kolbenmäntel aus Aluminiumlegierung (Abb. 130). Die Abb. 130 zeigt Ergebnisse des Feinstschliff- (Superfinish-) Verfahrens als Fertigarbeit hinter einer mit Diamanten auf 6,6 μ-inch vorgedrehten Kolbenmantelfläche. Da in dem vorliegenden Falle der Kolben mit einer Kurvensteuerung elliptisch geformt war, mußte der Anpreßdruck der

Schleifsteine außerordentlich leicht gehalten werden, um eine Veränderung der Oberflächenform zu verhüten.

Die Arbeitsdaten waren: 240 minutliche Doppelhübe der Schleifsteine, eine Drehgeschwindigkeit des Stückes von 450 U/min, ein Schleifdruck von nur 140 g/cm². Die Güte war 0,72 μ-inch.

Für den Feinstschliff von Kolben in Massen wird auch eine dauernd arbeitende sechsfache spitzenlose Schleifmaschine verwendet (Abb. 131),

Abb. 131. Fortlaufendes spitzenloses Feinstschleifen von Aluminiumkolben auf Sondermaschine.

die ungefähr 600 Kolben je Stunde fertigstellen kann. Die Bauart der Maschine ist anpaßbar, insofern als jeder Zuführungsweg entsprechend den Werkstattsbedürfnissen für verschieden große Kolben eingerichtet werden kann.

6. Teile von Brennstoffpumpen und Zerstäubervorrichtungen (Abb. 132 bis 133). Plunger und Nadeln wurden auf Durchmessergenauigkeit und Oberflächengüte gemessen. Die Ergebnisse waren außergewöhnlich gut. Diese empfindlichen Teile, deren Oberfläche gegen 175 atü dicht halten muß, können nicht durch normales Schleifen vollendet werden. Der übliche Maschinenschliff (Abb. 125) ist hier viel zu grob. Eine so geschliffene Oberfläche eines Plungers, auch wenn sie gleichmäßig, völlig rund und gerade ist, hält dann wegen der Oberflächen-

unregelmäßigkeit (Höhlungen) nicht genügend dicht, und nur die durch mechanisches Läppen, Honen oder Feinstschliff fertig bearbeitete Fläche

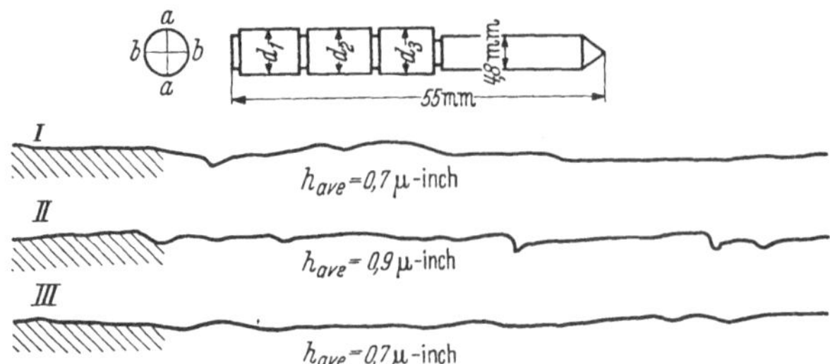

Abb. 132. Zerstäubernadel und drei Profilkurven.

konnte zufriedenstellende Ergebnisse zeitigen. Die größte Durchmesserabweichung von Plunger und Nadeln (Zahlentafel 27 und 28) war nicht

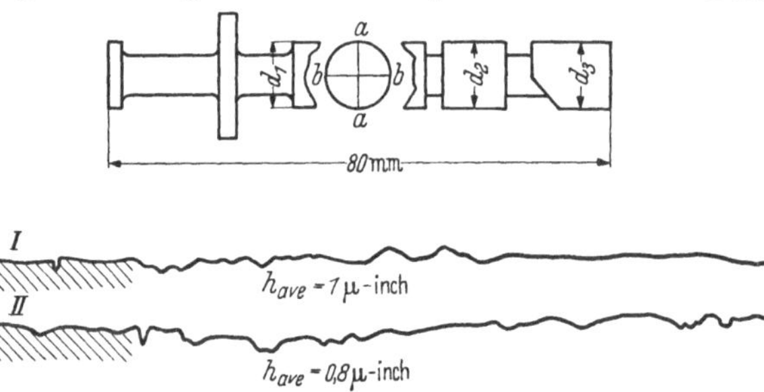

Abb. 133. Brennstoffinjektor-Plunger und zwei Profilkurven.

mehr als 0,00125 mm (= 0,00005 Zoll), und die Oberflächengüte der Teile, die mechanisch geläppt waren, schwankte zwischen $h_{mittel} = 0{,}7$ und 1 μ-inch.

Die Profilkurven verdeutlichen die Unterschiede in der Rauhigkeit und im Völligkeitsgrad und zeigen, daß hier der Formfaktor von 45% für handelsüblichen Schliff auf 90% durch mechanisches Läppen erhöht werden konnte.

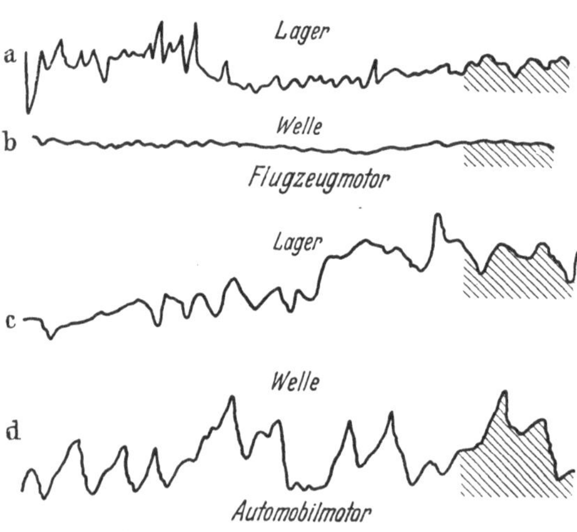

Vergrößerung: senkrecht 20000 mal

Abb. 134, a–d. Vergleich der Profilkurven von Wellen und Lagern für a, b einen Flugzeugmotor, c, d einen Automobilmotor.

Zahlentafel 27. Zerstäubernadel.

Durchmesser	Richtung	Durchmesser, Genauigkeit mm			Oberflächengüte Mittel μ-inch		
		Nadel I	Nadel II	Nadel III	I	II	III
d_1	a—a	6,3427	6,3429	6,3434	—	—	—
	b—b	6,3427	6,3429	6,3434			
d_2	a—a	6,3432	6,3429	6,3434	0,7	0,9	0,7
	b—b	6,3427	6,3429	6,3434			
d_3	a—a	6,3422	6,3420	6,3434	—	—	—
	b—b	6,3422	6,3420	6,3434			

Größengenauigkeit und Oberflächengüte der Zerstäubernadel.

Zahlentafel 28. Plunger.

Durchmesser	Richtung	Durchmesser, Genauigkeit mm		Oberflächengüte Mittel μ-inch	
		Plunger I	Plunger II	I	II
d_1	a—a	10,0025	10,0025	—	—
	b—b	10,0025	10,0022		
d_2	a—a	10,00175	10,0022	—	-
	b—b	10,0015	10,0015		
d_3	a—a	10,0025	10,0022	1,0	0,8
	b—b	10,00125	10,0020		

Durchmessergenauigkeit und Oberflächengüte des Plungers.

Der ganze Apparat besteht aus wahllos einbaubaren, wirklich austauschbaren Teilen.

7. Kurbelwellen und Lager für Automobil- und Flugzeugmotoren (Abb. 134, a–d). Abb. 134, a–d vergleichen Profilkurven der Kurbelwelle und des Bleibronzelagers eines Flugzeugmotors mit der Welle und dem Weißmetallager eines guten Automobilmotors. Beide Wellen waren ganz verschieden fein geschlichtet. Wenn diese Schaulinien mit den Abbott-Tragflächen-Kurven (vgl. Abb. 21 a, b) verglichen werden, so erkennt man die höhere Güte der Flugzeugteile an dem Verlauf der Gütelinien für *a*-Lager und *b*-Welle, verglichen mit denen der Automobilteile *d*-Welle und *c*-Lager. Danach wird die Einlaufperiode des Automobilmotors länger dauern als die des Flugzeugmotors. Die Formfaktoren F_1 schwankten zwischen 45% (*c*, *d*) und 85% (*a*, *b*) für diese vier Teile.

8. Innenhonen von geschliffenen Büchsen (Abb. 135, a, b, c). Profilkurven von 2 feinstgehonten Büchsen aus rostfreiem Stahl, die außen und innen geprüft wurden, zeigten ungefähr die gleiche hohe Feinheit zwischen 0,5 und 0.7 μ-inch. Auch die Maßgenauigkeit der

beiden Büchsen war sehr gut; die Höchstabweichung im Durchmesser der Büchse I war nur 0,0016 mm und der Büchse II: 0,0032 mm (Zahlentafel 29).

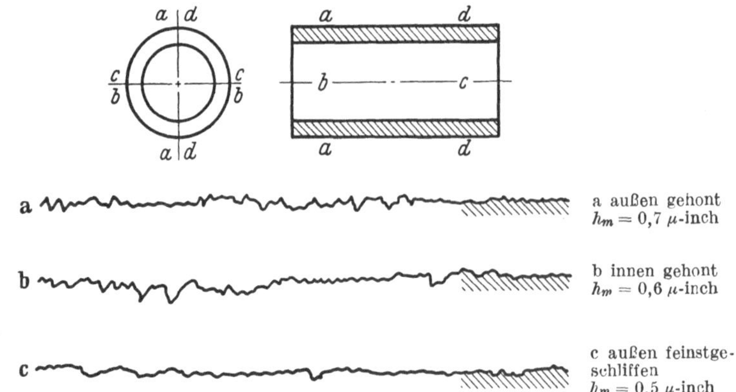

Abb. 135, a-c. Durchmessergenauigkeit und Oberflächengüte von Büchsen: a Profilkurve für den Außendurchmesser, b Profilkurve für den Innendurchmesser, c Profilkurve vom Feinstschliff außen.

Die Profilkurven gehonter Oberflächen können den gleichen Feinheitsgrad längs der Achse und quer dazu oder um den Umfang gemessen zeigen, wenn die Schnittmarken der Schleifsteine die gleiche Teilung haben und sich unter dem gleichen Winkel kreuzen (2mal $45° = 90°$) (vgl. Abb. 116c). Die Innenhonemaschine und der expandierende Dorn sind in Abb. 136 und 137 dargestellt.

9. Honen des Kolbenbolzenloches (Abb. 138). Die Innenhonemaschine wird z. B. zum Fertigmachen der Innenbohrung von Automobil-Kreuzkopfzapfen in Aluminiumkolben benutzt. Der Materialabschliff für einen Arbeitsgang ist 0,012 bis 0,025 mm, ausgehend von einem mit dem Diamanten fein vorgebohrten Zapfenloch, in der Gesamthonezeit von 50 Sekunden. Die Durchmessergenauigkeit wurde zwischen 0,0025 und 0,005 mm gehalten, und die endliche Größe gleich-

Zahlentafel 29. Oberflächengüte.

Maßgenauigkeit.

Richtung	Büchse I mm	Büchse II mm
a—a	37,3816	37,5848
b—b	37,3808	37,5840
c—c	37,3800	37,5864
d—d	37,3800	37,5832
Größter Fehler	0,0016	0,0032

O-Güte.

Büchse	10 Ablesungen										Mittelwerte μ-inch
I	0,6	0,6	0,7	0,6	0,8	0,6	0,6	0,6	0,6	0,7	0,7
II	0,5	0,5	0,5	0,5	0,5	0,5	0,5	0,5	0,5	0,5	0,5

förmig mit einer Toleranz von 0,005 mm durch eine automatische Kontrollvorrichtung („Mikrosize“) aufrechterhalten. Die Oberflächenfeinheit blieb durchweg zwischen 3 bis 5 μ-inch = 0,075 bis 0,125 Mikron, (h_{mittel} oder h_{rms}).

Für das Honen von Motorzylinderbohrungen auf einen vorgeschriebenen Durchmesser wurde ein Ziehschleifwerkzeug mit verklinkten Schleifsteinen (Abb. 139) benutzt, die eine große völlig geschlossene ringförmige Berührungsfläche während des ganzen Arbeitsganges bilden. Das übliche Honen erzeugt bei Benutzung solcher Werkzeuge eine sehr glatte Oberfläche mit gekreuzten Schleifrissen von einer Feinheit zwischen 1,5 bis 0,5 μ-inch (h_{mittel}).

Abb. 136. Innenhonemaschine: System Sunnen (Delapena & Sons Ltd., Cheltenham).

Nach Vollendung dieser Arbeit wird die Kreisbewegung der Schleifahle ausgeschaltet und nur noch die Längsbewegung im Loch weiter betätigt (vgl. Abb. 116d), wobei zwischen ausgewählten Hüben noch um einige wenige Grade weitergedreht wird, um gewissermaßen die höchste Vollendung der Oberfläche in der Arbeitsrichtung (axial) zu erzeugen.

10. Rollenlagerringe (Abb. 140). Das meistbenutzte Poliermittel für den letzten Schliff von Lagerringen ist Chromoxyd, womit ein Gütegrad

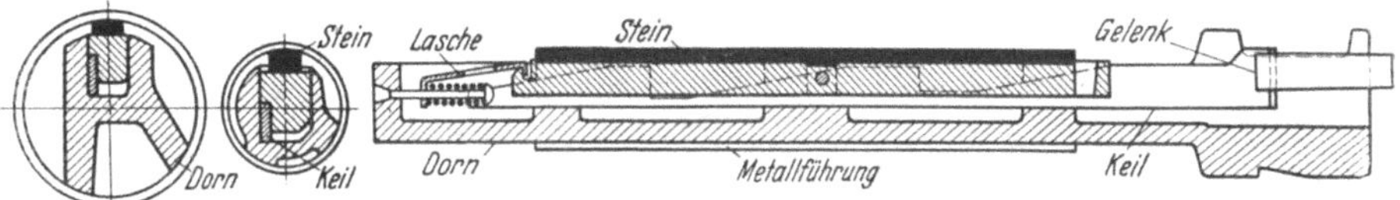

Abb. 137. Expandierender Schleifdorn zum Honen von Bohrungen, Sunnen- (Delapena-) Verfahren.

von h_{mittel} = 0,5 bis 0,6 μ-inch erzielt werden kann. Die Frage entstand, ob dieses recht teure Schleifmittel durch ein Pulver aus Hartmetall ersetzt werden kann, und Versuche bewiesen, daß das tatsächlich der Fall ist. Der einzige Einwand, von einem Wälzlagerfabrikanten, war, daß der Schliff mit Hartmetallpulver eine etwas „schärfere“ Oberfläche erzeugt als die mit Chromoxyd vollendete, „gefühlt“ mit dem Rücken des Fingernagels.

Auf 10 Messungen kamen durchschnittliche Unterschiede zwischen 0,3 und 1,0 μ-inch, während bei Benutzung von Hartmetallpulver die Unterschiede nur zwischen 0,5 und 0,6 μ-inch schwankten. Da das Kar-

Abb. 138. Honemaschine für das Kolbenbolzenloch.

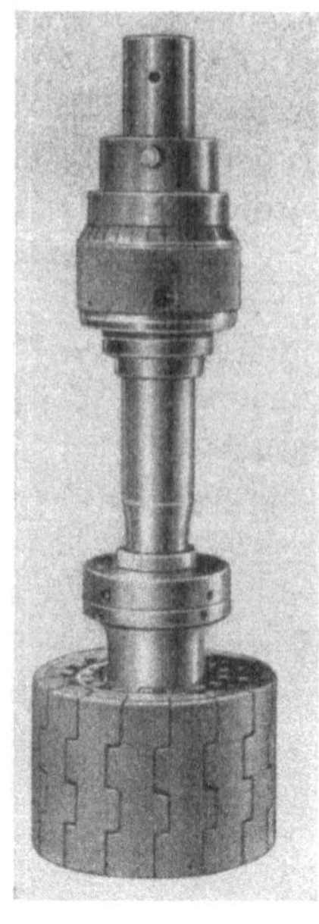

Abb. 139. Ziehschleifwerkzeug mit verklinkten Schleifsteinen.

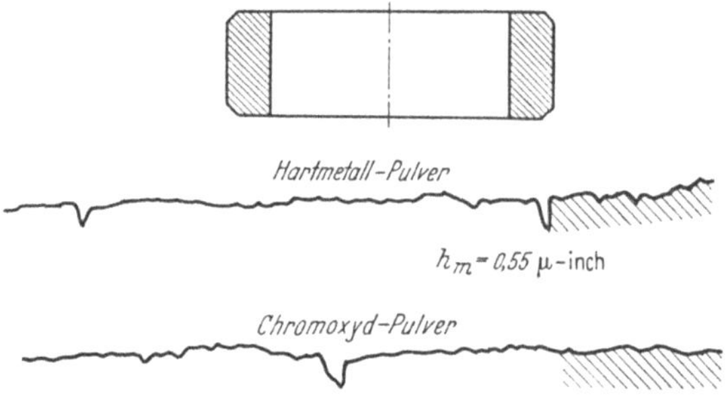

Abb. 140. Rollenlagerring.

bidpulver sehr fein hergestellt werden kann, können die feinsten und glattesten Oberflächen erzeugt werden (Zahlentafel 30).

11. Vergleich der Gütegrade von wichtigen Teilen englischer und deutscher Flugmaschinen (Zahlentafel 31). In den

Jahren 1942 bis 1943 wurde eine Untersuchung der Oberflächengüte von Hauptteilen von Flugzeugmotoren durchgeführt, wobei abgeschossene deutsche Maschinen der bekannt guten Marken Jumo 211 (Junkers), DB 601 (Daimler-Benz) und BMW 801 (Bayrische Motoren-Werke) mit den britischen Motoren von Bristol, Rolls Royce und De Havilland verglichen wurden. Die Untersuchungen erstreckten sich auf die Bohrungen der Zylinder und Pleuelstangen, Kugel- und Rollenlagerringe sowie auf die Außenflächen von Kolben, Kreuzkopfzapfen, Ventilen, Brennstoffinjektoren, Zahnrädern. Die Ergebnisse sind in Zahlentafel 31 zusammengestellt; für die englischen Maschinen sind gute gemessene Mittelwerte angegeben.

Profilkurven wurden von allen geprüften Oberflächen aufgezeichnet mit besonderer Beachtung des Vorhandenseins irgendwelcher tieferer

Zahlentafel 30. Rollenlager-Feinheiten, Laufring.
Oberflächengüte des Rollenlager-Laufringes.

Läppmittel	10 Durchschnittsablesungen μ-inch										Mittelwerte μ-inch
Hartmetall Cutanit-Pulver . .	0,6	0,5	0,5	0,6	0,5	0,6	0,6	0,5	0,5	0,6	0,55
Chromoxyd-Pulver	0,3	0,3	0,4	1,0	0,6	0,6	0,6	0,5	0,8	0,4	0,55

Kratzer, die u. U. den Beginn eines unerwünschten Bruches bedeuten. Es ist klar, daß, wenn solche Arbeitsrisse nicht vorhanden sind, die Wandstärke des Stückes vermindert werden kann. Dann nimmt auch das Gewicht ab, und das ist ein besonders wichtiger Punkt für die Konstruktion eines Flugzeugmotors.

Die Vorbereitung zuverlässiger Vergleiche bot einige Schwierigkeiten, da die deutschen Maschinenteile bereits eine längere Dienstzeit hinter sich hatten, während die englischen Teile von neuen Maschinen herrührten. Da für ein paar Fälle keine englischen Flugzeugmaschinenteile erhältlich waren, wurde ein Ausweg dadurch gefunden, daß ähnliche Teile von hochwertigen Kraftfahrzeugen herangezogen wurden, die den nächsthöheren Gütegrad darstellten. Jedoch wurde die schädliche Wirkung der vorausgegangenen Benutzung dadurch zu mindern gesucht, daß auf den zu prüfenden Teilen die Stellen untersucht wurden, die entweder gar nicht abgenutzt waren oder nur eine geringe Abnutzung zeigten; z. B. unbenutzte Stellen in den Bohrungen der Zylinder, auf Kurbelwellen u. dgl., die man mit der Lupe ohne weiteres herausfinden konnte. In Hinsicht auf die kurze Lebensdauer dieser Maschinen und auf die Tatsache, daß jede richtige Benutzung die Wirkung hat, durch Einlaufen die Oberfläche zu verbessern, darf man annehmen, daß die

Zahlentafel 31. Vergleich der Gütegrade von wichtigen

Gegenstand	Fläche	Jumo 211		DB 601		BMW 801	
		Fläche Nr.	mittel μ-inch	Fläche Nr.	mittel μ-inch	Fläche Nr.	mittel μ-inch
Zylinder	Bohrung	1	7,5	38	1,6	65	2,4
,,	Festhalter-Bolzen	2	17	—	—	—	—
Kolben	Mantel	3	18	39	31	66	25
,,	,,	4	6,7	40	36	—	—
,,	Bolzenloch	5	35	—	—	67	11
,,	,,	6	9,5	—	—	—	—
Kolben-Bolzen	Mittelteil	7	0,8	41	0,9	—	—
	,,	8	0,6	42	0,9	—	—
	Enden	9	2,5	43	1,8	—	—
	,,	10	0,6	44	2,1	—	—
Pleuelstange	Kleiner ∅	11	1,2	—	—	—	—
	(Stahlmodell)	12	5,6	—	—	—	—
Pleuelstange	Großer ∅ (Stahlmodell)	13	12	—	—	—	—
,,	Großer ∅	14	13	—	—	—	—
	(ausgebüchst)	15	13	45	15	—	—
Pleuelstange	Bolzenschaft	16	3,6	46	3,5	—	—
		17	9,6	47	5,2	—	—
Kurbelwelle	Hübe	18	2,4	48	4,6	—	—
		19	3,1	49	2,7	—	—
Kurbelwelle	Hauptlager	20	2,7	50	8,8	—	—
	Zapfen	21	2,8	51	3,9	—	—
Kurbelwelle	Hauptlager	22	12	52	26	—	—
,,	Schale	23	13	53	44	—	—
Steuerwelle	Lager	24	12	54	6,1	—	—
,,	Kurvenform	25	14	55	3,5	—	—
Ventil	Stange	26	3,8	56	5,1	68	3,1
		27	28	57	8,5	69	3,8
Einspritz-Injektor	Plunger	28	1,4	58	1,4	—	—
		29	1,3	59	1,4	—	—
Rollenlager	Laufring	30	11	60	7,0	70 (Propeller)	—
		31	17	61	4,1	—	—
		32	4,4	62	4,6	71	—
Rollenlager	Rollen	33—36	2,9	63	4,2	72	5,6
		(Mittelwerte)	—	64	4,1	73	5,3
Zahnräder	Zahnflanke	37	12	—	—	—	—

Teilen englischer und deutscher Flugmaschinen.

Verschiedene englische Flugzeuge Fläche Nr.	mittel μ-inch	Passung	Bearbeitung	Bemerkungen
150	1,5	enger Laufsitz	gehont	Fläche 150 war geschliffen. Die deutschen Zylinder waren gehont
151 152	22 14	freie Fläche	geschliffen	
153 154 155 156	3,1 6,6 3 17	Laufsitz enger Laufsitz	diamant-gedreht microhont	
157 158 159 160	0,9 0,8 0,9 0,8	Laufsitz	mechanisch geläppt	
161	11	Laufsitz	fein geschliffen	Fläche 161 stammte von einem Verkehrsflugzeug. Mit Rücksicht auf die Feinheit des großen Durchmessers von Fläche 162 einer entsprechenden Militärmaschine würde der kleine Durchmesser wahrscheinlich einen Wert von etwa 1 μ-inch (mittel) haben.
162 163 164	0,6 3,4 10	Laufsitz Laufsitz	gehont diamant-gedreht	Fläche 162 war gehont Fläche 13 war geschliffen
165 —	18 —	Leichter Gleitsitz	fein geschliffen	Beachte die feinere Güte der deutschen Teile
166	1,3	Laufsitz	feinst-geschliffen (superf'd)	Fläche 166 war nach dem Schleifen geläppt worden
167 168	2 2	Laufsitz	geschliffen und geläppt	
169	2,4	Laufsitz	diamant-gebohrt	
170 171	8,4 8,0	Laufsitz Gleitsitz	fein geschliffen fein geschliffen	Fläche 170 stammte von einem Verkehrsflugzeug. Fläche 171 desgl.
172 173	3,4 3,6	Leichter Gleitsitz	geschliffen und geläppt	
174 175	1,9 0,8	Leichter Gleitsitz	mechanisch geläppt	Flächen 174 und 175 waren entsprechende Teile eines Dieselmotors; Fläche 175 war nur fein geschliffen
176 177 178	0,7 17 0,7	Schiebesitz	fein geschliffen oder geläppt	Flächen 176 und 178 waren geläppt (normale Lager, nicht besonders für Flugzeuge gefertigt), Fläche 177 war ein Teil eines Verkehrsflugzeuges
179	1,0	enger Laufsitz	geläppt	
180	4	Gleitsitz	gehärtet geschliffen geläppt	Fläche 37 war das einzige Rad, mit dem ein englisches Rad ähnlicher Größe verglichen werden konnte

in Zahlentafel 31 angegebenen Ziffern eine brauchbare Grundlage für Vergleiche geben, besonders für die gehärteten Stahlsorten.

Im allgemeinen ist festzustellen, daß die Güte der geprüften stählernen Teile britischer und deutscher Erzeugung etwa in die gleichen Rauhigkeitsklassen fielen. Einzelne britische Teile waren feiner. Eine bemerkenswerte Ausnahme bildeten die sogenannten freien Oberflächen der Pleuelstangenbolzen. Die deutschen Flächen hatten 3,6 bis 9,6 μ-inch Feinheit, während die britischen 18 μ-inch hatten. Andererseits hatte das dicke Ende des englischen Modells (Nr. 162) nur 0,6 μ-inch, während das deutsche (Nr. 13) 12 μ-inch zeigte, ohne stark abgenutzt zu sein.

Größere Schwierigkeiten entstanden beim Vergleich der Oberflächen gleicher Teile, die für Kolben und Lagerschalen benutzt waren. Die Kolbenmäntel waren so abgenutzt, daß Messungen nur an wenigen Stellen durchgeführt werden konnten. Doch waren die Profilkurven, die von diesen Stellen aufgezeichnet wurden, so charakteristisch für Diamantdreharbeit, daß die Ergebnisse als sicher anzusehen sind. Sie ergaben 7 bis 36 μ-inch (0,175 bis 0,9 Mikron) für die deutschen Kolben, und 3 bis 7 μ-inch für die englischen Kolben. Daß heute diese Kolbenflächen mit 1 bis 3 μ-inch (diamantgedreht, vgl. Abb. 95) geliefert werden, ist eine Übertreibung (schönes Aussehen), da ja nicht der Kolbenkörper, sondern der gußeiserne Kolbenring die Führungsarbeit zu übernehmen hat.

Auch die Lagerschalen zeigten nur noch selten die Spuren der ursprünglichen Bearbeitung, als die Profilkurven aufgezeichnet wurden. Die dicken Enden (Büchsen der deutschen Stangen Jumo Nr. 14 und 15, DB-Daimler-Benz Nr. 45) waren noch in guter Verfassung und ihre Durchschnittsgüte schwankte von 13 bis 15 μ-inch, was gut übereinstimmt mit den Oberflächen der britischen Teile (Nr. 164), die 10 μ-inch betrugen. Die Kurbelwellenlager schwankten in weiten Grenzen. Die abgenutzten Flächen von Daimler-Benz (Nr. 52 und 53) waren unbrauchbar für die Messung. Die Jumo-Oberflächen (Nr. 22 und 23) waren zwar in guter Verfassung, hatten aber 12 bis 13 μ-inch Rauhigkeit, während die englische entsprechende Oberfläche (Nr. 169) nur 2,4 μ-inch zeigte. Auch hier kann nur ein eingehender Vergleich auf praktischer Grundlage sagen, welche Flächen gut genug für Dauerbetrieb sind. Im großen und ganzen sind die Stahlteile beider Länder von ähnlicher Rauhigkeit, während die deutschen nichteisernen Teile, besonders die Aluminiumkolben, rauher waren.

12. Vergleich geschliffener und geschabter Gleitflächen (Abb. 141). Die Vor- und Nachteile geschliffener und geschabter ebener Gleitflächen sind wohlbekannt. Für Reihen- und Massenfabrikation ersetzt der Schleifprozeß das langsame Handschaben mehr und mehr, einmal um die schwierige Herstellung durch die sehr geübte Schabe-

mannschaft zu beseitigen, dann um die hohen Kosten und den Zeitaufwand dieser Arbeit zu verringern. Als Beispiel sei die Herstellung von hochwertigen Radialbohrmaschinen (Abb. 142) angeführt, bei denen die Schabearbeit grundsätzlich durch Schleifen sämtlicher Gleitflächen

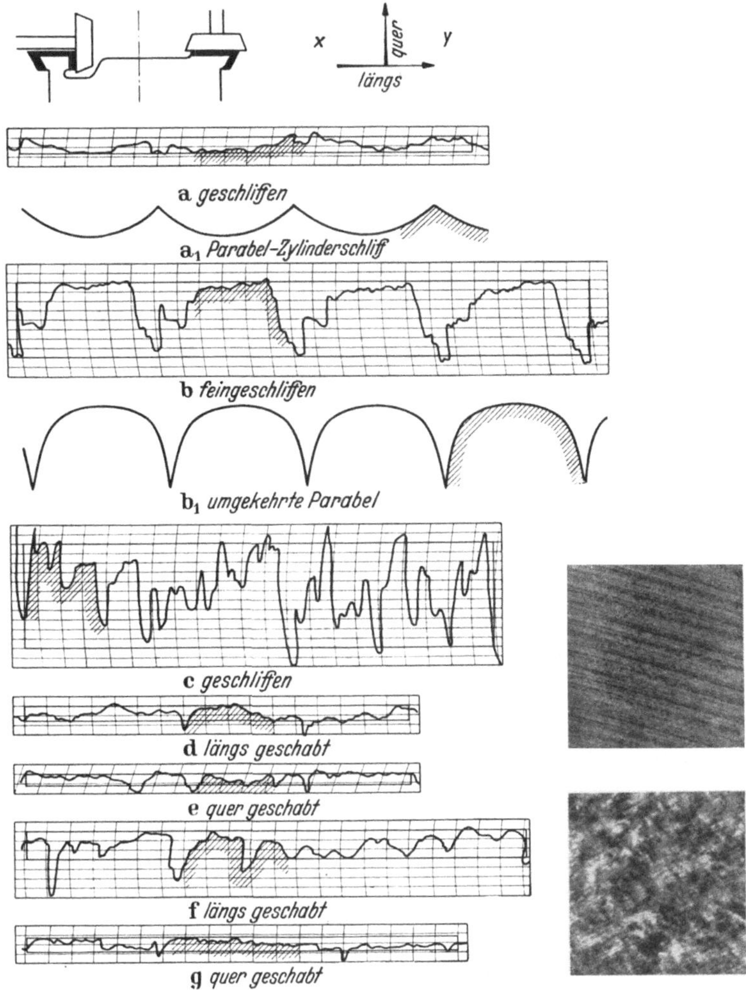

Abb. 141. Vergleich geschabter und geschliffener Oberflächen (Gleitführungen).

ersetzt wurde. Obgleich die Zahlentafel 32 und Profilkurven (Abb. 141) zeigten, daß die geschabten Flächen AS-1 und AS-2 gleichförmiger und auch feiner waren als die geschliffenen Beispiele AG-1 und AG-2, darf nicht übersehen werden, daß bei der Radialbohrmaschine die ebenen Gleitflächen von Arm und Säule hauptsächlich nur zur Einstellung der

Bohrspindel benutzt werden, und nicht zur Arbeitsausführung, wie z. B. bei den ebenen Führungsflächen der Schleif- und Hobelmaschinen. Der Formfaktor war hier aber bei beiden Bearbeitungsarten etwa gleich groß, und darauf kam es an. Vor allem aber wurden die Herstellungskosten durch gutes Schleifen erheblich verringert.

Abb. 142. Auslegerarm einer Radialbohrmaschine (William Asquit-Halifax). Alle Führungen auf Flächenschleifmaschine geschliffen.

Ein englischer Radialbohrmaschinenhersteller hat Zahlen zur Verfügung gestellt, die beweisen, daß die gesamten Arbeitsstunden, erforderlich für die gängigste Type, von 170 auf 80 Stunden verringert werden konnten, durch systematische Benutzung des Schleifens verbunden mit einer genaueren Herstellung der Einzelteile, die sich vor allem in der Montage stark auswirkte. Die Musterflächen (Abb. 141) sind gute Beispiele für beide Verfahren. Aber es ist sicher möglich, feiner geschliffene Oberflächen als im Beispiel gezeigt zu erhalten, wenn es nötig sein sollte.

Zahlentafel 32. Vergleich geschliffener und geschabter Gleitführungen. Profilkurven der geschliffenen und geschabten Oberflächen: längs und quer. Dazu Zahlenangaben für h_{max}, h_1 und den Formfaktor F_1. Vergrößerungen: 10000 senkr.; 150 waagerecht.

Stückbezeichnung	Bearbeitung	Meßrichtung	h_{max} (aus Diagramm Abb. 141) μ-inch	h_1 μ-inch	Formfaktor $F_1 = \frac{h_1}{h_{max}} \times 100$ Prozent	Umrechnung μ-inch	Umrechnung Mikron
A G 1	geschliffen	quer zum Vorschub	a — 15	63	42	5	0,125
						6	0,15
	desgl.	desgl.	b — 81	56	69	7	0,175
AG-2	desgl.	desgl.	c — 56	34	60	10	0,25
AS-1	geschabt	längs	d — 15	6,9	46	12	0,30
AS-1	geschabt	quer	e — 13	9,5	73	15	0,375
AS-2	geschabt	längs	f — 28	16	58	20	0,50
AS-2	geschabt	quer	g — 12	5,9	49	28	0,70
						34	0,85
						40	1,00
						50	1,25
						56	1,38
						80	2,00

Beide Bearbeitungsverfahren, Schaben und Schleifen, erzeugen ölhaltende Oberflächen, jedoch mit dem Unterschied, daß die Öltaschen einer geschabten Fläche allseitig geschlossen sind und so das Öl wirklich festhalten, während die feinen Riefen einer geschliffenen Fläche einer Tischführung an beiden Seiten offen sind und daher das Öl nur durch Kapillarwirkung halten können. Gewöhnlich genügt aber diese Adhäsion, um Öle oder Fette eine genügend lange Zeit festzuhalten.

Die Profilkurven a, b, c (Abb. 141) beziehen sich auf geschliffene gußeiserne Teile, die nicht sehr gleichmäßig geschliffen waren, auch nicht an den benachbarten Stellen x, y (Abb. 141), die zu dem gleichen Stück AG-1 gehörten. Die Stelle x zeigte den feinen Wert $h_{mittel} = 15\ \mu$-inch (fein) (0,375 Mikron), die Stelle y dagegen 81 μ-inch (grob $\sim$ 2 Mikron).

Die Tragfläche für die feine Stelle x hatte den kleinen Wert von 42% in Übereinstimmung mit der Profilkurve a, deren Grundform eine umgekehrte Parabel a_1 ist. Bei der rauheren Stelle y war die Tragfläche 60%, dargestellt durch die schematische Parabel b_1 mit den breiten tragfähigen Kopfflächen. Dieselbe an sich brauchbare Oberfläche zeigte also ganz verschiedene Rauhigkeiten und Formfaktoren je nach der Meßstelle, die in diesem Falle die Anpassung an die Hauptarbeitsgeschwindigkeit zwar nicht störten die aber für reine Gleitflächen Schwierigkeiten hätten verursachen können, weil die Einlaufwirkung und Abnutzung bei x größer ist als bei y (Abb. 141).

Eine zweite Fläche AG-2 wurde auf derselben Führungsflächenschleifmaschine geschliffen mit einer Genauigkeit von $h_{max} = 56\ \mu$-inch (c) und einem Formfaktor von 60%. Die geschabten Oberflächen AS-1 und AS-2 sind nach beiden Richtungen gleichförmiger. Fläche AS-1 ist sehr gut, aber die Formfaktoren ändern sich doch von 46 bis 73%. Die Profilkurven d bis g haben eine recht gute Form, die allein von der Geschicklichkeit des Schabers abhängt.

Die mit der Peripherie des Schleifrades geschliffene Fläche (Abb. 143a, b) ist größenmäßig in der Mitte hohl (— 40 Hunderttausendstel eines Zolls = 0,01 mm) gegen die Enden (O). Die Oberflächengüte in der Längsrichtung ist 4,2—4,5—4,2 μ-inch (= 0,0001 mm), in der Querrichtung 8—8—7 μ-inch (= 0,0002 mm), d. i. sehr fein und sehr gleichmäßig. Aber die Beseitigung der großen Welle (— 40) in der Mitte dürfte schwierig sein.

Völlig anders ist das Schattenbild der Oberfläche der geschabten Fläche (Abb. 143c, d), die an einigen Stellen rechts und links, aber auch in der Mitte, Null zeigte. Die tiefsten Stellen haben ± 20 (0,00020 Zoll = 0,005 mm). Die Fläche ist als solche recht gut. Dagegen ist die Oberfläche verhältnismäßig rauh; zwischen 30 bis 80 μ-inch längs und 60 bis 80 μ-inch quer.

13. Meßflächen von Rachenlehren (Abb. 144, a–c). Die Meßflächen von Rachenlehren, die in 3 Klassen hergestellt wurden, hatten:

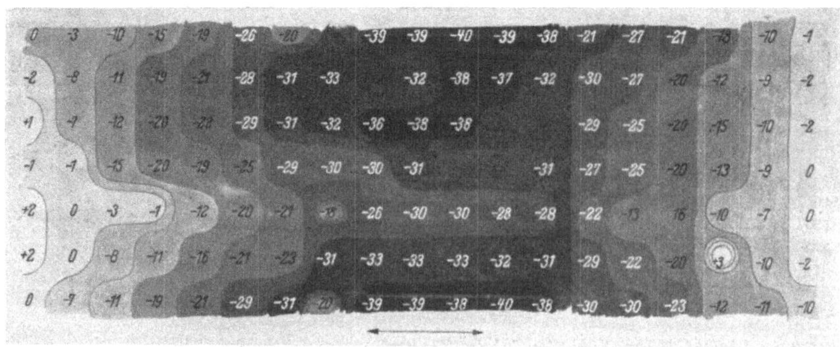

143a

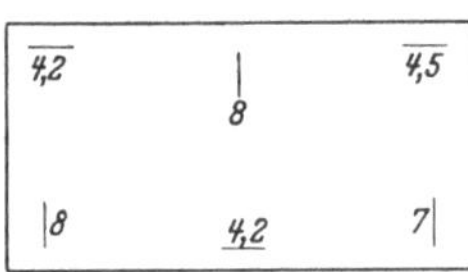

a, *b* geschliffen, mit der Peripherie des Schleifrades.

143b.

a zeigt das Schattenbild der Oberfläche in 10000stel Zoll. Die drei äußersten Ecken der Fläche haben etwa 0 Höhe. Die Minuszeichen bedeuten Vertiefungen.
b gibt die Rauhigkeit gemessen längs und quer.

Abb. 143a–d. Oberflächenuntersuchungen an

1. 16 μ-inch für Handelsschliff; 2. 4 μ-inch für feine Klasse; 3. 0,5 μ-inch für beste Klasse. Da diese feinen Meßinstrumente ihre Genauigkeit für lange Lebensdauer behalten müssen, so sind die teureren, fein geläppten oder „superfinished" Lehren für enge Grenzen nicht nur ökonomisch gerechtfertigt, sondern sie sind das einzige Mittel, die Produktion wirklich austauschbarer Teile durch angelernte Arbeiter dauernd durchzuführen (vgl. S. 129).

Die Sonderkosten fein geläppter Lehrenflächen werden mehrfach ausgeglichen durch die erhöhte Lebensdauer infolge der verringerten Abnutzung und die Leichtigkeit, mit der gute Lehren wieder maßrichtig gemacht werden können, indem man die abgenutzten Flächen durch Hartverchromen wieder auf Maß bringt. Ein Vergleich der Profilkurven von Lehrenflächen (Abb. 144)

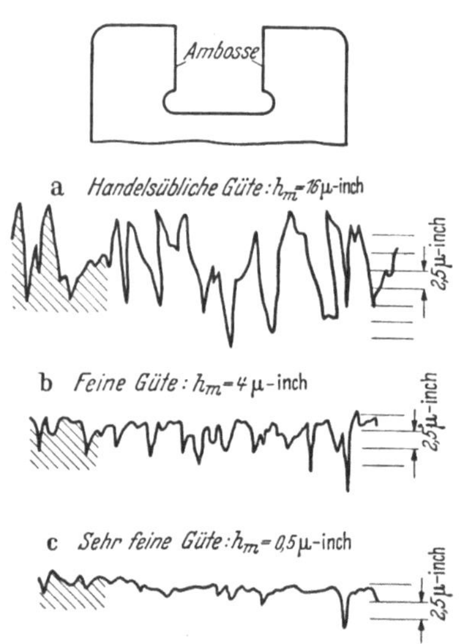

Abb. 144. Meßflächen von Rachenlehren. Amboßflächen einer Rachenlehre in drei Gütegraden. Profilkurve „a" handelsüblich, „b" zweite Güte, „c" erste Güte.

mit denen einer Spindel und einer Bleibronzeschale (vgl. Abb. 134a, b), die durch Rachen- und Dornlehren der oben erwähnten Art abgenommen

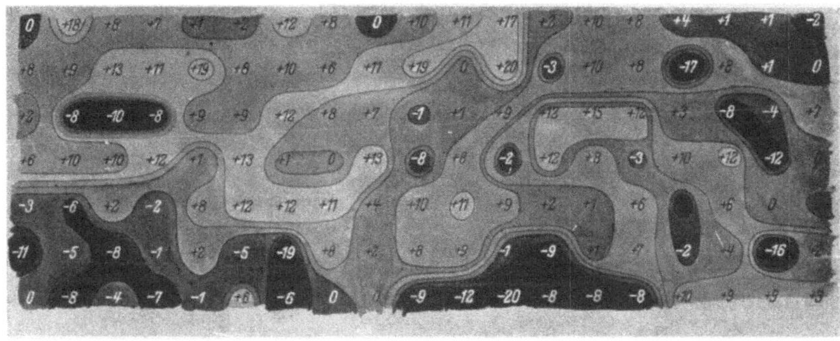

143c

c und *d* geschabte Fläche

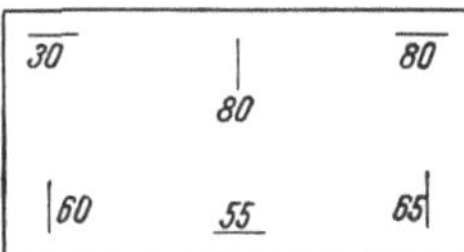

c ist wieder das Schattenbild, *d* die Rauhigkeit längs und quer nach dem gleichen System.

143d

geschliffenen, ebenen und geschabten Flächen.

waren, zeigte, daß das Lager (*a*) etwa so fein war wie eine mittelgute Grenzlehre, während die Welle (*b*) dem Gütegrade erstklassiger enger Rachenlehren entsprach. Es wird daher die dauernde Genauigkeit der Messung beeinflußt, wenn die Lehrenoberfläche zu rauh und ihr Formfaktor zu klein ist, so daß sich die Meßfläche zu schnell abnutzt.

Bei den Meßflächen der Rachenlehren kann die Rauhigkeit der Oberfläche bereits Einfluß auf den Sitz der erzeugten Teile haben. Ein Zapfen von 6 mm ISA-n 5 (Edelfestsitz) darf 6,008 mm bis 6,013 mm groß sein. Dann bedeuten 4 μ-inch = 0,0001 mm nur 1,25 bis 0,8% Größenunterschied, aber der Formfaktor wächst für die beste Klasse auf 85% gegen 60%. Die „sehr feine" Lehre hat jedoch die 3- bis 4fache Lebensdauer und die abgenützte Lehre ist, wie erwähnt, durch Verchromen und Feinstschleifen schnell wieder auf gleiche Güte nach Abmaß und Lebensdauer zu bringen.

Die JOHANSSONschen Endmaße (vgl. Abb. 89), die wahllos zusammengesetzt, für gleiche Längenmaße die gleiche Toleranz verbürgen, müssen heute für die Qualität AA hochfein hergestellte Oberflächen haben (vgl. Zahlentafel 24), da die Toleranzen selbst nur zwischen 0,00005 mm für die Kleinstgröße bis unter 30 mm und 0,00075 mm für das Größtmaß von 500 mm schwanken. Hier hätte also die Güte der Oberfläche von 4 μ-inch = 0,0001 mm der feinen Lehrengüte bereits einen Einfluß zwischen 100% und 13% auf das Größtmaß. Die Meßfläche selbst muß daher „feinst“ gemacht werden, also 0,5 μ-inch = 0,0000125 mm — was heute keine Schwierigkeiten macht —, weil sie sonst in gröberer Form die Größtmessung beeinflußt.

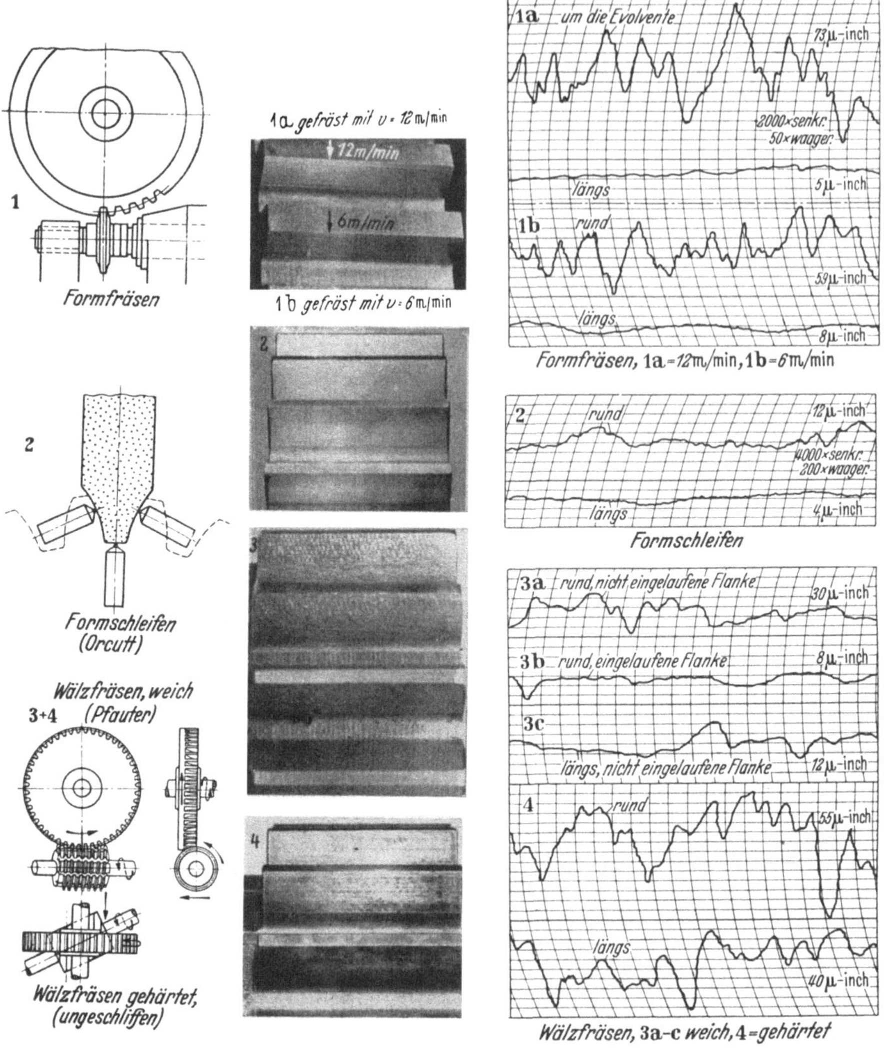

Abb. 145, 1–4.

14. Stirnräderzähne (Abb. 145, 1–10). Zahnprofile müssen die folgenden Bedingungen erfüllen:

1. ausreichende Stärke;
2. Widerstand gegen Abnutzung;

3. Genauigkeit des Profils;
4. Achsenparallelität und Konzentrizität;
5. Arbeitstätigkeit mit zulässigem Geräusch.

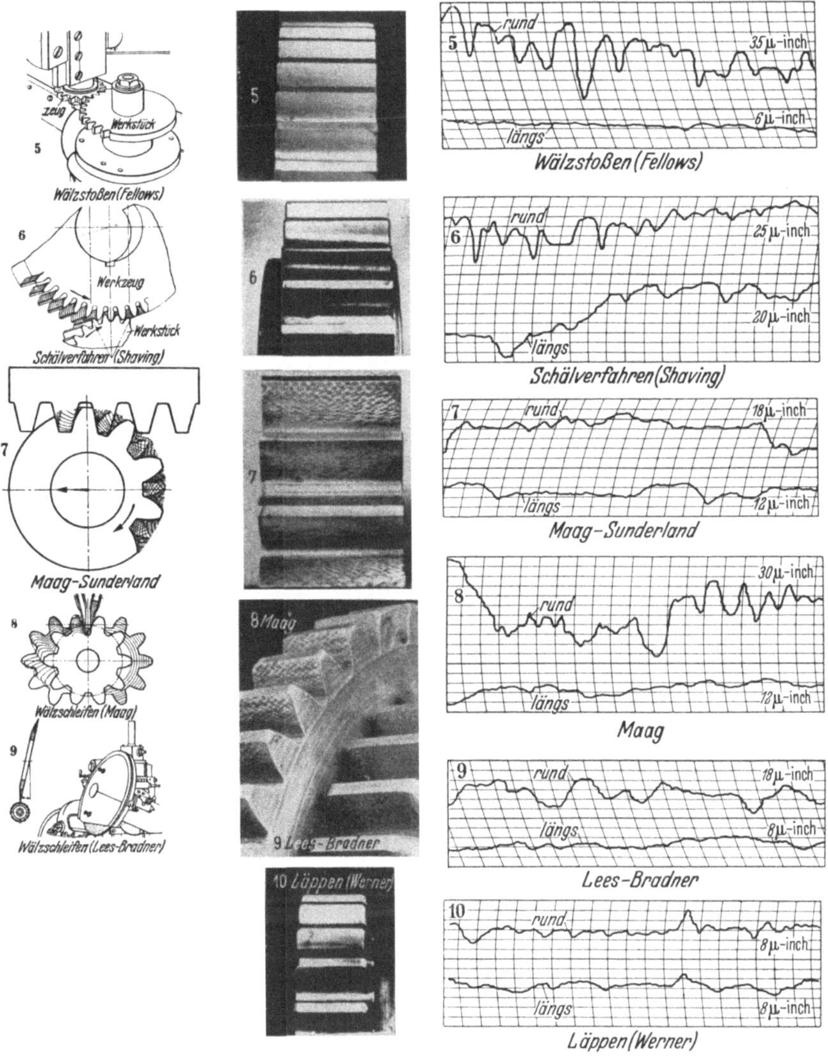

Abb. 145, 5–10.

Bei zusammenarbeitenden Räderpaaren mit Prim-Zähnezahlen muß jeder Zahn des Triebes korrekt mit jedem andern Zahn des Rades kämmen. Die Zahnformen müssen also praktisch austauschbar sein, und zwar kann jeder Zahn mit jedem beliebigen Gegenzahn zum Eingriff kommen. Sonst wird ein Ton erzeugt, der durch die Verbiegung des Zahnes, die Abnutzung und Achsenungenauigkeit verstärkt wird. In jeder Werkstatt ist geräuschlose Räderabwälzung eine wichtige Forderung, weil auch ein kleines Geräusch an einer Maschine, durch die große Zahl gleichzeitig laufender Räder aller Werkzeugmaschinen, noch dazu bei verschiedenen Geschwindigkeiten und ständig ändernden Belastungen verstärkt wird. Wenn man annimmt, daß Genauigkeitsfehler der Teilung und Achslage vermieden werden oder sich in den zulässigen Grenzen von 0,0025 bis 0,0075 mm halten, so wird der Lärmfaktor von der Güte der Zahnoberfläche abhängen. Daher wird es belehrend sein, zu wissen, wie glatt die verschiedenen Oberflächen von Radzähnen sind, die durch eine erstklassige (englische) Firma mittels der meist benutzten Verfahren hergestellt wurden (DAVID BROWN, Huddersfield) bei Kontrolle durch die drei charakteristischen Kennzeichen: 1. Rauhigkeit, 2. Welligkeit und 3. Meßrichtung. Ein Räderzahn muß jedenfalls nach 2 Richtungen gemessen werden (Abb. 146):

a

b

Abb. 146a, b. Talysurf mit Einrichtung für Zahnräder-Profilmessung. a Räderzahnmessung rund um die Evolvente, b Räderzahnmessung längs der Flanke.

1. Quer, d. h. rund um die Evolventenform;
2. längs der Flanke (parallel der Achse).

Die Glätte der Evolventenkurve verbürgt geräuschloses Arbeiten der Räder. Glätte und Ebenheit der Flanke vermeidet einen zu starken spezifischen Druck zwischen den Zähnen, erhöht die Tragfläche und daher den Widerstand gegen Abnutzung.

Die Art der Stirnräderherstellung durch Fräsen, Stoßen, Schaben und Hobeln, Schleifen und Läppen, die bei dieser Untersuchung verwendet wurde, spielt eine entscheidende Rolle für die O-Güte. Abb. 145 stellt nebeneinander: Verfahren–Aussehen–Rauhigkeitsmessung rund und längs, d. i. die Meßrichtung. Die Darstellung zeigt die praktische Anwendung der O-Prüfung auf das schwierige Gebiet der Zahnradherstellung.

Abb. 145 zeigt die großen Rauhigkeitsunterschiede in Richtung der Evolvente, verglichen mit denen längs der Flanke, die bei Zahnrädern durch die verschiedenen Bearbeitungsverfahren erzeugt werden.

Abb. 147. Zahnräder-Läppautomat von Fritz Werner.

Die geprüften Räder, z. B. Nr. 7 und 8, zeigen nach dem Maagverfahren geschliffene Räder mit den typischen kleinen Flächen, die aber schnell durch Einlaufen verschwinden. Rad *(7)* war in der Form besser; längs der Flanke waren Nr. 7 und 8 gleich.

Das Lees-Bradner-Verfahren *(9)* ergab eine glattere Oberfläche in beiden Richtungen.

Nr. 2 verdeutlicht die Überlegenheit des Formschleifprozesses und erklärt, warum manche führende Werkzeugmaschinen-Fabriken das Formschleifverfahren ausschließlich sowohl für schmale als breite Räder anwenden.

Das Läppen gehärteter Räder verbessert das Evolventenprofil (Nr. 10). Man sieht an den Profilkurven, daß die Verwendung der Wernerschen Läppmaschine (Abb. 147) die gleichzeitig kreisende und hin und her gehende Bewegung verbindet, die Profilrauhigkeit auf 8 μ-inch verringert bei gleichbleibender Flankengüte. Hinterher wurden die geläppten Räder auf einer „Phone" anzeigenden Abhörmaschine untersucht. Das Phonediagramm (Abb. 148) zeigt, wie groß die Geräuschverminderung durch das Läppen in 12 Sekunden geworden ist. Das trifft aber nur zu, wenn die vorgeläppten Räder keine größeren Größenabweichungen zeigen als: 0,0025 bis 0,005 mm von der genauen Zahnform und 0,005 mm Exzentrizität auf eine Umdrehung, parallel zur Achse und konzentrisch, und wenn der größte Gesamtfehler 0,0075 mm nicht überschreitet. Die Wichtigkeit des Läppens um Feinheit und Form zu verbessern, ist in den Profilkurven (Abb. 145) gezeigt.

Profilkurven und Durchschnittsmessungen an diesen Rädern wurden mit einem Talysurf-Apparat ausgeführt, der eine Sondereinrichtung zur Prüfung von Zahnrädern besaß (Abb. 146). Es leuchtet ein, daß diese Verbindung von Profilkurven für die Einzelheiten und Durchschnittsziffer für die laufende Revision (Zahlenwerte), eine große Hilfe für die Fabrikation geeigneter Räder darstellt, besonders wenn Welligkeit, hervorgerufen durch irgendeine Ursache, ausgemerzt werden muß, bevor die regelmäßige Fabrikation beginnt.

Der Radiusapparat für die Evolventenprüfung (Abb. 146) wird in Verbindung mit einem „schuhlosen" Fühlerarm benutzt, der für die Erzeugung des Oskulationskreises der Evolvente eingerichtet ist. Er besitzt ein Stützlager „O", das einen einstellbaren Schlitten hat; das Lager selbst ist an der Unterseite des Räderkastens angebracht. Ein gleitender Bock „P" trägt ein Kugellager M_2 unterhalb des Stützarms, wenn die zu prüfende Oberfläche gewölbt ist. Der Drehpunkt wird nach oben verlegt (M_1), wenn der Prüfling eine hohle Fläche hat. Ein Satz von einstellbaren Radiusstangen nebst Kugelsitzen gestattet den Radius in jeder Größe zwischen 3 und 100 mm einzustellen. Bei der Benutzung wird die erforderliche Radiusstange zwischen ihren beiden Kugelenden eingefügt. Das eine Kugellager „M_2" (oder „M_1") ist mit einer Schraube fein einstellbar. S ist ein Halterarm. Die Einstellung erfordert bei einiger Übung nur wenige Minuten.

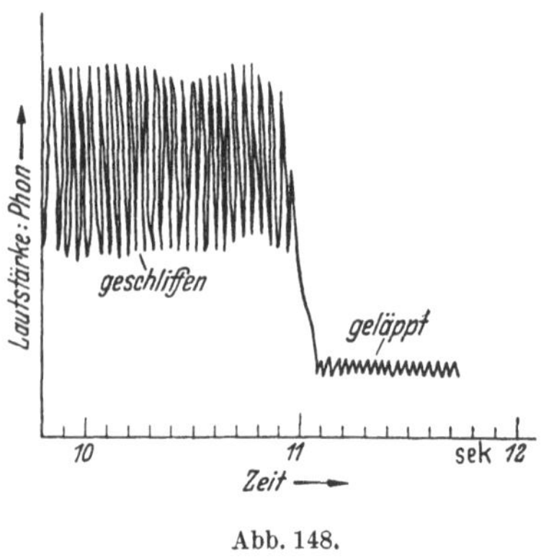

Abb. 148.

15. Der Einfluß von Kühlmitteln auf die Oberflächengüte. Mehrere geschliffene Zapfen von 38 mm Durchmesser und 200 mm Länge und ein stählernes Doppelrad für einen Tankantrieb wurden untersucht, um Aufschluß über die Güte der Oberfläche, erzeugt unter Benutzung verschiedener Kühlmittel, zu erhalten. Das bemerkenswerte Ergebnis der Untersuchung war, daß Zapfen und Räder, die mit reinem Rüböl gekühlt waren, Oberflächen hatten, die schlechter waren, als die, welche mit einem guten Schneidöl mit einer Verdünnung von 1 : 20 geschnitten waren, das nur den 60. Teil per Liter Flüssigkeit kostete. Diese unparteiischen Ergebnisse bekehrten den Werkstattmeister, der bisher an der Verwendung des unverdünnten Rüböls festgehalten hatte. In den Abteilungen, in denen früher Rüböl verwendet wurde, ist nunmehr durch die Verwendung des verdünnten Schneidöls eine erhebliche Verbilligung des Kühlölverbrauchs entstanden.

16. Starrwerkzeuge für schwere Arbeit (Abb. 149a, b). Zähes und durch das Vordrehen gehärtetes (arbeitshartes) Material, wie es bei den Radbandagen der Eisenbahnen benutzt wird, die schweren Dienst leisten müssen, kann in geeigneter Weise geschlichtet werden. Alle ersten Dreharbeiten sowie die Reparaturen wurden auf einer starken Werkzeugmaschine mit starren Werkzeugen ausgeführt.

Eine Laufkranzrauhigkeit von etwa 160 μ-inch wurde unter diesen Bedingungen durch Schlichtdrehen der Fläche erzielt, die beim normalen Fahren schon in 24 Stunden bereits auf 8 bis 16 μ-inch glatt gerollt war. Die Messung geschah mit dem sehr handlichen Profilometer am neuen und eingelaufenen Rad.

a

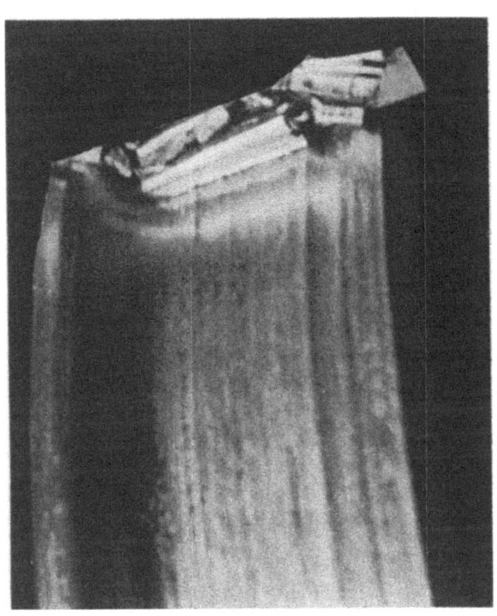

b

Abb. 149, a u. b. Starrwerkzeuge für schwere Arbeit (Arthur Balfour, Sheffield). a Revolverkopf mit Werkzeugen zur Bearbeitung von Eisenbahnradbandagen. Vorn sichtbar ist der Schlichtbreitmeißel von $4^{15}/_{16}$ μ-inch (125 mm) Breite und 250 mm ursprünglicher Höhe für die Lauffläche und den Innenflansch. b Schälstahl in Tätigkeit. Die sichtbare Oberfläche zeigt den vorgedrehten Laufkranz (Operation 1). Die durch den breiten Schlichtstahl erzeugten Späne verdecken die feingeschlichtete Radreifenfläche (Operation 3). O-Güte: $h_{ave} = 160$ μ-inch.

Es ist schon schwierig genug, neue Bandagen der benutzten Stahllegierung zu drehen, aber die Beanspruchung der Schneidwerkzeuge wird noch erheblich erhöht, wenn das im Dienst gehärtete Material der heruntergewalzten abgenutzten Bandagen nachzudrehen ist. Diese Bandagen sind auch häufigen Bremsungen ausgesetzt, die es härter machen; ein erheblicher Prozentsatz der Radsätze wird ferner im Drehgestell direkt angetrieben. Die Räder haben im Durchschnitt 900 mm Durchmesser, sie haben eine Gesamtbreite von 120 mm und eine Laufkranzbreite von 85 mm. Jedoch kann man mit einem guten Breit-Drehmesser zwischen 6 bis 8 Laufkränze abdrehen, bevor es geschliffen werden muß; und die wieder in Dienst gestellten Räder haben eine Lebensdauer von 50000 bis 160000 Laufkilometern je nach Beanspruchung. Das Rädermaterial ist ein Chrom-Molybdän-Stahl von 70 bis 80 kg/mm² Zugfestigkeit.

Die Schnittbedingungen waren: 5 bis 6 m/min Schnittgeschwindigkeit, Schnittiefe 0,8 bis 1,6 mm, Materialabhub bis zu 16 mm Tiefe, je nach dem Reparaturstand. Hochleistungswerkzeugstahl 18 Wo-5 Cr-1 Va + 5% Kobalt. Die Arbeit wurde auf einer Radsatzdrehbank mit sehr kräftigem Revolverkopf ausgeführt (Abb. 149a). Die Formdrehwerkzeuge stehen senkrecht und haben eine ursprüngliche Höhe von 250 mm (Arthur Balfour-Sheffield-Ultra Capital plus One). Die Arbeitsfolge ist: Schruppen des Flansches und des Laufkranzes mit zwei massiven Werkzeugen, Formdrehen des Flansches mit einem massiven Tangentialformstahl, ebenso des Laufkranzes mit einem besonderen Werkzeug (Abb. 149b). Die Durchschnittszeit für das Abdrehen einer im Dienst gehärteten Bandage ist 60 bis 70 Minuten.

17. Das Abstumpfungskennzeichen für Hartmetall-Schlichtwerkzeuge (vgl. Abb. 124). Wenn man feine Schlichtschnitte macht, so ist es schwierig, den genauen Zeitpunkt zu bestimmen, wenn das Werkzeug anfängt, stumpf zu werden, wodurch die Oberfläche rauh, d. i. unbrauchbar wird. Die durch den Widerstand des zu bearbeitenden Metalls erzeugten Schnittkräfte sind sehr klein, sie schwanken zwischen 1 bis 4 kg für Bearbeitung frei schneidender Aluminiumlegierungen, die mit einer Schnittiefe von 0,05 mm und feinen Vorschüben von 0,01 mm und weniger ausgeführt werden, bis ungefähr 5 bis 10 kg für harten Stahl von 100 kg/mm² Zugfestigkeit, bei einem Schnittquerschnitt für Stahl von 0,1 × 0,05 mm. Die meisten bestehenden Dynamometer sind entweder nicht feinfühlig genug für so feine Kräfte oder die Messung wird durch Schwingungen beeinträchtigt, und sie zeigen dann den Zeitpunkt der Abstumpfung nicht an. Die Gleichförmigkeit des Schnittes wird ferner oft gestört durch zeitweises Auftreten und Verschwinden einer Aufbauschneide, ferner durch die bemerkenswerte Tatsache, daß die Schneidkante von Hartmetallen sich gewissermaßen durch die Schneidtätigkeit selbst wieder anschärft.

Wenn Lebensdauerversuche auf Nicht-Eisen-Metallen gemacht werden, die manchmal 40 Stunden/Woche ununterbrochenen Schnitt gestatten, z. B. bei Verwendung eines guten Karbidwerkzeuges für die Bearbeitung von Aluminiumlegierungen, so ist es ratsam, als scharfes Abstumpfungskriterium die Güte der Oberfläche jede Stunde zu prüfen. Da man das Werkstück nicht von der Maschine nehmen darf oder kann, um den Versuch nicht zu stören, so muß ein Meßgerät benutzt werden, das entweder versetzbar ist, wie das kleine und handliche Abbottsche Profilometer, oder man muß den ganzen Arbeitskopf mit dem Fühler abnehmbar machen und ihn auf das Stück in der Drehbank oder Schleifmaschine aufsetzen. Eine solche vom Verfasser hergestellte Einrichtung für den Talysurf ist in Abb. 150 gezeigt. Sie ist auch für die Untersuchung sehr schwerer Stücke notwendig, die man während der Arbeit einfach nicht von der Maschine nehmen kann und will (vgl. S. 24), die sich außerdem auf die normalen Oberflächenprüfinstrumente ihrer Größe wegen nicht aufbringen lassen.

Der Arbeitskopf mit Fühlerarm des englischen Talysurf kann von der Säule genommen und auf das Stück in der Maschine aufgesetzt werden. Im vorliegenden Falle war der ganze Prozeß in drei Minuten durchführbar:

1. Abnehmen des Arbeitskopfes von der Säule und Aufsetzen auf das Stück;
2. Ausführung der Messung durch Profilkurve oder Integrationswert;
3. Abnehmen des Arbeitskopfes vom Stück und Wiederaufsetzen auf die Tragsäule.

Abb. 150. Abnehmbarer Meßkopf des Talysurfs zum Messen schwerer Werkstücke auf der Maschine.

Diese Art Prüfung ist für wiederholte Messung, z. B. zunehmende Rauhigkeit von 4 μ-inch bis zur Grenzgüte, z. B. von 32 μ-inch, empfindlich, zuverlässig und schnell. Mit ihr läßt sich die Lebensdauer eines Schnellwerkzeuges oder eines Stellites, Hartmetalls, Diamanten oder Schleifscheibe bis zur zulässigen Abstumpfung gut überwachen, indem man beispielsweise beim normalen Schleifen mit 16 μ-inch als Feinfläche anfängt und den Versuch als beendet erklärt, wenn die Rauhigkeit von 32 μ-inch erreicht ist. Dann muß das Werkzeug als stumpf angesehen werden. Diese Lebensdauerprüfung hat den Vorteil, daß die normale allgemeine Einrichtung einer Drehbank, Schleifmaschine oder Fräsmaschine überhaupt nicht gestört wird (vgl. S. 24).

Solche Untersuchungen wurden mehrere Wochen hindurch sowohl auf Eisen- wie Nicht-Eisen-Metallen angestellt, mit dem Ziel, die besten Arbeitsverhältnisse festzustellen. Die Ergebnisse werden im nachfolgenden angegeben.

Ein Werkzeug mit aufgeschweißtem Wolfram-Karbid-Plättchen wurde benutzt, um sehr festen Chrom-Nickel-Stahl von 3,27% Nickel und 120 kg/mm² Festigkeit zu drehen. Die Profilkurve Abb. 151 zeigte sehr regelmäßige Vorschubmarken auf diesem harten und zähen Material, und die rohe geschlichtete Oberfläche, von der ein Diagramm gemacht wurde, gab eine Durchschnittrauhigkeit von $h_{mittel} = 66$ μ-inch (1,65 Mikron). Das Werkzeug hatte eine Lebensdauer von 1 Std. 40 Min. auf Material von 250 mm Durchmesser, einer Schnittiefe von 0,13 mm, einem Vorschub von 0,05 mm und einer Umfangsgeschwindigkeit von 50 m/min. Die Spindel mit Rädern und Stufenscheiben war dynamisch ausgewuchtet, die Lager in gutem Zustande.

Ein zweites Wolfram-Karbid-Werkzeug ähnlicher Herkunft wurde benutzt, um Zylinder aus Aluminiumlegierung (NA-17 S) von 75 mm Durchmesser und 250 mm Länge zu schlichten. Die Umfangsgeschwindigkeit war 400 m/min, die Schnittiefe 0,05 mm und der Vorschub 0,012 mm/U. Die geschlichtete Oberfläche eines solchen Werkstückes sollte in der Feinheitsklasse von $h_{mittel} = 8$ bis 16 μ-inch sein, sie war 4 bis 10 μ-inch (0,1 bis 0,25 Mikron). Das entspricht einer guten mit einem gewöhnlichen Hartmetallwerkzeug erzeugten Feinheit. Der Zustand der Schneidkante wurde dadurch kontrolliert, daß man die Oberflächengüte mit dem Integrationsmesser prüfte. Dazu war es aber nötig, das Stück auszuspannen, die Oberfläche zu messen, und das Stück wieder zwischen die Spitzen zu nehmen und einen neuen Versuch vorzunehmen. All diese zusätzlichen Arbeiten verlangten 3 Minuten Zeit. Die Gütefeststellung wurde nach etwa jeder Stunde wirklicher Schnittzeit gemacht. Abb. 124 zeigte die kennzeichnenden Schaulinien: 1. punktiert für die Rauhigkeit, 2. ausgezogen für die steigende Abnutzung des Wolfram-Karbid-Werkzeuges (Cutanit). Die senkrechten Ordinaten geben die Rauhigkeit in μ-inch und die gemessene Abnutzung der Stahlnase in 0,0001 Zoll = 0,0025 mm als Einheit, die Abzisse ist die Zeit in Stunden. Die Güte und Abnutzungsmessungen wurden etwa alle 1 bis 2 Stunden vorgenommen, besonders, wenn irgendein ungewöhnliches Zeichen auf der Oberfläche des Stückes bemerkt wurde.

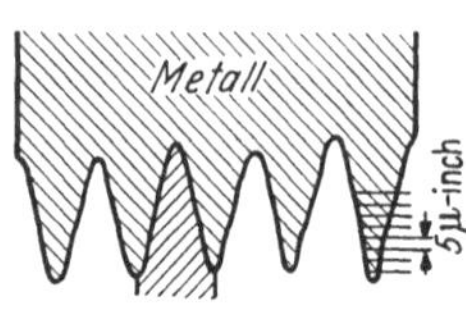

Abb. 151. Regelmäßige Vorschubmarken beim Drehen von Chrom-Nickel-Stahl mit Hartmetallwerkzeugen. 3,27% Ni, 120 kg/mm², h_{ave} = 66 μ-inch, Vergrößerungen 2000/150.

Das Werkzeug begann mit etwa 8 μ-inch Rauhigkeit, dann lief sich die Schneide durch Glattwerden ein, so daß nach der 5. Stunde weniger als 4 μ-inch bei hochglänzender Oberfläche des Aluminiumzylinders erreicht wurde. Die Abnützung des Meißels war auf etwa 0,000 25 Zoll $\simeq$ 0,006 mm gestiegen. In der 17. bis 20. Stunde war eine beste Feinheit von 2,5 bis 3,0 μ-inch erreicht bei 0,0005 Zoll $\simeq$ 0,0125 mm Meißelabnutzung. In der 40. Stunde wurden 15 μ-inch und in der 41. Stunde

18 μ-inch Feinheit gemessen, und die Schneide war offenbar mit etwa 0,001 Zoll = 0,025 mm Abnützung erschöpft. Die Güte des Stückes, die zwischen 8 bis 16 μ-inch haben sollte, war schon von der 2. Stunde und bis zur 33. Stunde etwa 4 μ-inch, also viel feiner.

Die Schneidkanten des Werkzeuges waren in wenigen Minuten mit einer diamantimprägnierten Schleifscheibe geschärft. Dann wurde die Arbeit mit dem gleichen Erfolg wieder aufgenommen. Dieses Verfahren war offenbar sehr sparsam, auch wenn man die viel höhere Lebensdauer eines Diamantwerkzeuges für Aluminiumfeindrehen (vgl. S. 145) gegenüber dem verwendeten Hartmetallwerkzeug in Betracht zieht.

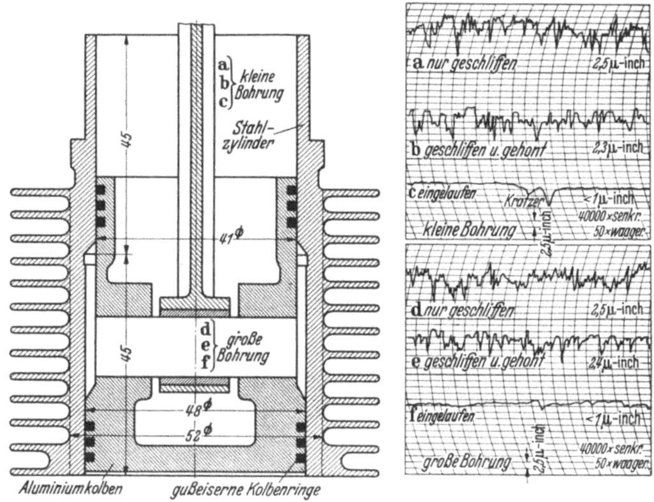

Abb. 152. Kompressor-Zylinder.

18. Zylinder und Kolben eines Luftkompressors (Abb. 152). Ungewöhnlich feine Zylinderinnenoberflächen sind für kleine Kompressoren notwendig, die hohe Drücke erzeugen müssen. Profilkurven helfen die Güte der Schleif- und Honearbeit zu kontrollieren, ebenso die Güte nach der Einlaufperiode.

Das Aufschreiben von Profilkurven innerer Zylinderflächen ist viel leichter als die Prüfung der Rauhigkeit von Zähnen. Abb. 152 zeigt die fortschreitende Verbesserung, die durch Schleifen, Honen und Einlaufen bei einer Luftkompressoreneinheit erzielt wurde.

Die Maschine ist ein zweistufiger einzylindriger Kompressor mit Luftkühlung für Flugzeuge. Er besteht aus einem mit Rippen besetzten Stahlzylinder, der eine Bohrung von zwei verschiedenen Durchmessern besitzt und einem entsprechend eingepaßten Aluminiumkolben. Die Hin- und Herbewegung erfolgt durch Kurbel und Pleuelstange.

Unter normalen Bedingungen und bei einer Geschwindigkeit von 1200 m/min kann der Kompressor eine Luftflasche von 6500 cm^3 Inhalt auf einen Druck von 14 atü in etwa 8 Minuten, bis auf 70 atü in etwa 18 Minuten bringen.

Wenn der Kolben in dem Zylinder sitzt, so bildet sich ein ringförmiger Raum zwischen dem Kolbenmantel und der Zylinderwand.

Beim Abwärtsgang des Kolbens wird die Luft durch ein Einlaßventil in den Zylinderraum oberhalb des Kolbens gesaugt. Beim Aufwärtsgang wird die Luft zusammengedrückt und geht durch ein Überleitungsventil in die Ringkammer, die zwischen Kolben und Zylinder gebildet ist. Dann wird die Luft während des nächsten Abwärtsganges weiter zusammengedrückt und durch ein Auslaßventil in die Luftflasche gedrückt.

Um hohen Wirkungsgrad und geringe Leckverluste zu erreichen, müssen die Spielräume zwischen Kolben und Zylinderflächen so klein wie möglich gemacht werden. Daher müssen die inneren Arbeitsflächen sehr feine Oberflächen haben. Vor allem müssen alle Welligkeiten vermieden werden.

Der Zylinder war aus wärmebehandeltem 4%igem Nickel-Chrom-Stahl gemacht, gehärtet und angelassen. Der Aluminiumkolben ist mit gußeisernen Ringen ausgerüstet und mit einer Toleranz von 0,006 mm der fertigen Größe geschliffen. Er wird dann hinterher mit einer sehr geringen Durchmesseränderung gehont.

Die Profilkurven der Rauhigkeit und die Mittelwerte (h_{ave}) der inneren Oberflächen sind in der Abb. 152 angegeben. Die Ergebnisse waren folgende:

Die geschliffene Oberfläche *a* und *d* der großen und kleinen Zylinderbohrung waren fast eben mit den gewöhnlichen scharfen Vorsprüngen des Schleifverfahrens. Die mittlere Rauhigkeit war h_{ave} 2,5 μ-inch (= 0,0625 Mikron). Das Honeverfahren verbesserte zwar die Rauhigkeit unwesentlich, aber die scharfen Spitzen wurden abgeflacht, wie in Kurven *b* und *e* zu sehen und dadurch vorbereitet für das Einlaufen. Die benutzten Vergrößerungen waren 40000mal senkrecht und 50mal waagerecht.

Nachdem das Einlaufen in 30 bis 60 Minuten bei 1200 U/min ausgeführt war, waren beide Oberflächen von etwa 2,3 μ-inch (= 0,058 Mikron) auf 1 μ-inch (= 0,025 Mikron) verfeinert, und diese Oberflächen gaben sehr befriedigende Betriebsergebnisse. Die Profilkurven *c* und *f* zeigen noch einige tiefe Kratzer als Überbleibsel der Schleifarbeit, aber sie taten keinen Schaden.

Schlußfolgerung. Diese Beispiele der praktischen Anwendung der O-Messung beweisen, daß Mittelwerte der Rauhigkeit und Profilkurven gute Dienste leisten können, sowohl bei der Einrichtung als bei der dauernden Überwachung guter Arbeit. Mit den Jahren wird eine weitere Erziehung des gesamten Ingenieur- und Produktionsstabes durch eine vernünftige Anwendung des Verfahrens die Arbeitszeiten für die Schlosserei und Montage verringern und schließlich die Verwirklichung des alten Wunsches einer unbeschränkten Austauschbarkeit der Teile herbeiführen.

XII. Feststellung günstiger Arbeitsbedingungen bei Schlichtarbeiten durch Messung der erzeugten O-Güte.

Allgemeine Aufgabe: Es sollten die besten Schnittbedingungen gefunden werden für:

I. *Schlichtdrehen* von:
  - A. Nicht-Eisen-Metallen.
  - B. Maschinenstahl.

II. *Fertigschleifen* von:
  - A. Stahl.
  - B. Gußeisen.

Zu I—A. Untersucht wurden durch Drehen:

I. Aluminium-Legierungen (Zahlentafel 33).
II. Magnesium-Legierungen (Zahlentafel 34).
III. Kupfer-Legierungen (Zahlentafel 35).
IV. Maschinenstahl (Zahlentafel 36).

Zu II. Schleifergebnisse liegen vor für:

1. Maschinenstahl
2. Chrom-Nickel-Stahl
3. Gußeisen

} (Zahlentafel 36)

Da bei Schlichtarbeiten auf Leichtmetallen (Aluminium-Magnesium-Legierungen) der Schnittwiderstand gar keine Rolle spielt, und die Abnutzungswirkung des Metalles auf die Schneidkanten sehr langsam vor sich geht, ist weder durch die Messung der Schnittkräfte noch durch die Messung der Abnutzungsgröße der Schneidkante des Werkzeuges ein zuverlässiges Ergebnis erhältlich. Es gibt keinen besseren und kaum einen anderen Weg, als die O-Güte des gedrehten oder geschliffenen Werkstückes von dem Augenblick an in gewissen Zeitabständen zu messen, in dem das richtig geformte, scharfe, sehr glatt gehonte Werkzeug anfängt zu schneiden bis zu dem Augenblick, in dem die O-Güte durch Abstumpfung der Schneide so schlecht geworden ist, daß sie die obere Grenze der Güteklasse erreicht oder überschreitet. Hier liegt offenbar ein Fall vor, in dem nur die O-Messung zum Ziele führt, weil sie nach vollendeter Arbeit am Stück erfolgt, ohne die starre Einspannung des Werkzeuges noch die des Stückes irgendwie zu stören

Zahlentafel 33. Aluminiumlegierungen.

Legierung Marke	Herstellung	Analysen											Zugfestigkeit kg/mm²	Brinell-härte	Dehnung auf 50 mm
		Cu	Ni	Fe	Si	Zn	Sb	Sn	Ti	Mg	Mn	Al			
L-39	Strang gepreßt	3,9	—	0,53	0,56	—	—	—	0,01	0,75	0,6	97,55	34	100	12
2 L-39 B	Strang gepreßt	4,3	—	0,25	0,35	—	—	—	0,01	1,4	0,6	93,09	34	104	13
DTD-324	Strang gepreßt	1,0	1,1	0,33	12,0	—	—	—	0,02	0,9	Spur	85,46	31	100	15
BA-35	Strang gepreßt	3,0	0,05	0,45	0,19	0,08	0,59	0,22	—	0,7	0,04	94,78	28	100	15
DTD-424	gegossen	2,8	0,08	0,7	4,8	—	—	—	0,02	0,03	0,45	91,12	14	50	2
L-33	gegossen	0,02	—	0,34	12,2	—	—	—	0,02	0,03	Spur	87,39	17	55	2

Da die hohe Güteklasse z. B. von Kupferwalzen für Bilddruckzwecke (vgl. Abb. 10), die zwischen $h_{mittel} = 1$ und 2 μ-inch (= 0,025 bis 0,05 Mikron) liegt, ferner die von erstklassigen Aluminiumkolben (vgl. Abb. 95), die zwischen 1 und 2 μ-inch (= 0,025 bis 0,05 Mikron) liegt, ferner von solchen Teilen aus Kupferlegierungen wie Lagerbüchsen (vgl. Abb. 134) in Betracht kommen, die früher sehr fein geschliffen wurden, also zwischen 4 bis 8 μ-inch (= 0,1 bis 0,2 Mikron) für sehr feinen Schliff und 8 bis 16 μ-inch (= 0,2 bis 0.4 Mikron) für feinen Schliff lagen, liegt hier ein Hauptverwendungsgebiet der zeitgemäß gebauten Tasterinstrumente, deren Messungen von Oberflächen unter gleichartigen Bedingungen zur Kontrolle der Werkzeugabstumpfung bis zu den feinsten O-Güten von 1 μ-inch (= 0,025 Mikron) unbedenklich verwendet werden können. Bis 8 μ-inch dringt der Taster von 0,0025 Mikron Radius sicher auf den Grund auch engster Riefen, darunter ist jedenfalls die Vergleichsgrundlage einheitlich (vgl. S. 22). Für die Bedienung genügt der normale intelligente Arbeiter an der Maschine.

Abb. 153 und 154 zeigen die Versuchswerkstatt, einmal den Talysurf (T) mitten unter einer Anzahl teils Versuchsmaschinen, teils Gebrauchsmaschinen, dann hinübergefahren zur aufgearbeiteten Drehbank.

Mit ihrer Verwendung ist hier ein Meßgebiet erschlossen, das von großer Bedeutung zunächst für die Auffindung günstigster Arbeitsbedingungen im Versuchsraum, dann für die werkstattsmäßige Durchführung und Kontrolle feiner O-Güte verwendet werden wird. Bei Benutzung der Profilkurven, deren „trockene“ Aufzeichnung im freien Licht bei einer Papierlänge von 200 bis 300 mm und bei einer 20- bis 100fachen waagerechten Vergrößerung etwa $1^1/_2$ Minuten je Messung in Anspruch nimmt, können alle Einzelheiten der Oberfläche kontrol-

Abb. 153. *A* Feinbohr- (Diamant-) Maschine, 6000 U/min, *T* Talysurfmesser, *B* Diamantdrehbank, *C* Universal-Werkzeugschleifmaschine, *D* Spiralbohrer-Schleifmaschine.

liert werden, sowohl Welligkeit als auch Rauhigkeit und Meßrichtung. Einzelne Ausreißer weisen eine an sich unzulässige Rauhigkeitstiefe an einer oder mehreren Stellen nach. Es würde daher auch die Einzelziffer

Abb. 154. *E* 10-PS-Schlichtdrehbank mit Meßkopf in Tätigkeit, *T* Talysurf mit abgenommenem Meßkopf.

(Integration vgl. S. 33), die den Durchschnittswert der Rauhigkeit als h_{mittel} (*average*, *rms*) angibt, genügen, sobald man sich vorher durch Aufzeichnen von Profilkurven überzeugt hat, daß unzulässige Welligkeiten entweder ganz ausgeschaltet sind, oder, da das besonders gut erhaltene Maschinen verlangt, daß eine maximale Welligkeit z. B. von

Zahlentafel 34. Chemische Analyse der geschlichteten Elektronmetalle.

Englische Norm	Behandlung	Al %	Zn %	Mn %	Mg %	Verun-reinigung %
DTD — 59 A	gegossen	8,5	3,5	0,5	85,8	1,7
DTD — 289	geglüht	8,5	3,5	0,5	86,8	1,7

5 : 1 Rauhigkeit stellenweise nicht überschritten wird. Das wäre bei $h_{ave} = 1 : 5$ μ-inch, bei $h_{ave} = 2 : 10$ μ-inch.

Für die höheren, aber noch feingeschlichteten Rauhigkeitsklassen wie 4, 8, 16 μ-inch sollten aber keine höheren Welligkeiten als 16 oder 32 μ-inch zugelassen werden. Die Durchführbarkeit dieser scharfen Kontrolle ist durch Hunderte von Werkstattsversuchen nachgewiesen worden. Instrumente, die diese feine Rauhigkeit nicht messen können, sind für den normalen Werkstattsbetrieb ungeeignet.

Die Zahlentafeln von 33 bis 36 geben die Analysen für die hauptsächlichen Kennzeichen der obengenannten Metallklassen:

I. Die verwendeten Werkzeugmaschinen waren (vgl. Abb. 153 bis 154):

1. eine gut durchkonstruierte (1943) und gut erhaltene Diamantdrehbank (*B*) von 200 mm Durchmesser, 300 bis 3000 minutlichen Umdrehungen und 3 Pferdestärken Antrieb mit nachstellbarem zylindrischem vorderen Zapfenlager der Hauptspindel und

2. eine alte (1915) aber auf neu aufgearbeitete Spitzendrehbank (*E*) von 400 mm Durchmesser mit 10-PS-Motor, mit nachstellbarem zylindrischen Zapfenlager und einem Kugeldrucklager, um Drehzahlen bis 750 U/min zuzulassen;

Zahlentafel 35. Analysen der mit Hartmetallen und Diamanten

Nr.	Bezeichnung	Al	Ma	Cu	Ni	Fe	Sn	Zn
Al 2	Mangan-Bronze	3	2	59	—	—	—	35
Al 3	Delta-Bronze BSS — 250	—	1	57	—	—	1,5	40
Al 4	Delta-Bronze BSS — 249	—	—	58	—	—	—	39,5
Al 5	Kupfer, sauerstofffrei	—	—	99,865	0,024	0,004	0,002	—
Al 6	Zäh-Kupfer, rein	—	—	99,839	0,025	0,004	0,002	—

3. eine zeitgemäße Feinbohrmaschine (A) mit Kugellager-Spindelkasten bis 6000 U/min und selbsttätigem, hydraulischem Vorschub.

Alle drei Maschinen konnten benutzt werden, um feine O-Güten zwischen 1 bis 16 μ-inch zu erzeugen.

II. Die verwendeten Instrumente waren:

1. der Oberflächenmesser „Talysurf" (T), um die Rauhigkeit entweder durch die Einzelziffer h_{ave} oder durch eine Profilkurve festzustellen;

2. das Vickers-Mikroskop (vgl. Abb. 59a–c) im Laboratorium mit Vergrößerungen von 18 bis 4000, um die Form des Werkzeuges festzustellen;

3. ein Winkelmesser, um bei Außendrehwerkzeugen die Winkel vorher nachzuprüfen;

4. ein Abnutzungsmesser für die Drehbank (B), um die Abstumpfung der Schneide im Verhältnis zur O-Güte zu kontrollieren. Dieser gab aber keine zuverlässigen Werte.

III. Die Winkel der Drehwerkzeuge aus Hartmetall wurden vor der Arbeit sorgfältig nachgemessen und die Ergebnisse sind in Zahlentafeln 37 und 38 angegeben.

Reihenfolge der Versuche. Die Drehversuche mit Leichtmetallen sind gruppiert in:

1. kurze Auswahlversuche von 10 bis 25 mm Länge auf Zylindern von 50 bis 200 mm Durchmesser, um für denselben Werkzeuganschliff die beste Zusammenstellung von Schnittgeschwindigkeiten, Vorschub, Schnittiefe, Nasenrundung für die verschiedenen Werkstücke zu finden;

2. Lebensdauerversuche von 4 bis 8 Stunden für die besten Schnitt- und Arbeitsbedingungen, um die Ergebnisse der Kurzversuche zu kontrollieren. Ein 40-Stunden-Versuch wurde gemacht, um den Zusam-

schlichtgedrehten Kupferlegierungen sowie Reinkupferröhren.

Pb	Te	Se	As	Sb	P	O	Zugfestigkeit kg/mm²	Brinellhärte	Dehnung % auf 50 mm Länge
—	—	—	—	—	—	—	36	150	40
0,5	—	—	—	—	—	—	50	140	30
2,5	—	—	—	—	—	—	26	115	28
0,004	0,006	0,004	0,02	0,0016	0,065	—	—	—	—
0,004	0,004	0,003	0,008	0,0019	—	0,047	—	—	—

menhang zwischen O-Güte und gemessener Werkzeugabnutzung für eine langdauernde Werkstattsarbeit festzustellen.

In einigen Fällen wurden Versuche mit Diamantwerkzeugen hinzugefügt, um für besonders feine Oberflächen (1 bis 2 μ-inch = 0,025 bis 0,05 Mikron) einen Vergleich mit der Güte durch Hartmetallwerkzeuge zu erhalten (Zahlentafel 39).

Die Diamantdrehbank mit Zapfenlager wurde besonders fein eingestellt und eine kreisende Reitstockspitze mit vorderem Kegellager (vgl. Abb. 94) benutzt. Die Werkzeuge waren:

1. fein gehonte Hartmetalle 15°/15°; 30°/15°;

2. ein Facettendiamant mit gehonten Ecken (vgl. Abb. 99).

Die bearbeiteten Werkstoffe waren:

a) L 39 gepreßte freischneidende Aluminiumlegierung,

b) gegossenes Elektron (DTD-59 A) und wärmebehandeltes gegossenes Elektron (DTD-289).

Die Analysen der gegossenen Elektronlegierungen sind in Zahlentafel 34 angegeben.

Das besonders gut eingestellte und polierte Diamantwerkzeug (vgl. Abb. 98) wurde mit normalen, aber gut gehonten Hartmetallen verglichen. Der Diamant erzeugte dauernd die ungewöhnlich feine Oberfläche $h_{ave} = 1{,}5\ \mu$-inch (= 0,04 Mikron). Jedoch erzeugten auch die mit Hartmetallplättchen ausgerüsteten Werkzeuge bei

Zahlentafel 36.
Analysen und physikalische Eigenschaften der durch Drehen oder Schleifen geschlichteten Eisensorten.

Nr.	Bezeichnung	C	Mn	Cr	Si	Ni	Mo	P	S	Brinellhärte	Zugfestigkeit kg/mm²	Behandlung
1	Walzstahl (Eisenbahnachsen)	0,26	0,65	—	0,15	—	—	Spuren	Spuren	145—160	50—55	Wärme behandelt bei 800—850° C
2	Manganstahl (Granaten usw.)	0,36	0,95	0,08	0,19	0,18	—	0,036	0,029	190—205	70	
3	Chrom-Nickel-Stahl (Tormol)	0,30 bis 0,35	0,5 bis 0,6	0,55 bis 0,65	—	2,5 bis 2,7	0,45 bis 0,55	0,04	0,04	310—352	100	
4	Gußeisen	3,2	0,8	—	1,8	—	—	0,5	0,12	180—200	20	

Zahlentafel 37. Werkzeugformen für Leichtmetall-Legierungen. Hartmetall-Außendrehstähle (W = Wolfram-Karbide)

Werkzeugmarke Nr.	Grad	Spanwinkel γ	Neigungswinkel $\pm\lambda$	Keilwinkel β	Freiwinkel Seite α	Freiwinkel Nase σ	Einstellwinkel $\varkappa$	Spitzenwinkel ε	Freiwinkel der Nebenschneide δ	Radius der Nase r (mm)	Schaftquerschnitt b × h
W 1	I	0	0	83	7	7	90	87	3	1,0	16 × 25
W 2	R	1	1	81	8	8	90	81	9	1,0	16 × 25
W 3	I	5	3	77	8	8	89	83	8	1,0	16 × 25
W 4	S	5	5	79	6	6	89	84	7	1,0	16 × 25
W 5	S	10	10	72	8	8	60	70	50	1,25	16 × 25
W 6	I	15	15	67	8	8	89	80	11	1,0	16 × 25
W 7	S	30	30	52	8	8	88	81	11	1,0	16 × 25
W 8	S	30	15	54	6	6	88	83	9	1,0	16 × 25
W 9	S	30	5	52	8	8	90	80	10	1,0	16 × 25
W 10	S	5	30	77	8	8	90	81	9	1,0	16 × 25
W 11	I	—2	—2	85	7	7	90	90	0	1,0	16 × 25

550 m/min Schnittgeschwindigkeit sehr gute, besonders gleichförmige Oberflächen von 4 μ-inch (0,1 Mikron), und bei einer niedrigeren Geschwindigkeit von 335 m/min sogar Oberflächen von 3 μ-inch (0,075 Mikron), unter Benutzung des scharfen Werkzeuges 30°/15°. Die volle Wiedergabe der Ergebnisse ist auf Aluminiumlegierungen beschränkt (s. Zahlentafeln 40 bis 44). Der Einfluß der einzelnen Kennzeichen

Zahlentafel 38. Werkzeugformen für Hartmetalle—Bohrstähle Wi.

Werkzeug Nr.	Grad	Spanwinkel γ	Neigungswinkel $\pm\lambda$	Keilwinkel β	Freiwinkel α	Freiwinkel σ	Einstellwinkel $\varkappa$	Spitzenwinkel ε	Freiwinkel der Nebenschneide δ	Radius der Nase r (mm)	Höhenstellung mm a	b	c	d
Wi 1	I	15	15	67	8	8	40	85	55	0,8	— 0,7	— 0,6	— 0,5	± 0
Wi 2	I	15	15	67	8	8	48	84	48	0,8	+ 0,9	+ 0,95	+ 1,2	± 0
Wi 3	I	15	15	67	8	8	50	87	43	0,8	+ 0,9	± 0	± 0	± 0
Wi 4	I	5	5	77	8	8	45	87	48	0,8	+ 1,0	+ 0,3	+ 0	+ 0
Spezial Wi	S	30	15	52	8	8	40	85	55	0,8	± 0	± 0	0	0

(*A* bis *D*) wurde durch die Messung der O-Güte bestimmt, die im Rahmen der vorgeschriebenen Güteklasse festgestellt wurde. Der Versuch wurde abgeschlossen, sobald die obere Klassengrenze erreicht war, z. B. 16 μ-inch für 8,1 bis 16 oder 32 μ-inch für 16,1 bis 32 usw.

Für eine gepreßte und eine gegossene Magnesiumlegierung sowie eine freischneidende Aluminiumlegierung wurden dann Feinst-Drehversuche mit polierten Diamanten und gehonten Hartmetallen, die O-Güten zwischen 1 bis 4 μ-inch (= 0,025 bis 0,1 Mikron) lieferten, gemacht.

Zahlentafel 39. O-Güte erzeugt durch Hartmetalle und Diamant-Legierungen bei veränderlichen

Werkzeug			Werkstoff	Kühlung	Durchmesser	Schnittgeschwindigkeit
Marke		Winkel			mm	m/min
W 6	Karbid	15°/15°	L-39 Alum. Lg.	trocken	108	550
W 6	Karbid	15°/15°	L-39 Alum. Lg.	trocken	108	1050
W 8	Karbid	30°/15°	DTD-59 A (Mg)	trocken	112	335
W 6	Karbid	15°/15°	DTD 289 (Mg)	trocken	108	580
Diamant		—	L-39 Al. Leg.	trocken	108	630
(facettiert)		—	DTD-59 A (Mg)	trocken	112	550

Daran schließt sich eine numerische Übersicht des Schlichtdrehens von Kupferlegierungen (I—A, III).

Dann folgen Lebensdauer Drehversuche (v_{60}) beim Vordrehen von Maschinenstahl und schließlich Feinschlichtversuche durch Schleifen von Stahl und Gußeisenwellen unter Bestimmung der Schleifscheibenwirkung bei Benutzung günstigster Kühlmittel, bestimmt durch Art und Verdünnung.

Die Einordnung der Hauptversuche wurde entsprechend den Hauptkennzeichen durchgeführt als Wirkung von:

A. 1, 2	Schnittgeschwindigkeit (Zahlentafel 40 und 41)	bei Aluminiumlegierungen
B.	Vorschub (Zahlentafel 42)	
C.	Schnittiefe (Zahlentafel 43)	
D.	Nasenabrundung (Zahlentafel 44)	
E.	Lebensdauer	

A. Der Einfluß der Schnittgeschwindigkeit (Zahlentafeln 40 u. 41).

Die Werte der O-Güte, die man bei einer bestimmten Schnittgeschwindigkeit erzielt, hängen zum großen Teil ab: von dem Zustand der benutzten Werkzeugmaschine, dem Grad der Härte und der Form des Schnittwerkzeuges und den technologischen Eigenschaften der besonders dünnen Metallschichten, die bei der Erzeugung der Oberfläche abgeschnitten werden.

Die benutzten Werkzeugmaschinen waren für alle diese Feindrehversuche eine Diamantdrehbank (B) (vgl. Abb. 153) und die Drehbank (E) (vgl. Abb. 154), die sorgfältig aufgestellt waren. Ihre schnell kreisenden Teile waren so ausgewuchtet und ausgerichtet, daß eine O-Güte von 1 bis 20 μ-inch (0,025 bis 0,5 Mikron) für Bank (B) und 16 bis 63 μ-inch (0,4 bis 1,6 Mikron) für Bank (E) unter Benutzung besonders gut polierter und korrekt eingestellter facettierter Diamantwerkzeuge (vgl. Abb. 98) erreicht werden konnte. Man kann daher an-

werkzeuge (feinstdrehen) auf Aluminium- und Magnesium-Schnittgeschwindigkeiten.

Vorschub mm/U	Tiefe mm	Arbeitslänge mm	Zeit für einen Arbeitsgang min	O-Güte h_{ave} μ-inch	Bemerkungen
0,04	0,08	250	3,8	4 (4—4)	blank, glatt
0,04	0,08	250	2,0	6 (6—6)	sehr gleichförmig
0,0125	0,08	140	12,2	3 (2—4)	sehr gut und
0,04	0,08	250	3,6	4 (4—4)	gleichförmig
0,04	0,08	250	3,4	1,5 (1—2)	spiegelglatt
0,04	0,08	225	3,5	1,5 (1—2)	sehr gleichförmig

nehmen, daß die O-Güte, bezogen auf die Schnittgeschwindigkeit, eine gute Richtschnur für die erreichbare Rauhigkeit ergeben wird.

Folgende Aluminiumlegierungen wurden untersucht:

I. Ausgepreßte Legierungen (Strangpresse):

1. L-39 und 2-L-39B (Duralumim),
2. DTD 324 (NA-38-S) (Hiduminium),
3. BA-35 (Stangenlegierung für Revolver- und automatische Drehbänke);

II. Gußlegierungen:

4. DTD 424 (Sandguß);
5. L-33 (NA-160).

Die stranggepreßten Legierungen sind frei schneidende Metalle. Die Gußlegierung L-33 hat dagegen bei der Bearbeitung in der Industrie erhebliche Schwierigkeiten bereitet.

Zahlentafel 33 gibt die chemischen Analysen und physikalischen Eigenschaften. — Die Zahlentafeln 40 und 41 enthalten eine Auswahl von Ergebnissen mit einer gedrängten Übersicht, die wohl begründete Schlußfolgerungen erlaubt.

Die benutzten Werkzeuge sind in Zahlentafeln 37 bis 38 bezeichnet. Die W-Nr. bezeichneten Werkzeuge desselben Härtegrades von der gleichen Gestalt und gleichen Anschliffwinkeln, die sich also gegenseitig in ihren Ergebnissen kontrollieren.

Es erschien wünschenswert, den Zusammenhang zwischen O-Güte und Schnittgeschwindigkeit auf einen sehr weiten Bereich von Schnittwinkeln auszudehnen. Es wurden daher Spanwinkel (Tangentialdruck) und Neigungswinkel (Radialdruck) gepaart, die von 0° bis 30° reichten. Die zusammengehörigen Winkel waren im wesentlichen 0°/0°, 5°/5°, 10°/10°, 15°/15°, 30°/30°, 30°/15°, 30°/5°, 5°/30°. Die Ergebnisse geben die Möglichkeit, zu bestimmen, wieweit die normalen Winkelangaben der Taschenbücher für Feinstschlichtarbeiten auf Aluminiumlegierungen anwendbar sind.

Das O-Prüfverfahren bestand darin, daß man ein bestimmtes Material auswählte, dann zunächst kurze Längen mit verschiedenen Schnittgeschwindigkeiten mit demselben Werkzeug drehte, um es scharf zu

Zahlentafel 40. O-Güte auf Aluminiumlegierungen, erzeugt durch Schlichtdrehen mit Hartmetallwerkzeugen.

A 1. Einfluß der Schnittgeschwindigkeit — Stranggepreßte Legierungen.

Werkzeug			Bearbeiteter Werkstoff	Durchmesser	Geschwindigkeit		Vorschub	Tiefe	Länge des Schnittweges	Zeit für einen Arbeitsgang	Bearbeitete Fläche je Arbeitsgang	O-Güte
Nr.	Grad	Winkel		mm	U/min	m/min	mm/U	mm	mm	min	cm²	μ-inch
W 4	S	5°/5°	ausgepreßt	100	57	18	0,0125	0,075	12	17,0	37,5	13
W 4	S	5°/5°	L-39	100	95	30	0,0125	0,075	12	10,1	37,5	12
W 4	S	5°/5°	L-39	100	238	75	0,0125	0,075	12	4,0	37,5	11
W 4	S	5°/5°	L-39	100	334	**105**	0,0125	0,075	12	2,9	37,5	**10**
W 4	S	5°/5°	L-39	100	525	165	0,0125	0,075	12	1,8	37,5	11
W 7	S	30°/30°	L-39	100	1145	360	0,0125	0,075	260	18,0	782	19
W 7	S	30°/30°	L-39	100	1715	540	0,0125	0,075	260	12,0	782	20
W 7	S	30°/30°	L-39	100	3340	1050	0,0125	0,075	260	6,2	782	19,5
W 6	I	15°/15°	L-39	100	2960	930	0,0125	0,075	25	0,68	78	21
W 6	I	15°/15°	L-39	100	3420	1075	0,0125	0,075	25	0,52	78	21
W 6	I	15°/15°	L-39	100	4180	1320	0,0125	0,075	25	0,48	78	21
W 6	I	15°/15°	L-39	100	4900	**1535**	0,0125	0,075	25	0,41	78	**20**
W 6	I	15°/15°	L-39	100	5100	1600	0,0125	0,075	25	0,39	78	21
W 6	I	15°/15°	L-39	100	5160	1620	0,0125	0,075	25	0,39	78	21
W 9	S	30°/5°	2 L-39 B	90	1880	535	0,0125	0,075	44,5	1,89	125	22
W 9	S	30°/5°	ausgepreßt	90	2270	642	0,0125	0,075	44,5	1,60	125	22
W 9	S	30°/5°	,,	90	2580	730	0,0125	0,075	44,5	1,37	125	20
W 9	S	30°/5°	,,	90	2960	**842**	0,0125	0,075	44,5	1,20	125	**19**
W 9	S	30°/5°	,,	90	3350	950	0,0125	0,075	44,5	1,06	125	21
W 9	S	30°/5°	,,	90	4000	1140	0,0125	0,075	44,5	0,88	125	22
W 10	S	5°/30°	ausgepreßt	90	970	275	0,0125	0,075	260	21,5	726	16
W 10	S	5°/30°	,,	90	1460	**416**	0,0125	0,075	260	14,3	726	**15,5**
W 10	S	5°/30°	,,	90	2890	818	0,0125	0,075	260	7,2	726	16,5
W 7	S	30°/30°	DTD-324	114	1620	580	0,0125	0,075	25	1,24	89,5	23,5
W 7	S	30°/30°	ausgepreßt	114	2540	910	0,0125	0,075	25	0,79	89,5	**22**
W 7	S	30°/30°	,,	114	3400	**1220**	0,0125	0,075	25	0,59	89.5	**22**
W 7	S	30°/30°	,,	114	4300	1540	0,0125	0,075	25	0,47	89,5	23
W 7	S	30°/30°	,,	114	5600	2000	0,0125	0,075	25	0,36	89,5	23
W 4	S	5°/5°	BA-35	50	2175	342	0,0125	0,075	32	1,18	50	17
W 4	S	5°/5°	ausgepreßte	50	2575	**403**	0,0125	0,075	32	1,0	50	**16**
W 4	S	5°/5°	Stangen	50	3530	552	0,0125	0,075	32	0,73	50	19
W 4	S	5°/5°	,,	50	4150	650	0,0125	0,075	32	0,62	50	18
W 10	S	5°/30°	ausgepreßte	50	2480	388	0,0125	0,075	32	1,03	50	17
W 10	S	5°/30°	Stangen	50	2880	450	0,0125	0,075	32	0,89	50	17
W 10	S	5°/30°	,,	50	3070	**480**	0,0125	0,075	32	0,84	50	**16,5**
W 10	S	5°/30°	,,	50	3570	560	0,0125	0,075	32	0,72	50	17
W 10	S	5°/30°	,,	50	4150	650	0,0125	0,075	32	0,62	50	20

Zahlentafel 41. O-Güte auf Aluminiumlegierungen, erzeugt durch Schlichtdrehen mit Hartmetallwerkzeugen.

A 2. Einfluß der Schnittgeschwindigkeit (gegossene Aluminiumlegierungen).

Werkzeug			Werkstoff Marke	Durchmesser	Geschwindigkeit		Vorschub	Tiefe	Länge des Schnittweges	Zeit für einen Arbeitsgang	Bearbeitete Fläche je Arbeitsgang	O-Güte
Nr.	Grad	Winkel		mm	U/min	m/min	mm/U	mm	mm	min	cm^2	μ-inch
W 5	S	10°/10°	DTD-424	200	64	40	0,0125	0,075	16	20	100	42
W 5	S	10°/10°	gegossen	200	126	79	0,0125	0,075	16	10,2	100	38
W 5	S	10°/10°	,,	200	245	154	0,0125	0,075	16	5,25	100	38
W 5	S	10°/10°	,,	200	520	328	0,0125	0,075	16	2,47	100	35
W 5	S	10°/10°	,,	200	875	550	0,0125	0,075	16	1,47	100	32
W 5	S	10°/10°	,,	200	960	605	0,0125	0,075	16	1,34	100	31
W 5	S	10°/10°	,,	200	1190	750	0,0125	0,075	16	1,08	100	28
W 5	S	10°/10°	,,	200	1650	1010	0,0125	0,075	16	0,77	100	27
W 5	S	10°/10°	,,	200	1800	1135	0,0125	0,075	16	0,72	100	24
W 5	S	10°/10°	,,	200	2075	1310	0,0125	0,075	16	0,64	100	23
W 5	S	10°/10°	,,	200	2450	1540	0,0125	0,075	16	0,52	100	23
W 5	S	10°/10°	,,	200	2560	**1610**	0,0125	0,075	16	0,50	100	**20**
W 5	S	10°/10°	,,	200	2860	1800	0,0125	0,075	16	0,45	100	27
W 5	S	10°/10°	,,	200	3175	2000	0,0125	0,075	16	0,41	100	27
W 5	S	10°/10°	,,	200	3580	2250	0,0125	0,075	16	0,36	100	47
W 5	S	10°/10°	,,	200	3930	2470	0,0125	0,075	16	0,33	100	63
W 6	I	15°/15°	gegossen	146	1010	465	0,0125	0,075	265	21	1220	22
W 6	I	15°/15°	,,	146	1510	695	0,0125	0,075	265	14,1	1220	22
W 6	I	15°/15°	,,	146	2950	**1360**	0,0125	0,075	265	7,2	1220	**18**
W 7	S	30°/30°	gegossen	146	983	452	0,0125	0,075	265	21,6	1220	21
W 7	S	30°/30°	,,	146	1480	680	0,0125	0,075	265	14,3	1220	23
W 7	S	30°/30°	,,	146	2940	1355	0,0125	0,075	265	7,2	1220	22
W 4	S	5°/5°	L-33	150	1360	**635**	0,0125	0,075	20	1,18	94,5	**18**
W 4	S	5°/5°	gegossen	150	1750	820	0,0125	0,075	20	0,9	94,5	24
W 4	S	5°/5°	(hart)	150	2250	1060	0,0125	0,075	20	0,74	94,5	24
W 4	S	5°/5°	,,	150	2600	1220	0,0125	0,075	20	0,61	94,5	24
W 4	S	5°/5°	,,	150	3060	1430	0,0125	0,075	20	0,53	94,5	26
W 4	S	5°/5°	,,	150	3480	1630	0,0125	0,075	20	0,46	94,5	34
W 4	S	5°/5°	,,	150	3900	1830	0,0125	0,075	20	0,41	94,5	56
W 4	S	5°/5°	gegossen	150	750	350	0,0125	0,075	265	28,2	1250	61
W 4	S	5°/5°	(hart)	150	1050	492	0,0125	0,075	265	20,2	1250	52
W 4	S	5°/5°	,,	150	2150	**1008**	0,0125	0,075	265	9,9	1250	**25**
W 6	I	15°/15°	gegossen	100	744	233	0,0125	0,075	12	1,28	37,8	45
W 6	I	15°/15°	(hart)	100	1355	424	0,0125	0,075	12	0,71	37,8	23
W 6	I	15°/15°	,,	100	1700	532	0,0125	0,075	12	0,57	37,8	17
W 6	I	15°/15°	,,	100	2120	**665**	0,0125	0,075	12	0,45	37,8	**16**
W 6	I	15°/15°	,,	100	2750	865	0,0125	0,075	12	0,35	37,8	19
W 6	I	15°/15°	,,	100	3480	1090	0,0125	0,075	12	0,28	37,8	19
W 6	I	15°/15°	,,	100	4250	1340	0,0125	0,075	12	0,23	37,8	21
W 6	I	15°/15°	,,	100	4825	1520	0,0125	0,075	12	0,2	37,8	25
W 6	I	15°/15°	,,	100	6030	1900	0,0125	0,075	12	0,15	37,8	38
W 6	I	15°/15°	gegossen	100	1440	452	0,0125	0,075	265	14,7	832	39
W 6	I	15°/15°	(hart)	100	2170	**680**	0,0125	0,075	265	9,8	832	**17**
W 6	I	15°/15°	,,	100	4250	1330	0,0125	0,075	265	5,0	832	18

Zahlentafel 41 (Fortsetzung).

Werkzeug			Werkstoff Marke	Durchmesser	Geschwindigkeit		Vorschub	Tiefe	Länge des Schnittweges	Zeit für einen Arbeitsgang	Bearbeitete Fläche je Arbeitsgang	O-Güte
Nr.	Grad	Winkel		mm	U/min	m/min	mm/U	mm	mm	min	cm²	µ-inch
W 7	S	30°/30°	gegossen	100	975	306	0,0125	0,075	12	0,98	37,8	53
W 7	S	30°/30°	(hart)	100	1480	464	0,0125	0,075	12	0,65	37,8	44
W 7	S	30°/30°	,,	100	1920	605	0,0125	0,075	12	0,5	37,8	35
W 7	S	30°/30°	,,	100	2520	790	0,0125	0,075	12	0,39	37,8	26
W 7	S	30°/30°	,,	100	3720	1162	0,0125	0,075	12	0,26	37,8	18
W 7	S	30°/30°	,,	100	4340	**1360**	0,0125	0,075	12	0,22	37,8	**16**
W 7	S	30°/30°	,,	100	4925	**1550**	0,0125	0,075	12	0,19	37,8	**16**
W 7	S	30°/30°	gegossen	100	1430	448	0,0125	0,075	265	14,8	832	28
W 7	S	30°/30°	(hart)	100	2175	682	0,0125	0,075	265	9,8	832	24
W 7	S	30°/30°	,,	100	4240	**1335**	0,0125	0,075	265	5,0	832	**23**
W 9	S	30°/5°	gegossen	100	715	225	0,0125	0,075	12	1,35	37,8	37
W 9	S	30°/5°	(hart)	100	2240	705	0,0125	0,075	12	0,43	37,8	31
W 9	S	30°/5°	,,	100	2675	840	0,0125	0,075	12	0,36	37,8	28
W 9	S	30°/5°	,,	100	3320	1040	0,0125	0,075	12	0,29	37,8	23
W 9	S	30°/5°	,,	100	3900	**1225**	0,0125	0,075	12	0,25	37,8	**22**
W 9	S	30°/5°	,,	100	4460	1400	0,0125	0,075	12	0,22	37,8	26
W 9	S	30°/5°	,,	100	4730	1485	0,0125	0,075	12	0,20	37,8	31
W 9	S	30°/5°	gegossen	100	1460	458	0,0125	0,075	265	14,6	832	13,5
W 9	S	30°/5°	(hart)	100	2175	**682**	0,0125	0,075	265	9,8	832	**13**
W 9	S	30°/5°	L-33	100	4200	1325	0,0125	0,075	265	5,0	832	18

halten. Es wurden z. B. auf demselben Stück von 12 mm Breite immer 10 h_{mittel}-Ablesungen gemacht. Aus den Ergebnissen wurden dann Mittelwerte gezogen bzw. Diagramme aufgezeichnet, die die Beziehung zwischen $h_{ave\ (mittel)}$ und der Schnittgeschwindigkeit (m/min) herstellten.

Dieses Verfahren wurde für alle Werkzeuge mit den verschiedenen Winkeln sowie für die wechselnden Legierungen wiederholt. Die Durchmesser der ausgepreßten Stücke schwankten zwischen 90 und 114 mm mit Ausnahme für die Stangen von BA-35, die 50 mm hatten. Die Durchmesser für die gegossenen Stücke schwankten von 100 bis 200 mm.

Versuche mit kleineren Durchmessern verlangen höhere Drehzahlen, um die gleiche Schnittgeschwindigkeit zu erreichen. Daher wurden die benutzten Versuchsdrehbänke auf kritische Drehzahlen untersucht, und alle kreisenden Teile wurden für alle Geschwindigkeiten dynamisch ausgewuchtet, um so von vornherein den schädlichen Einfluß auf die O-Güte durch Erzitterungen auszuschalten.

Die Kontrolle der Kurzschnitte von 12 mm, 16 mm, 20 mm, 25 mm, 32 mm Länge wurde dann durch Langschnitte von 260 bzw. 265 mm nachgeprüft. Schließlich wurden die Versuchsreihen durch einige Lebensdauerversuche von 5 bis 8 Stunden vervollständigt. Diese Lebensdauerversuche wurden mit der Werkzeugform ausgeführt, die sich als die bestgeeignete für die besondere Legierungsart aus den Kurzversuchen erwiesen hatte.

Das Verfahren der Kurzschnitte, deren Ergebnisse mit verschiedenen Geschwindigkeiten auf dem gleichen Stück unter genau gleichen Schnittbedingungen auf derselben Maschine erzielt wurden, beseitigte alle zufälligen Unterschiede, isolierte den Einfluß der Schnittgeschwindigkeit allein und verbürgte die Vergleichbarkeit der Ergebnisse jeder Reihe.

Daß noch feinere O-Güten erzielt werden konnten als die der Auswahlversuche unter sorgfältig ausgewählten Schnittbedingungen, wurde durch die Feinstdrehversuche auf Zahlentafel 39 bewiesen.

Ergebnisse. Die Markennummern auf Zahlentafel 40 beziehen sich auf vier ausgepreßte Legierungen, die Nummern (Zahlentafel 41) auf zwei Gußlegierungen. Die ausgepreßten Legierungen haben ungefähr die gleiche Zerreißfestigkeit von 28 bis 34 kg/mm², eine Brinellhärte von 100 bis 110 und eine Dehnung von 12 bis 15%. Die chemischen Analysen unterscheiden sich besonders durch den Gehalt an Cu (1,0 bis 4,3%), Si (0,19 bis 12%), Mg (0,7 bis 1,4%). Eine besondere Wärmebehandlung wurde nur bei DTD-324 (NA-38-S) ausgeführt.

Die gegossenen Legierungen unterscheiden sich wiederum durch den Gehalt an Cu (0,02 bis 2,8%), Si (4,8 bis 12,2%), während die Zerreißfestigkeiten (14 bis 17 kg/mm²), die Brinellhärten (50 bis 55) sowie die Dehnungen auf 50 mm Länge etwa die gleichen sind.

Die sechs Legierungen werden häufig verwendet. Sie umspannen einen weiten Bereich und die Ergebnisse gestatten, die günstigsten Arbeitsbedingungen in der Werkstatt einzuführen.

Wenn man die Ergebnisse als Diagramm aufzeichnet, so ergeben sich für die 4 ausgepreßten Werkstoffe parallele waagerechte Linien für die O-Güte, die in sehr weiten Grenzen Schnittgeschwindigkeiten von 18 bis 2000 m/min und sehr große Änderungen der Schnittwinkel umfassen. Jedoch schwankt die Höhenlage der Waagerechten für die O-Güte nur zwischen 10 und 22 μ-inch (0,25 bis 0,55 Mikron).

Dagegen war das allgemeine Kennzeichen der Schaulinien für die beiden Gußmaterialien, z. B. L-33, eine Parabel, deren Scheitel nach unten liegt und so die feinste O-Güte angibt. Die brauchbaren (ökonomischen) Schnittgeschwindigkeiten schwankten zwischen etwa 460 und 1600 m/min. Sie ergaben für Gußaluminium für ein Werkzeug 15°/15° bei 665 m/min als feinste O-Güte 16 μ-inch.

Die Kurzversuche von 12 mm Länge wurden stets durch die Langversuche von 260 mm nachgeprüft, wobei Oberflächengrößen zwischen 726 bis 1250 cm² bearbeitet wurden.

Für die ausgepreßte frei schneidende Legierung L-39 erzeugte das Werkzeug von 15°/15° durchweg für die sehr ökonomischen Schnittgeschwindigkeiten von 930 bis 1620 m/min auf 100 mm Drehdurchmesser eine O-Güte von rd. 21 μ-inch (= 0,5 Mikron), die für Aluminiummäntel von Motorwagen und Flugzeugen in Frage kommt. Auf der älteren Drehbank (E) von 1915, die so hohe Schnittgeschwindigkeiten nicht zuließ, wurden mit langsameren Geschwindigkeiten von 18 bis 135 m/min und 5°/5° Schnittwinkel unter Läppwirkung durch die stumpfen Winkel wesentlich feinere O-Güten bis 10 μ-inch (= 0,25 Mikron) erzeugt, die naturgemäß nicht so wirtschaftlich sind, was die Größe der bearbeiteten Oberfläche (37,5 cm²) je Arbeitsgang anlangt. Voraussetzung ist aber vor allem, daß eine alte Maschine gut instand gehalten ist.

Das Werkzeug W 4, Grad S, hatte 5°/5°, was zu beweisen scheint, daß für feine O-Güten die Geilheit der Schnittwinkel (15° bis 30°) nicht ausschlaggebend ist, falls schneller und günstiger Spanabhub zwischen Schneidkante und Werkstückoberfläche gesichert ist. In einem untersuchten Fall hatte das Werkzeug W 4 mit 5°/5° einen Vorschub von 0,04 mm, eine Schnittiefe von 0,075 mm, wobei nur ein Drittel der abgerundeten Nase allein den Schlichtschnitt von 0,075 mm Tiefe ausführte. Die Seitenschneide war also nicht tätig. Die mit einem Dynamometer nachgemessenen Schnittkräfte waren außerordentlich gering, zwischen 15 und 60 g für den Tangentialdruck.

B. Der Einfluß des Vorschubes (Zahlentafel 42).

Die Größe der bearbeiteten Oberfläche des Werkstücks ist das Produkt aus Länge des Vorschubweges für einen Arbeitsgang mal dem Umfang; dazu kommt ein gewisser Einfluß der Schnittiefe. Das Verhältnis der Schnittiefe zum Vorschub ist wichtig, weil der Span (Tiefe mal Vorschub) durch Scher- und Biegekräfte erzeugt wird. Die biegenden Kräfte wachsen bedeutend, wenn der Vorschub erhöht wird. Diese Erwägungen sind aber nur für Schruppschnitte wichtig. Sie haben geringen Einfluß beim Abheben von Schlicht- und Feinschlicht-Schnitten. Bei den Versuchen wurden beide Einflüsse getrennt, indem zunächst der Vorschub vergrößert, aber die Schnittiefe konstant gehalten wurde.

Das Kennzeichen für den Vorschubeinfluß war in beiden Fällen wieder die O-Güte gemessen in μ-inch. Die Stufe 16 bis 32 μ-inch (0,4 bis 0,8 Mikron) war die Grenze für handelsübliche Güte, die Stufe 8 bis 16 μ-inch (0,2 bis 0,4 Mikron) für Feindreharbeit. Der Radius der Meißelspitze war nicht kleiner als 0,8 mm. Es wurden wiederum kurze Schnitte von 12 bis 25 mm genommen, um die Wirkung der Abnutzung des Werkzeugs während einer Versuchsreihe auszuschalten. Dann wurden die Werkzeuge scharf gehont und die Kurzversuche durch Langversuche von 275 mm Länge nachgeprüft, die auf Stücken von etwa 137 mm Durchmesser ausgeführt wurden, welche einer Oberfläche von $275 \times 137 \times \pi = 1180$ cm² entsprechen, die groß genug ist, um zuverlässige Rückschlüsse zu ziehen. Die benutzten Werkzeuge (W 6 und W9) hatten die

Zahlentafel 42. Einfluß des Vorschubes auf die O-Güte beim Schlichtdrehen von Aluminiumlegierungen mit Hartmetallwerkzeugen.

Werkzeug Nr.	Werkzeug Grad	Werkzeug Winkel	Bearbeiteter Werkstoff	Durchmesser mm	Geschwindigkeit U/min	Geschwindigkeit m/min	Vorschub mm/U	Tiefe mm	Länge eines Schnittweges mm	Zeit für einen Arbeitsgang min	O-Güte h_{ave} µ-inch	Oberfläche je Arbeitsgang cm²	Nr. Versuch
W 6	I	15°/15°	L-39	112	4200	1480	0,00125	0,050	25	5	18	88	
W 6		15°/15°	gepreßt	112	4200	1480	0,0025	0,050	25	2,4	19	88	
W 6		15°/15°	„	112	4200	1480	0,0125	0,050	25	0,5	19	88	
W 6		15°/15°	„	112	4200	1480	0,025	0,050	25	0,24	19	88	
W 6		15°/15°	„	112	4200	1480	0,05	0,050	25	0,125	20	88	1
W 9	S	30°/5°	gepreßt	112	78	27,5	0,0125	0,075	25	25,6	14	88	
W 9		30°/5°	„	112	78	27,5	0,038	0,075	25	8,5	18	88	
W 9		30°/5°	„	112	78	27,5	0,065	0,075	25	4,9	30	88	
W 9		30°/5°	„	112	860	300	0,0125	0,075	25	23,2	17	88	
W 9		30°/5°	„	112	860	300	0,038	0,075	25	7,7	23	88	
W 9		30°/5°	„	112	860	300	0,065	0,075	25	4,7	38	88	
W 9		30°/5°	„	112	1720	600	0,0125	0,075	25	11,6	22	88	
W 9		30°/5°	„	112	1720	600	0,038	0,075	25	3,8	22	88	
W 9		30°/5°	„	112	1720	600	0,065	0,075	25	2,2	34	88	
W 9		30°/5°	„	112	3440	1200	0,038	0,075	25	1,9	28	88	
W 9		30°/5°	„	112	3440	1200	0,065	0,075	25	1,1	44	88	2
W 6	I	15°/15°	gepreßt	112	100	35	0,0125	0,075	25	20	20	88	
W 6		15°/15°	„	112	100	35	0,025	0,075	25	10	19	88	
W 6		15°/15°	„	112	100	35	0,050	0,075	25	5	23	88	
W 6		15°/16°	„	112	100	35	0,075	0,075	25	3,3	27	88	
W 6		15°/15°	„	112	100	35	0,10	0,075	25	2,5	27	88	
W 6		15°/15°	„	112	100	35	0,125	0,075	25	2,0	31	88	
W 6		15°/15°	„	112	247	87	0,0125	0,075	25	8,15	11	88	
W 6		15°/15°	„	112	247	87	0,025	0,075	25	4,08	13	88	
W 6		15°/15°	„	112	247	87	0,050	0,075	25	2,04	20	88	
W 6		15°/15°	„	112	247	87	0,075	0,075	25	1,35	23	88	
W 6		15°/15°	„	112	247	87	0,10	0,075	25	1,02	32	88	3
W 9	S	30°/5°	gepreßt	112	380	134	0,0125	0,05	12	2,5	11	42,5	
W 9		30°/5°	„	112	380	134	0,038	0,05	12	0,81	12	42,5	
W 9		30°/5°	„	112	380	134	0,065	0,05	12	0,48	14	42,5	
W 9		30°/5°	„	112	535	188	0,0125	0,05	12	1,78	14	42,5	
W 9		30°/5°	„	112	535	188	0,038	0,05	12	0,58	15	42,5	
W 9		30°/5°	„	112	535	188	0,065	0,05	12	0,34	19	42,5	
W 9		30°/5°	„	112	1950	685	0,0125	0,05	12	0,49	24	42,5	
W 9		30°/5°	„	112	1950	685	0,038	0,05	12	0,16	23	42,5	
W 9		30°/5°	„	112	1950	685	0,065	0,05	12	0,09	25	42,5	4
W 6	I	15°/15°	DTD-424	137	2060	880	0,0125	0,05	275	10,8	24	1180	
W 6		15°/15°	gegossen	137	2060	880	0,038	0,05	275	3,5	27	1180	
W 6		15°/15°	„	137	2060	880	0,065	0,05	275	2,1	31	1180	5
W 9	S	30°/5°	gegossen	137	2060	880	0,0125	0,05	275	10,8	26	1180	
W 9		30°/5°	„	137	2060	880	0,065	0,05	275	2,1	30	1180	6
W 6	I	15°/15°	gegossen	137	1790	768	0,0125	0,075	275	12,3	29	1180	
W 6		15°/15°	„	137	1790	768	0,038	0,075	275	4,1	30	1180	
W 6		15°/15°	„	137	1790	768	0,065	0,075	275	2,4	37	1180	
W 6		15°/15°	„	137	2140	935	0,0125	0,075	275	10,4	26	1180	
W 6		15°/15°	„	137	2140	935	0,038	0,075	275	3,3	24	1180	
W 6		15°/15°	„	137	2140	935	0,065	0,075	275	2,0	31	1180	7

Winkel 15°/15° und 30°/5°. Als Material wurden die Aluminiumlegierungen L-39 für die Kurzversuche und DTD-424 für die Langversuche benutzt.

Die Vorschübe schwankten von sehr fein 0,00125 mm bis 0,05 mm bei konstanten Schnittiefen von 0,05 mm und 0,075 mm. Die Schnittgeschwindigkeit war z. T. hoch bis 1480 m/min. Das Verhältnis von Vorschub zu Tiefe war im ungünstigsten Falle 0,00125 : 0,05 = 1 : 40. Bei dem schwersten Schnitt der ersten Versuchsreihe von 0,05 × 0,05 mm war der Querschnitt quadratisch, ergab aber trotzdem die gleiche O-Güte von 18 bis 20 μ-inch (= 0,45 bis 0,5 Mikron) wie bei einem Querschnitt 1 : 40. Der große Schnitt ist aber wesentlich ökonomischer, da er eine 40mal größere Materialmenge abhebt.

Die O-Güte nimmt in der Regel mit wachsendem Vorschub ab. Die Schnittgeschwindigkeitsveränderungen zwischen 25 bis 600 m/min ergaben bei Versuchsreihe 2 ziemlich gleichmäßige O-Güten zwischen 22 und 38 μ-inch (= 0,55 bis 0,95 Mikron), wobei also die obere Grenze von 32 dieser Stufe nur wenig überschritten wurde; nur der letzte Versuch ergab die unzulässige Rauhigkeit 44.

Das Werkzeug W 6 mit 15°/15° wurde bei niedrigen Schnittgeschwindigkeiten von 35 bis 87 m/min für Versuchsreihe 3 benutzt, wobei die Vorschübe zwischen 0,0125, 0,10 und 0,125 mm bei gleichbleibender Tiefe von 0,075 mm schwankten. Alle O-Güten blieben in zulässigen Grenzen oder waren feiner.

Das scharfe Werkzeug W 9 mit 30°/5° wurde mit 3 Vorschüben von 0,0125 bis 0,065 in jeder Reihe benutzt, während die Schnittgeschwindigkeiten von 134 bis 685 m/min, bei konstanter Schnittiefe von 0,05 mm, schwankten. Bei der niedrigsten Schnittgeschwindigkeit von 134 m/min wurden die feinsten O-Güten erreicht, die alle unter der Grenze von 16 μ-inch (0,4 Mikron) lagen. Jedoch erzeugte die ökonomische, höchste Schnittgeschwindigkeit von 685 m/min auch recht gleichmäßige O-Güten von 24 μ-inch (0,6 Mikron) als Durchschnitt.

Die Arbeitswege in mm/min waren hier bei einem konstanten größten Vorschub von 0,065 mm/U: 25 mm/min, 35 mm/min und 127 mm/min, was bedeutet, daß auch bei der größten Geschwindigkeit mit diesem großen Vorschub die noch zulässige O-Güte von 25 μ-inch (0,625 Mikron) innegehalten wird.

Bei den Gußstücken (DTD-424), die mit den Vorschüben 0,0125 bis 0,065 bearbeitet wurden, konnte kein bemerkbarer Unterschied nachgewiesen werden, wenn man den Vorschub nicht höher als 0,038 mm wählte. Die O-Güte blieb recht gleichförmig.

Niedrige Schnittgeschwindigkeiten bis 90 m/min sind nicht ökonomisch. Dagegen erzeugte die höchste Schnittgeschwindigkeit von 1480 m/min (Reihe 1) bei 0,05 mm Vorschub und 0,05 mm Tiefe eine

O-Güte von 20 μ-inch (0,5 Mikron), während (Reihe 7) bei 768 m/min Geschwindigkeit 0,065 mm Vorschub und 0,075 mm Tiefe die obere Grenze (32) auf Gußstücken bereits mit 37 μ-inch (0,92 Mikron) überschritten war.

Man kommt also zu dem Schluß, daß für die Erzeugung handelsüblich geschlichteter Oberflächen bei Verwendung richtig geschliffener Werkzeuge Schnittgeschwindigkeiten von 30 bis 1500 m/min und Vorschübe von 0,001 bis 0,1 mm, also in sehr weiten Grenzen, sowohl für das ausgepreßte wie das gegossene Material gewählt werden können. Die Größe des Vorschubes verringert die Zeit des Arbeitsganges außerordentlich, was für die Wirtschaftlichkeit der Arbeit bei ausreichender O-Güte entscheidend ist.

Es ist ferner wichtig, festzustellen, daß Werkzeuge mit den sehr verschiedenen Schnittwinkeln von 15°/15° und 30°/5°, verwendet mit Vorschüben nicht größer als 0,05 und Tiefen bis 0,075 mm, für O-Güten verwendbar sind, die in der üblichen Gütestufe von 16 bis 32 μ-inch (0,4 bis 0,8 Mikron) liegen.

C. Die Einwirkung der Schnittiefe (Zahlentafel 43).

Schlichtschnitte auf Aluminiumlegierungen werden gewöhnlich mit Tiefen zwischen 0,05 und 0,125 mm genommen. Bei den Versuchen wurde dieser Arbeitsbereich von 0,025 mm als feinstem bis 0,25 mm als gröbstem Schnitt ausgedehnt.

Die Vorschübe von 0,0125—0,025—0,038—0,065—0,125 mm wurden mit diesen Schnittiefen verknüpft, um einen möglichst großen Bereich für das Verhältnis der Spanquerschnitte zu bekommen; dieser war somit:

$$\frac{\text{Vorschub}}{\text{Tiefe}}: \frac{0{,}0125}{0{,}25} = 1:20; \quad \frac{0{,}0125}{0{,}025} = 1:2; \quad \frac{0{,}025}{0{,}025} = 1:1; \quad \frac{0{,}125}{0{,}025} = 5:1.$$

Es schien ausreichend, nur eine frei schneidende Legierung L-39 und eine gegossene DTD-424 für die Versuche auszusuchen, um die Wirkung der Schnittiefe auf die erzeugte O-Güte zu entscheiden.

Um die biegende Kraft auf den abgeschälten Span zu erhöhen, wurde das Werkzeug W 4: 5°/5° für die meisten Versuche gewählt. Außerdem wurden einige Versuche mit dem scharfen Winkel W 9: 30°/5° gemacht. und schließlich wurde eine gegossene Legierung DTD-424 mit den sehr ungünstigen Winkeln W 1: 0°/0° bearbeitet. Für jede neue Versuchsreihe wurden die Werkzeuge mit einer diamant-imprägnierten Scheibe gehont.

Das typische Duralumin L-39 mit 3,5 bis 4,5% Cu, 0,4 bis 0,7% Mn, 0,4 bis 0,8% Mg scheint unempfindlich gegen die Änderung der Werkzeugwinkel zu sein. Es ist auch nicht notwendig, für seine Bearbeitung scharfe Span- und Neigungswinkel (side rake, back rake) zu benutzen.

Zahlentafel 43. Einfluß der Schnittiefe auf die O-Güte beim Schlichtdrehen von Aluminiumlegierungen mit Hartmetallwerkzeugen.

Werkzeug			Bearbeiteter Werkstoff	Durchmesser	Geschwindigkeit		Vorschub	Tiefe	Länge eines Schnittweges	Zeit für einen Weg	O-Güte h_{ave}	Versuch
Nr.	Grad	Winkel		mm	U/min	m/min	mm	mm	mm	min	μ-inch	Nr.
W 4	I	5°/5°	L-39	114	3000	1070	0,0125	0,25	20	0,53	31	
W 4		5°/5°	gepreßt	114	3000	1070	0,0125	0,175	20	0,53	28	
W 4		5°/5°	„	114	3000	1070	0,0125	0,125	20	0,53	24	
W 4		5°/5°	„	114	3000	1070	0,0125	0,050	20	0,53	**18**	
W 4		5°/5°	„	114	3000	1070	0,0125	0,025	20	0,53	**18**	1
W 4		5°/5°	„	114	3000	1070	0,038	0,25	20	0,17	25	
W 4		5°/5°	„	114	3000	1070	0,038	0,175	20	0,17	21	
W 4		5°/5°	„	114	3000	1070	0,038	0,125	20	0,17	20	
W 4		5°/5°	„	114	3000	1070	0,038	0,075	20	0,17	**19**	
W 4		5°/5°	„	114	3000	1070	0,038	0,025	20	0,17	**19**	2
W 4		5°/5°	„	114	3000	1070	0,065	0,25	20	0,1	28	
W 4		5°/5°	„	114	3000	1070	0,065	0,175	20	0,1	23	
W 4		5°/5°	„	114	3000	1070	0,065	0,125	20	0,1	25	
W 4		5°/5°	„	114	3000	1070	0,065	0,075	20	0,1	22	
W 4		5°/5°	„	114	3000	1070	0,065	0,050	20	0,1	22	
W 4		5°/5°	„	114	3000	1070	0,065	0,025	20	0,1	22	3
W 4	I	5°/5°	gepreßt	105	465	154	0,038	0,25	20	1,15	25	
W 4		5°/5°	„	105	465	154	0,038	0,175	20	1,15	26	
W 4		5°/5°	„	105	465	154	0,038	0,125	20	1,15	24	
W 4		5°/5°	„	105	465	154	0,038	0,075	20	1,15	23	
W 4		5°/5°	„	105	465	154	0,038	0,050	20	1,15	23	
W 4		5°/5°	„	105	465	154	0,038	0,025	20	1,15	24	4
W 4	I	5°/5°	gepreßt	115	255	94	0,125	0,25	20	0,63	33	
W 4		5°/5°	„	115	255	94	0,125	0,175	20	0,63	35	
W 4		5°/5°	„	115	255	94	0,125	0,125	20	0,63	33	
W 4		5°/5°	„	115	255	94	0,125	0,075	20	0,63	33	
W 4		5°/5°	„	115	255	94	0,125	0,050	20	0,63	32	
W 4		5°/5°	„	115	255	94	0,025	0,025	20	0,63	**28**	5
W 4		5°/5°	„	115	570	206	0,125	0,25	20	0,28	35	
W 4		5°/5°	„	115	570	206	0,125	0,175	20	0,28	34	
W 4		5°/5°	„	115	570	206	0,125	0,125	20	0,28	31	
W 4		5°/5°	„	115	570	206	0,125	0,050	20	0,28	28	
W 4		5°/5°	„	115	570	206	0,125	0,025	20	0,28	**25**	6
W 4	I	5°/5°	gepreßt	115	215	78	0,025	0,25	20	3,75	26	
W 4		5°/5°	„	115	215	78	0,025	0,175	20	3,75	23	
W 4		5°/5°	„	115	215	78	0,025	0,125	20	3,75	25	
W 4		5°/5°	„	115	215	78	0,025	0,075	20	3,75	22	
W 4		5°/5°	„	115	215	78	0,025	0,050	20	3,75	21	
W 4		5°/5°	„	115	215	78	0,025	0,025	20	3,75	**15**	7
W 9	S	30°/5°	gepreßt	105	3600	1182	0,0125	0,25	20	0,45	15	
W 9		30°/5°	„	105	3600	1182	0,0125	0,20	20	0,45	**13**	
W 9		30°/5°	„	105	3600	1182	0,0125	0,15	20	0,45	**13**	
W 9		30°/5°	„	105	3600	1182	0,0125	0,10	20	0,45	**12**	
W 9		30°/5°	„	105	3600	1182	0,0125	0,025	20	0,45	14	8
W 1	S	0°/0°	DTD 424	146	2330	1070	0,0125	0,175	20	0,68	45	
W 1		0°/0°	gegossen	146	2330	1070	0,0125	0,125	20	0,68	43	
W 1		0°/0°	„	146	2330	1070	0,0125	0,078	20	0,68	42	
W 1		0°/0°	„	146	2330	1070	0,0125	0,05	20	0,68	36	9

Offenbar genügen kleine Winkel (5°/5°), um die Späne abzuschälen und trotzdem eine gute handelsübliche O-Güte zwischen 16 bis 32 μ-inch (0,4 bis 0,8 Mikron) bei Verlängerung der Lebensdauer des Werkzeugs zu erzeugen. Das Werkstück wurde zwischen Spitzen gehalten und alle Werkzeuge auf Spitzenhöhe eingestellt.

Die ersten drei Versuchsreihen mit L-39 wurden bei der hohen Schnittgeschwindigkeit von 1070 m/min gemacht. Der ganze Tiefenbereich wurde für jeden der drei Vorschübe: 0,0125 mm, 0,038 mm, 0,065 mm/U durchforscht.

Die vierte Reihe wurde in ähnlicher Weise genommen mit der Änderung, daß die Schnittgeschwindigkeit auf 154 m/min verringert wurde, und nur der mittlere Vorschub von 0,038 mm in Anwendung kam. Das Spanverhältnis für die 6 Versuche $\frac{\text{Vorschub}}{\text{Tiefe}}$ schwankte von $\frac{1}{6{,}5}$ bis $\frac{1{,}5}{1}$. In Diagrammform aufgezeichnet war die Beziehung zwischen O-Güte und Schnittiefe wieder linear.

Weitere Versuche (Nr. 5, 6) mit verhältnismäßig niedrigen Schnittgeschwindigkeiten und dem groben Vorschub von 0,125 mm/U wurden auf der guten gewöhnlichen Spitzendrehbank (E) ausgeführt. Die Ergebnisse überschritten nur wenig die obere Grenze (32) der O-Stufe (16 bis 32).

Eine Versuchsreihe (Nr. 7) mit 0,025 mm Vorschub gab gute Durchschnittswerte. Jede Reihe umschließt den vollen Bereich der zugrunde liegenden Schnittiefen von 0,25 bis 0,025 mm.

Die nächste Versuchsreihe (Nr. 8) wurde mit dem feinen Vorschub von 0,0125 mm und dem Werkzeug W 9 : 30°/5° angestellt. Sie ergab bei der hohen Schnittgeschwindigkeit von 1182 m/min feinere O-Güten.

Die letzte Versuchsreihe (Nr. 9) zeigt die Bearbeitung der Guß-Aluminium-Legierung DTD-424. Bei der hohen Geschwindigkeit von 1070 m/min, dem feinen Vorschub von 0,0125 mm/U und den stumpfen Werkzeugwinkeln W 1 : 0°/0° überschritten die Ergebnisse die obere Grenze von 32 μ-inch (0,8 Mikron); offenbar sind die Schnittwinkel 0°/0° unrichtig gewählt.

Zusammenfassung. Alle Ergebnisse zeigten eine lineare Beziehung zwischen Schnittiefe und O-Güte. Die mittlere Rauhigkeit h_{ave} stieg zugleich mit der Schnittiefe.

Die Grenzen 16 bis 32 μ-inch für handelsübliche O-Güte durch Drehen wurden im allgemeinen nicht überschritten. Nur Versuch Nr. 5, der unter ungünstigen Beziehungen vorgenommen wurde, zeigte eine rohere Oberfläche, Versuch Nr. 8 eine feinere Oberfläche bei hoher Schnittgeschwindigkeit, und Versuch Nr. 7 liegt trotz der kleineren Schnittgeschwindigkeit wegen des kleinen, sehr unökonomischen Vorschubes günstiger.

D. Die Wirkung der Nasenabrundung der Werkzeuge
(Zahlentafel 44).

Die wärmebehandelte ausgepreßte Legierung Hiduminium DTD-324 (NA-38-S) wurde untersucht. Das Werkstück hatte 120 mm Durchmesser, die Schnittgeschwindigkeit betrug 300 m/min. Die benutzten Werkzeuge waren W 12: 3°/3° und W-5: 10°/10°. Der Radius der Werkzeugnase wurde von 0,025 mm bis 1,5 mm geändert.

Beim Feinschlichtdrehen von Aluminiumlegierungen ist es wünschenswert, die Werkzeugnase mit keinem kleineren Radius als 0,5 mm zu versehen. Ein größerer Radius von 1 mm wird empfohlen, wenn der Vorschub größer ist als 0,05 mm/U.

Die scharfen Nasen von 0,025 mm bis 0,15 mm wurden für das Werkzeug W 5: 10°/10° benutzt, um die Veränderung der O-Güte etwa für jede 12-mm-Schnittlänge festzustellen.

Versuch 3 vereinigt 4 Ablesungsreihen für die Längen von 12 mm bis 165 mm. Da der Durchmesser 120 mm betrug, so ist die Größe der bearbeiteten Oberfläche von 25 mm Länge rd. 95 cm². Das ist eine ausreichende Fläche für Versuchszwecke.

Reihe 1 von Versuch Nr. 3 beginnt bei Benutzung des scharfen Werkzeuges 10°/10° mit 0,025 mm Nasenradius und erzeugt zunächst 28 μ-inch (0,7 Mikron) ziemlich an der oberen Grenze der Gütestufe 16 bis 32 μ-inch und verschlechtert sich schnell auf 50 bis 75 μ-inch (1,2 bis 1,9 Mikron). Dann wurde das Werkzeug neu geschärft und gehont. Die Oberflächen waren rauh.

Durch stärkere Abrundung der Nase des neu gehonten Werkzeuges auf 0,15 bis 1,0 mm lagen alle Ergebnisse in den Grenzen von 16 bis 32 μ-inch (0,4 bis 0,8 Mikron), und zwar an der feineren Grenze von 16 μ-inch.

Versuch 3 enthält dann weitere 3 Reihen mit demselben Werkzeug, aber drei verschiedenen Radien: 0,15—0,4—1 mm gedreht, das jedesmal nachgehont wurde mit Ausdehnung der Schnittlänge auf 165 mm, die etwa 600 cm² Oberfläche entspricht. Die Ergebnisse bleiben sehr ähnlich, sind aber viel gleichmäßiger, feiner und glatter.

Für den Radius von 1 mm wird zunächst die Grenze von 16 μ-inch (0,4 Mikron) unterschritten, die dann am Ende des Arbeitsweges gerade erreicht wird. Eine sehr geringe Abnutzung der Werkzeugnase wurde durch Prüfung der O-Güte aufgedeckt. Außerdem wurde gleichzeitig eine Messung des gedrehten Durchmessers ausgeführt, die eine Verdickung von 0,0025 mm am Spindelstockende, also eine geringe Werkzeugabnutzung anzeigte. Die Abstumpfung des Werkzeugs ergab gleichzeitig eine rauhere Oberfläche am Ende des Arbeitsweges.

Zahlentafel 44. Wirkung der Nasenabrundung beim Schlichtdrehen von Aluminiumlegierungen mit Hartmetallen.

Konstante Arbeitsbedingungen: Nur ausgepreßte Legierung DTD-324 wurde bearbeitet. Schnittgeschwindigkeit $v = 300$ m/min; minutl. Umdrehungen 800; Stück $\varnothing \simeq 120$ mm; Vorschub $= 0{,}0125$ mm/U; Schnittiefe 0,075 mm.

Versuch Nr.	Werkzeug Marke	Werkzeug Winkel	Radius der Nase mm	Länge des Schnittes mm	Zeit vom Schnittbeginn min	Entfernung vom Schnittanfang mm	O-Güte μ-inch	Bemerkungen
1	W 12	3°/3°	0,025	10	1	—	26	Kurzschnitt bei scharfem Werkzeug
	W 12	3°/3°	0,15	10	1	—	23	
	W 12	3°/3°	0,30	10	1	—	18	
	W 12	3°/3°	0,40	10	1	—	17	
	W 12	3°/3°	0,50	10	1	—	16	
	W 12	3°/3°	0,75	10	1	—	15	
	W 12	3°/3°	1,0	10	1	—	14	
	W 12	3°/3°	1,5	10	1	—	14	
2	W 5	10°/10°	0,025	30	3	—	21	Längere Schnittdauer 3 bis 7 Min., um Abstumpfung bei zu spitzer Nase festzustellen
	W 5	10°/10°	0,050	30	3	—	20	
	W 5	10°/10°	0,075	30	3	—	19	
	W 5	10°/10°	0,10	30	3	—	12	
	W 5	10°/10°	0,125	30	3	—	15	
	W 5	10°/10°	0,15	30	3	—	14	
	W 5	10°/10°	0,025	70	1	—	53	
	W 5	10°/10°	0,05	70	1	—	38	
	W 5	10°/10°	0,075	70	1	—	23	
	W 5	10°/10°	0,10	70	1	—	19	
	W 5	10°/10°	0,125	70	1	—	17	
	W 5	10°/10°	0,15	70	1	—	16	
3	W 5	10°/10°	0,025	—	1,2	12	28	Spitzer konstanter Radius
	W 5	10°/10°	0,025	—	2,5	25	25	
	W 5	10°/10°	0,025	—	4,0	40	25	
	W 5	10°/10°	0,025	—	5,0	50	24	
	W 5	10°/10°	0,025	—	6,5	65	22	
	W 5	10°/10°	0,025	—	7,5	75	21	
	W 5	10°/10°	0,025	—	**9,0**	90	**51**	Werkzeug war in der 9. Minute verschlissen
	W 5	10°/10°	0,025	—	11,5	115	60	
	W 5	10°/10°	0,025	—	14,0	140	70	
	W 5	10°/10°	0,025	—	16,5	165	75	
	W 5	10°/10°	0,15	—	1,2	12	14	Recht gleichmäßige gute Oberfläche
	W 5	10°/10°	0,15	—	2,5	25	11	
	W 5	10°/10°	0,15	—	5,0	50	13	
	W 5	10°/10°	0,15	—	7,5	75	14	
	W 5	10°/10°	0,15	—	10,0	100	15	
	W 5	10°/10°	0,15	—	13,0	130	16	
	W 5	10°/10°	0,15	—	16,5	165	17	
	W 5	10°/10°	0,4	—	1,2	12	13	Leichte Abstumpfung
	W 5	10°/10°	0,4	—	2,5	25	12	
	W 5	10°/10°	0,4	—	5,0	50	14	
	W 5	10°/10°	0,4	—	9,0	90	15	
	W 5	10°/10°	0,4	—	13,0	130	22	
	W 5	10°/10°	0,4	—	16,5	165	23	
	W 5	10°/10°	1,0	—	1,2	12	13	Sehr geringe Abstumpfung
	W 5	10°/10°	1,0	—	2,5	25	13	
	W 5	10°/10°	1,0	—	5,0	50	14	
	W 5	10°/10°	1,0	—	9,0	90	15	
	W 5	10°/10°	1,0	—	13,0	130	16	
	W 5	10°/10°	1,0	—	16,5	165	17	

Von einer direkten Messung der Abnutzung der Werkzeugschneide wurde abgesehen, da sie bei diesen kleinen Größen unzuverlässig ist und einen sehr empfindlichen Meßapparat verlangt.

Merkliche Durchmesserunterschiede waren mit normalen Mikrometern auch bei den letzten drei Versuchsreihen und den Nasenabrundungen von 0,4, 0,6 und 1 mm nicht nachweisbar.

E. Lebensdauerversuche für Aluminiumlegierungen.

a) Drehversuche. Die Versuche wurden wieder auf der Diamantdrehbank mit zylindrischem Zapfenlager gemacht. Für das Strangpreßwerkstück L-39 hatte das Werkzeug W 6 die Schnittwinkel 15°/15°, die Schneidkanten waren diamantgehont.

Die gesamte Nettoschnittzeit unter Ausschluß aller Unterbrechungen, wie Einrichtarbeiten und leere Rückgänge, war 8 Stunden. Es wurde trocken gedreht. Der ursprüngliche Außendurchmesser des Stückes war 115 mm, die Länge jedes Arbeitsganges etwa 260 mm. Die bearbeitete Oberfläche für einen Arbeitsgang hatte eine Größe von rd. 900 cm^2. Es wurden 87 Gänge mit 5,5 Minuten Schnittzeit je Gang ausgeführt, was im ganzen 480 Minuten Schnittzeit ergab. Die Schnittgeschwindigkeit war 550 m/min, die minutliche Drehzahl 1500, der Vorschub 0,03 mm, die Schnittiefe 0,075 mm. Die Oberfläche war vorzüglich mit einem Durchschnitt von 6 μ-inch (= 0,15 Mikron) und einer Schwankung von 4,3 bis 7,1 μ-inch, d. h. in der Gütestufe von 4,1 bis 8,0 μ-inch (= 0,1 bis 0,2 Mikron), die sehr feiner Schleifarbeit entspricht. Die Oberfläche sah zwar matt aus, war aber eben, sehr glatt und gleichmäßig.

Das Werkzeug W 6 mit 15°/15° Schnittwinkel war vorgeschliffen und nachgehont. Es zeigte nach 8 Stunden eine kaum sichtbare Abnutzung.

Der gegossene Werkstoff L-33 wurde zunächst mit dem Werkzeug 15°/15° unter Benutzung eines Kühlmittels gedreht. Jedoch versagte das Werkzeug nach 4 Arbeitsgängen und einer bearbeiteten Oberfläche von 1000 cm^2 bei einer Gesamtschnittzeit von 18 Minuten für jeden Arbeitsgang. Das zweite Werkzeug W 4 mit 5°/5° Schnittwinkeln gab zwar gleichförmige Ergebnisse von 15 μ-inch (= 0,375 Mikron), jedoch wurden nach dem 3. Arbeitsgang Aussehen und Glätte der Fläche so schlecht, daß die Versuche bei der hohen Schnittgeschwindigkeit von 750 m/min abgebrochen wurden.

Die dritte Versuchsreihe wurde mit einem Werkzeug gemacht, das die Schnittwinkel 14°/12° besaß. Eine Schnittgeschwindigkeit von 670 m/min, 0,038 mm Vorschub und 0,075 mm Tiefe wurden benutzt. Die gesamte Arbeitszeit war 2 Std. 40 Min. mit 42 Arbeitsgängen und sehr unregelmäßigen O-Güten. Der erste Gang zeigte 8,5 μ-inch (= 0,21 Mikron), dann sank die Güte beim zehnten Schnitt auf 29 μ-inch (= 0,7 Mikron), pendelte plötzlich auf 10 μ-inch (= 0,25 Mikron) zurück. Bei den nächsten 18 Gängen war die O-Güte 8 bis 10 μ-inch (= 0,2 bis 0,25 Mikron), also sehr gut; dann versagte das Werkzeug beim 43. Gang. Die Oberfläche für einen Gang war etwa 1000 cm². Es ist möglich, daß für diese schwer zu bearbeitende Aluminiumlegierung ein anderer Grad von Hartmetall gleichmäßigere Ergebnisse zeitigen würde.

b) Feinbohrversuche. Die Versuche wurden auf einer Diamant-Feinbohrbank mit zylindrischem Zapfenlager gemacht. Es wurden wieder das Strangpreß-Werkstück L-39 und das harte Sandgußmaterial L-33 geprüft. Beide Versuchsreihen wurden mit Kühlmittel gemacht, das mit Hilfe eines Pinsels in die Bohrung gestrichen wurde. Der Grad des Hartmetalls ist naturgemäß von Einfluß. Die Schnittgeschwindigkeit war niedrig, 200 m/min, entsprechend 1030 U/min. Der Vorschub war 0,035 mm, die Tiefe 0,075 mm. Die Werkzeuge standen 8¾ bzw. 7½ Stunden. Beide Oberflächen waren sehr gleichmäßig und glatt; jedoch zeigte L-39: 6,7 μ-inch (0,17 Mikron), L-33 : 16 μ-inch (= 0,4 Mikron). Sie waren also eine ganze Klasse auseinander. In beiden Fällen zeigten die sorgfältig gehonten Bohrwerkzeuge keine sichtbare Abnutzung.

F. Drehen von Kupferlegierungen.

Die Versuche wurden auf der Diamantdrehbank (Bryant Symons-London) mit Zapfenlagern gemacht. Die untersuchten Werkstoffe waren: 2 Deltabronzen und Manganbronze (Zahlentafel 35). Die Hartmetallwerkzeuge hatten zunächst die gleiche Form von 5°/5° Schnittwinkeln.

Der Vorschub von 0,0125 mm/U und die Schnittiefe von 0,075 mm wurden für alle 3 Werkstoffe konstant gehalten, während die Schnitt-

Zahlentafel 45. Drehen von Kupferlegierungen mit Hartmetallen (Zahlentafel 35).

Delta-Bronzen: BSS-249 und 250; Mangan-Bronze. Benutzte Werkzeuge W4 — Schnittwinkel 5°/5°. Konstanter Vorschub = 0,0125 mm/U; Tiefe = 0,075 mm. Lebensdauer-Versuche: Einfluß zunehmender Schnittdauer bei gleichbleibender Geschwindigkeit: Geringe Verschlechterung der O-Güte nach 4 bis 5 Stunden Schnittdauer.

Schnitt-geschwindigkeit m/min	Schnitt-dauer min	O-Güte $h_{ave} = \mu$-inch BSS-249	BSS-250	Schnitt-geschwindigkeit m/min	Schnitt-dauer min	O-Güte $h_{ave} = \mu$-inch Mn-Bronze
260	15	6,0	7,2	460	15	9,5
260	30	5,0	9,5	460	30	8,5
260	90	6.2	9,0	460	90	10,5
260	120	8,6	8,7	460	120	10,5
260	160	8,6	10,0	460	160	10,0
260	200	8,4	10,5	460	180	9,5
260	250	7,8	11,3	460	200	12,5
260	300	7,7	11,1	460	250	12,5

geschwindigkeit für die beiden Deltametalle 260 m/min war, für die Manganbronze aber auf 460 m/min erhöht wurde. Die Ergebnisse sind in der Zahlentafel 45, S. 227, zusammengestellt.

Eine deutliche Änderung in den h_{ave}-Werten konnte während aller Versuche, die zwischen 3¼ und 5 Stunden dauerten, nicht festgestellt werden. Die O-Güte schwankte während der ersten zwei Arbeitsstunden sehr wenig, dann änderte sich der O-Wert etwas. Alle Oberflächen lagen zwischen 8 und 16 μ-inch (= 0,2 bis 0,4 Mikron). Nur für eine Deltabronze begann die O-Güte mit 6 μ-inch und blieb so während der ersten 90 Minuten.

a) Der Einfluß der Schnittgeschwindigkeiten und Werkzeugwinkel beim Schlichten der Kupferlegierungen. Kurze Auswahlversuche mit Schnittlängen von 12 mm wurden mit verschiedenen Werkzeugen und wachsenden Schnittgeschwindigkeiten angestellt. Der Vorschub von 0,0125 mm und die Schnittiefe von 0,075 mm wurden in allen Fällen konstant gehalten. Der Anfangsdurchmesser der Werkstücke war 60 mm.

In der Zahlentafel 46 ist der Versuch gemacht, für die gleichen, wachsenden Schnittgeschwindigkeiten gleichzeitig festzustellen:

1. die beste Form des Werkzeuges,
2. die beste O-Güte.

Die feinsten O-Güten für jedes Werkzeug sind fettgedruckt. Für die Deltabronzen gaben die Werkzeuge 0°/0° und –2°/–2° zwischen 11 bis 12 μ-inch O-Güte, bei 500 bis 600 m/min Schnittgeschwindigkeit. Für die Manganbronze gab das Werkzeug 1°/1° bei 480 m/min die beste O-Güte. Wir wissen jedoch aus früheren Güte-Schnittdruckversuchen,

Zahlentafel 46. Einfluß zunehmender Schnittgeschwindigkeit und verschiedener Werkzeugformen auf die O-Güte.

Gleich bleiben: der Vorschub = 0,0125 mm/U, die Schnittiefe = 0,075 mm, der Anfangsdurchmesser des Stückes = 60 mm.

Schnitt-geschwin-digkeit	Delta-Bronzen BSS-249/250					Mangan-Bronze			
	Werkzeuge / Winkel					Werkzeuge / Winkel			
	W 1 0°/0°	W 11 -2°/-2°	W 2 1°/1°	W 4 5°/5°	W 6 15°/15°	W 1 0°/0°	W 11 -2°/-2°	W 2 1°/1°	W 4 5°/5°
m/min	h_{ave} μ-inch	h_{ave} μ-inch	h_{ave} μ-inch	h_{ave} μ-inch	h_{ave} μ-inch	h_{ave} μ-inch	h_{ave} μ-inch	h_{ave} μ-inch	h_{ave} μ-inch
45	20	17	49	61	48	—	—	—	35
90	18	15	33	47	31	—	22	—	20
180	17	15	20	28	17,5	50	21	30	14
275	14	15	19,5	19	**17**	26	19	26	**12**
365	12	12	**19**	**17**	18	23	**14**	17	20
480	**11**	**12**	21	17	22	17	17	**11**	20
600	12	12	25	22	22	**15**	18	13	23
725	13	14	24	30	28	15	22	15	—
850	16	12	34	39	32	18	28	16	—

daß das Werkzeug 5°/5° feinere O-Güten für beide Bronzen erzielte. Daher erschienen die neuen Ergebnisse zweifelhaft. Nach Überholung des Spindellagers und besonders der kreisenden Reitstockspitze wurden sofort 5 bis 6 μ-inch (= 0,125 Mikron) O-Güte schon für 100 bis 300 m/min Geschwindigkeit erreicht. Dieses ist eine brauchbare Geschwindigkeit, verbunden mit einer hohen O-Güte bei vernachlässigbarer Werkzeugabnutzung auch bei mehrstündiger Schnittdauer.

Diese Tatsache beweist wiederum, wie wichtig für feine Schlichtarbeiten die sorgfältige Instandhaltung der Werkzeugmaschinen ist, deren Arbeitsgüte am besten unter systematischer Nachprüfung durch die O-Güte in bester Ordnung gehalten werden muß.

G. Drehversuche mit Maschinenstahl (Eisenbahnwagenachsen) (Zahlentafel 47).

Es wurden vier Versuchsreihen gemacht, um die Schnittgeschwindigkeit für eine Stunde Lebensdauer (v_{60}) für das ausgesuchte Hartmetallwerkzeug zu ermitteln. Die Meißelwinkel für die benutzten Werkzeuge sind eingetragen.

Der Schnitt hatte 0,1 mm Vorschub und 0,2 mm Tiefe. Der Nasenradius war 1,5 mm. Die Schnittgeschwindigkeit wurde zwischen 90 m/min und 145 m/min verändert. Die O-Rauhigkeit h_{mittel} in μ-inch wurde nach je 50 bis 100 mm Entfernung gemessen. Die kürzere Entfernung wurde gewählt, wenn die Oberfläche ein schlechtes Aussehen hatte und sich von vornherein rauh anfühlte. Für die glatten und gut aussehenden Flächen wurde die lange Meßentfernung von 100 mm gewählt. Der Gütegrad für diese Vorschlichtarbeit sollte zwischen 63 und 100 μ-inch liegen. Der Versuch sollte aber abgebrochen werden, sobald die Oberfläche zu rauh aussah und das Werkzeug sichtbare Beschädigungen zeigte.

Die Zahlentafel zeigt, daß zwei verschiedene Meißelformen untersucht wurden: 1. die Winkel 8°/5°; 2. 15°/0°. 8°/5° entspricht ungefähr der normalisierten Meißelform Nr. 3. Die chemischen und physikalischen Eigenschaften des Achsenstahls sind in Zahlentafel 36 angegeben.

Die ersten drei Versuche ergaben Lebenszeiten von 32,5 Minuten bis 63 Minuten; also nur der dritte Versuch ergab $v_{60} = 90$ m/min. Die anderen Geschwindigkeiten lagen zu hoch. Versuch 4 mit dem schlanken Spanwinkel von 15° versagte bereits bei 8¾ Minuten Standzeit und 110 m/min Schnittgeschwindigkeit. Aus den Bemerkungen zu den Versuchen geht hervor, in welcher Weise sich der Span abwickelte.

Die O-Messungen zeigen, an welchen Meßstellen Schwankungen auftraten. Es ist interessant, festzustellen, daß das schlankere Werkzeug von Versuch 4 eine wesentlich feinere Oberfläche erzeugte als das stumpfere Werkzeug. An der Meßstelle 8 brach jedoch die Spitze ab, nachdem der Meißel 800 mm gelaufen war.

Zahlen-

	Werkzeug	Stück ∅ mm	Spanwinkel γ	Neigungswinkel λ	Keilwinkel β	Freiwinkel α	σ	Einstellwinkel ϰ	Spitzenwinkel ε	Freiwinkel der Nebenschneide δ	Radius der Nase r (mm)
1.	Wolfram-Karbid	190	8	5	76	6	6	80	90	10	1,5
2.	,,	190	8	5	76	6	6	80	90	10	1,5
3.	,,	190	8	5	76	6	6	80	90	10	1,5
4.	,,	190	15	0	69	6	6	80	90	10	1,5

Bemerkungen zu 1—4.

1. Gute, lange, kalte Locken, Nase stumpf und Seitendurchbruch des Kraters nach 32½ Minuten (Meß-Stelle 7).

2. Gute, lange, kalte Locken. O-Güte gleichmäßig. Starke, lange Nasenstumpfung. Kraterdurchbruch nahe der Spitze (Meßstelle 8).

H. Schleifversuche zur Auffindung der besten Verdünnung von zwei viel verwendeten wasserlöslichen Kühlflüssigkeiten A und B

(Zahlentafel 48).

Die Kühlwirkung ist naturgemäß am größten bei der stärksten Verdünnung. Reines Wasser hätte die günstigste Wirkung, jedoch ist seine Verwendung wegen der unvermeidlichen Rostwirkung auf eiserne Werkstücke und auf die empfindlichen Führungen der aus Stahl und Eisen bestehenden Maschinen unzulässig.

Zwei Verdünnungen der Kühlmittel A und B wurden benutzt, und zwar 1 : 50 und 1 : 100. Die Schleifversuche umfaßten Schruppen mit einer Schnittiefe von ungefähr 0,02 mm und einem Vorschub von 25 mm je Umdrehung des Werkstückes, ferner Schlichtversuche mit einer Schnitttiefe nicht größer als 0,0125 mm und einem Vorschub von 6 mm je U des Werkstücks.

Die wäßrige Lösung (1 : 100) sollte die obere Grenze vorstellen, bei der Rost auf den sauberen und blanken frischgeschliffenen Oberflächen gerade noch nicht entstand. Die fettigere Lösung (1 : 50) wurde mit Rücksicht auf ihre Eignung geprüft, feinere Oberflächen ohne Rostwirkung zu erzeugen, ohne jedoch die Schleifscheibe zu verschmieren und ohne Erzitterungen und Brennstellen auf der Oberfläche des Werkstücks hervorzurufen.

Die geprüften Werkstoffe stellen viel gebrauchte Eisenlegierungen dar:

1. Maschinenstahl von 50 bis 55 kg/mm² Bruchlast (z. B. Achsen von Eisenbahnwagen) Brinell 160;

tafel 47.

Schnittgeschwindigkeit m/min	Vorschub mm/U	Tiefe mm	Schnittzeit min	Oberflächen-Rauhigkeit $h_{mittel} = \mu$-inch in je 50—100 mm Entfernung gemessen Meßstelle Nr. 1	2	3	4	5	6	7	8	9	10
145	0,1	0,2	32½	50	68	80	85	73	72	65	—	—	—
115	0,1	0,2	44	60	75	50	65	80	85	70	70	—	—
90	0,1	0,2	63	62	68	80	95	83	90	79	75	78	95
110	0,1	0,2	8¾	25	25	40	55	60	50	47	47	—	—

3. Gute, lange, kalte Locken. Auf und ab der O-Güte. Langsame Verschlechterung. Geringe Nasenstumpfung. Kraterdurchbruch dicht hinter der Nase. Tiefer Krater. Standzeit länger als 60 Minuten (Meßstelle 10).

4. Etwa alle 50 mm Messung der O-Güte < 63 μ-inch (= 1,57 M'kron). Lange Locken, kalte Späne. Schwankungen der Rauhigkeit. Ende durch starke Stumpfung der Nase (Meßstelle 8). Spanwinkel zu spitz, daher Schneide zu schwach.

2. Chrom-Nickel-Stahl von 90 bis 100 kg/mm² Bruchlast (z.B. Tormol) Brinell 350;

3. Gußeisen von ungefähr 20 kg/mm² Bruchlast, Brinell 180 bis 200 und dichtem Gefüge (z. B. für Maschinenteile aller Art).

Zahlentafel 36 gibt die chemischen Analysen und die physikalischen Eigenschaften dieser Werkstoffe.

Als Kennzeichen der Wirksamkeit der Kühlmittel sollten gelten;

1. Die Schleifscheibe wurde als scharf angesehen, solange sie Oberflächen schliff, die eine O-Güte hatten von:

a) handelsüblich: 16 bis 32 μ-inch (0,4 bis 0,8 Mikron),
b) fein: 8 bis 16 μ-inch (0,2 bis 0,4 Mikron).

Als Maß der Leistung wurden die unter diesen Verhältnissen geschliffenen Oberflächen in cm² angesehen. Bei Überschreitung der Gütegrenzen wurde die Scheibe mit einem scharfen Diamanten abgezogen.

2. Eine Schleifscheibe wurde für gut erklärt, wenn sie für wenigstens 5 Arbeitsgänge mit nicht weniger als 2000 cm² Fläche je Gang die Bedingungen unter 1a oder 1b erfüllte.

Bei allen Schleifarbeiten hängt alles davon ab, daß die Schleifscheibe richtig gewählt wird. Korn und Bindung der Scheibe und die Arbeitsbedingungen sowohl für Scheibe als für Werkstück hängen von dem Material ab, das bearbeitet werden soll, und sie müssen so gewählt werden, daß die verlangte O-Güte mit der richtigen Schleifscheibe erreicht wird; Schleifen ist in der Regel die letzte Arbeitsstufe, sowohl für die Abmessung als für die O-Güte.

Die günstigsten Schnittbedingungen müssen durch zweckmäßige Versuche ermittelt werden. Das sind: die Umfangsgeschwindigkeiten, der

Zahlentafel 48. Schleifversuche zur Auffindung guter Kühlöle und bester Verdünnungen.

Kühlöle		Werkstoffe											
		Maschinenstahl: 50 kg/mm^2				Chrom-Nickel-Stahl 100 kg/mm^2				Gußeisen 20 kg/mm^2			
		Schleifscheiben											
		Norton CL-24; 500 mm Ø; 50 mm Breite				Norton CK-24; 500 mm Ø; 50 mm Breite				Crystolon J-46 Norton; 450 mm Ø; 50 mm Breite			
Marke	Verdünnung	O-Güte		geschliff. Fläche je min		O-Güte		geschliff. Fläche je min		O-Güte		geschliff. Fläche je min	
		normal μ-inch	fein μ-inch	normal cm^2	fein cm^2	normal μ-inch	fein μ-inch	normal cm^2	fein cm^2	normal μ-inch	fein μ-inch	normal cm^2	fein cm^2
A	1 : 100	19—30	9,5—12	3560	3540	22—32	9—15	6590	4200	21	13,5	7000	8470
A	1 : 50	16—22	8 —14	3325	1960	21—24	10—13	6880	3570	9—12	9—12	7620	7620
B	1 : 100	19—22	12—15	3280	2060	21—27	14	6400	3270	12	10	7550	2700
B	1 : 50	22	10,5	3180	2060	23	12,5	6800	3540	16	13	6940	2575

Die Kühlöle Marken A und B wurden von der Firma Newton Chambers & Co.-Thorncliffe nr. Sheffield zur Verfügung gestellt.

Längsvorschub für eine Umdrehung des Werkstücks, die Zustellung (Schnittiefe) für einen Gang.

Aus diesen Feststellungen ergab sich das hier durchgeführte Schleifprogramm:

1. zwei Arten von Kühlmitteln;

2. zwei Verdünnungen für jedes Kühlmittel:

a) 1 : 100 als die obere wäßrige Lösung, bevor Rosten eintritt,

b) 1 : 50 als untere fettige Grenze, bevor die Schleifscheibe sich vollsetzt;

3. drei Werkstoffe: Maschinenstahl, Chrom-Nickel-Stahl, Gußeisen;

4. drei Schleifscheiben, die den drei verschiedenen Werkstoffen angepaßt sind;

5. Schnittbedingungen für die Schleifscheiben:

a) Umfangsgeschwindigkeit: Umdrehungen und m/min,

b) Vorschub für eine Umdrehung des Werkstücks oder mm je Gang,

c) Schnittiefe = Zustellung in tausendstel mm;

6. Umfangsgeschwindigkeit der Werkstücke in Umdrehungen und m/min;

7. Punkte 5 und 6 sind so zu bestimmen, daß die verlangte O-Güte erreicht wird für:

a) Schruppschnitte = handelsübliche Rauhigkeit von 16 bis 32 μ-inch (0,4 bis 0,8 Mikron),

b) Schlichtschnitte = feine Güte von 8 bis 16 μ-inch (0,2 bis 0,4 Mikron);

8. die Oberfläche für einen Arbeitsgang in cm^2 ist zu berechnen aus: Durchmesser des Stückes D und Länge des Stückes L

$$A = \pi \times D \times L.$$

Das ist dann in die geschliffene Fläche für eine Minute als Maßeinheit für die ganze ökonomische Schleifarbeit, die durch das Kühlmittel stark beeinflußt wird, umzurechnen.

Die O-Güte wurde mit dem O-Messer[1] stets nach je 10 Arbeitsgängen kontrolliert. Dann, als man sicher war, daß die Güteabweichungen nicht größer als 10% waren, wurden die Kontrollmessungen auf die Hälfte beschränkt, von denen jede durch 10 Ablesungen des Oberflächenmessers nachgewiesen wurde.

Um die Arbeitsbedingungen der Schleifscheibe gleichmäßig und die Scheibe selbst scharf zu halten, wurde sie durch einen scharfen Diamanten im allgemeinen nach 10 Gängen abgezogen. Das ist sehr wichtig. Der große Einfluß der Benutzung eines scharfen Diamanten wurde durch Vergleich von 2 × 10 Versuchen nachgewiesen, die gemacht wurden, einmal nachdem ein abgenutzter, flacher Diamant zum Abziehen verwendet war, dann von 2 × 10 anschließenden Versuchen, bei denen ein scharfer Diamant benutzt wurde. Die O-Güten der ersten 20 Versuche schwankten zwischen 32 bis 50 μ-inch (0,8 bis 1,25 Mikron), d. h. sie waren gröber als die handelsübliche Rauhigkeit. Die Rauhigkeit der nächsten 20 Versuche, die mit scharfen Abdrehdiamanten, aber sonst unter gleichen Bedingungen gemacht wurden, schwankten zwischen 18 bis 25 μ-inch, was zulässig war.

Die Materialzugabe zwischen der vorbereitenden Vorarbeit durch Drehen und dem handelsüblichen bzw. feinen Fertigschliff war in Abhängigkeit vom Durchmesser der Werkstücke zwischen 0,3 bis 0,5 mm Durchmesser gewählt. Die verwendeten Werkstücke hatten Durchmesser:

a) für Maschinenstahl = 145 mm,
b) für Chrom-Nickel-Stahl = 300 mm,
c) für Gußeisen = 185 mm.

Im allgemeinen wurden die Zugaben mit 5 bis 10 Arbeitsgängen entfernt, bei denen jedesmal eine Tiefe von 0,025 mm für Schruppen und 0,0125 mm für Schlichten abgeschliffen wurde. Der Längsvorschub

[1] Talysurf mit abnehmbarem Meßkopf (vgl. Abb. 150), da die Stücke zu schwer waren, um sie aus der Maschine zu nehmen und zum Apparat zu bringen. Der O-Messer stand neben der Maschine.

der Schleifscheibe schwankte zwischen 12 bis 40 mm für eine Umdrehung des Werkstücks; das entspricht etwa ¼ und ¾ der benutzten Scheibenbreite von 50 mm.

Auf der gußeisernen Walze wurde sogar 45 mm/U Vorschub genommen und doch eine feine O-Güte zwischen 10 bis 16 μ-inch (0,25 und 0,4 Mikron) bei Benutzung des Kühlöles B mit 1 : 100 Verdünnung erzielt. Diese Leistung stellte das wirtschaftliche Maximum dar.

Da sich aus den Oberflächenmessungen in den wichtigsten englischen Industrien (vgl. S. 88) ergeben hatte, daß die O-Güten gutgeschliffener Stücke zwischen 8 bis 18 μ-inch (0,2 bis 0,45 Mikron) schwankten, wurden die Schnittiefen auf 0,025 mm und 0,0125 mm beschränkt. Es ist bekannt, daß noch feinere Schnittiefen bis 0,005 mm bisweilen benutzt werden, jedoch scheinen diese feinen Zustellungen für die übliche Werkstattsgenauigkeit und Güte nicht wirtschaftlich zu sein. Verdünnungen der Kühlmittel von 1 : 100 und 1 : 50 genügen.

Dauer und Bereich der Versuche. Es wurden 480 Versuche gemacht, die Gesamtschleifzeit betrug 230 Stunden. Sie sind hier im einzelnen nicht wiedergegeben, sondern es sind nur die Ergebnisse zusammengefaßt. Zahlentafel 48 gibt die gewünschten besten Schnittbedingungen unter Kennzeichnung der benutzten Schleifscheiben.

Die Versuche wurden auf einer starken Norton-Außenschleifmaschine mit einem Antriebsmotor von 12 kW gemacht.

Für die angestellten Versuche war der Kraftbedarf der Maschine kleiner als die verfügbare Höchstkraft. Es wurden ungefähr 4,5 bis 8 kW für den größten Schnitt bei einer Schnittgeschwindigkeit von 20 m/min für das Werkstück ausgenutzt. Ein geübter Schleifer und eine Hilfskraft (Lehrjunge) bedienten die Maschine und machten die Gütemessungen mit dem Oberflächenmesser.

Das wirtschaftliche Ergebnis, gemessen durch die geschliffene Oberfläche in cm²/min, ist in folgender Weise gekennzeichnet:

1. Maschinenstahl, Kühlöl A 1:100 (Zahlentafel 48), zeigt das beste Ergebnis mit rd. 3560 cm² für handelsübliche und 3540 cm² für feine Oberflächen..

Die Kühlöle: A = 1 : 50, B = 1 : 100, B = 1 : 50 hatten etwa die gleiche, etwas kleinere Leistung mit rd. 3200 cm² für *handelsübliche* (norm.) O-Güte von durchschnittlich 20 μ-inch, aber mit einer geringeren Fläche von ungefähr 2000 cm² und etwa gleicher *Feingüte* (durchschnittlich 10 bis 12 μ-inch).

2. Chrom-Nickel-Stahl (Tormol). Alle vier Kühlmittel leisteten ungefähr 6500 cm² für handelsübliche O-Güte.

Für feine O-Güte leistete A = 1 : 100 4200 cm², das ist etwas besser als die drei anderen, mit 3270 bis 3570 cm². Es ist bemerkenswert, daß der härtere Chrom-Nickel-Stahl wesentlich erfolgreicher geschliffen werden konnte als der weiche (schmierende) Maschinenstahl. Die richtige Wahl der Schleifscheibe hat natürlich großen Einfluß.

3. Gußeisen. Alle A- und B-Lösungen hatten ungefähr die gleichen Oberflächenergebnisse für Handelsschliff (rd. 7000 cm^2), während für Feinschliff die beiden A-Lösungen den B-Lösungen weit überlegen waren.

Es ergab sich, daß beide Lösungen 1 : 100 für feine, glatte und glänzende Oberflächen sehr nahe der Rostgrenze waren, besonders bei Gußeisen, das nach 24 Stunden eine leicht-braun angelaufene Oberfläche zeigte.

Bei Benutzung der Lösungen A und B 1 : 50 kam man andererseits der Vollsetzungsgrenze der Schleifscheiben nahe. Man muß also zwischen beiden Verdünnungen bleiben, um sowohl das Rosten der Werkstücke als das Verschmieren der Schleifscheiben-Oberflächen zu verhüten.

Weil die richtige Auswahl der Schleifscheiben zusammen mit den richtigen Arbeitsbedingungen sowohl technisch als wirtschaftlich von größerem Einfluß auf die Endergebnisse ist als die Wirkung der verschiedenen Kühlmittel selbst, so könnte ein Kühlöl A mit der Verdünnung 1 : 70 bis 1 : 80 für alle Werkstoffe und Arbeitsbedingungen empfohlen werden.

Quellennachweis.

Zuordnung der Quellen zu den Hauptgebieten, gruppiert nach den Nummern des Quellennachweises.

I. Grundlagen, Begriffe 7, 10, 12, 15, 24, 49, 57, 64, 65, 66, 67, 68, 69, 70, 72, 73, 81, 103, 107, 109, 115, 122, 129, 134, 136, 137, 144, 145.

II. Meßmethoden 2, 9, 11, 13, 14, 22, 26, 27, 28, 29, 33, 35, 37, 43, 46, 48, 49, 50, 56, 57, 58, 59, 60, 79, 87, 89, 90, 93, 94, 95, 98, 106, 107, 110, 112, 126, 138.

III. Meßeinheiten, Normen 3, 17, 44, 45, 54, 71, 74, 75, 76, 84, 85, 86, 89, 97, 102, 108, 117, 127.

IV. Geräte und Verfahren zum Prüfen und Messen 4, 16, 18, 21, 30, 31, 36, 48, 51, 55, 78, 79, 80, 82, 83, 91, 92, 95, 96, 98, 123, 124, 125, 131, 132, 138, 139, 140, 143.

V. Herstellungsverfahren, Werkzeuge 5, 6, 26, 39, 40. 41, 42, 47, 53, 62, 63, 67, 77, 88, 111, 119, 128, 130, 141, 142, 146.

VI. Praktische Messungen 1, 8, 19, 20, 23, 25, 32, 34, 38, 41, 52, 53, 60, 61, 62, 63, 71, 73, 75, 99, 100—106, 112, 113, 114, 118, 119, 120, 121, 130, 133, 135, 141.

1. ABBOTT, E. J.: Surface Finish and How it can be Measured and Specified. Iron Age, Januar 31, 1935.
2. — FIRESTONE, CLAYTON: Optical Methods. Engineering 1933 S. 325.
3. — — Specifying Surface Quality. Mech. Engng., September 1933 S. 569 bis 572.
4. — S. BOUSKY u. D. E. WILLIAMSON: The Profilometer. Mech. Engng. März 1938 S. 205.
5. ALLEN, A. H.: New Honing Developments by Micromatic Mirrors of Motordom-Micromatic Hone Corporation, Detroit, Mich. Oktober 23, 1944.
6. BECK: Zur Feinstbearbeitung durch Feinstziehschleifen. Werkstattstechnik Bd. 36 (1942) H. 3/4 S. 70.
7. BEILBY, G.: Aggregation and Flow of Solids. London, Macmillan 1921.
8. BELETSKY, D. G.: The Technology of Diamond Machined Surfaces. Industr. Diamond Review. Bd. 4 (1944) S. 257—265.
9. BERNDT, G.: Die Anwendung der Interferenz des Lichtes im Lehrenbau. Loewe-Notizen Bd. 9 (1924) S. 2.
10. — Grundlagen des Messens. Meßtechn. Bd. 16 (1940) S. 65 u. 98.
11. BODART, E.: Note sur la rugosité et les méthodes modernes utilisées pour relever le profil des surfaces. Rev. univ. Mines. 1934 S. 544—553.
12. — Les états des surfaces. Standards 1939 H. 1 S. 1—18.
13. v. BORRIES, B., u. E. RUSKA: Mikroskopie hoher Auflösung mit schnellen Elektronen. Ergebn. exakt. Naturw. Bd. 19 S. 237—322, Berlin: Springer 1940.
14. — u. S. JANZEN: Abbildung fein bearbeiteter technischer Oberflächen im Übermikroskop. Z. VDI Bd. 85 (1941) S. 207.
15. BOWDEN, F. P.: The Friction of Sliding Metals, General Discussion on Lubrication and Lubricants. The Institution of Mechanical Engineers. Oktober 13—15, 1937 Teil IV S. 236.
16. BROSHER, B. C.: How Smooth is Smooth? Specification and Evaluation of Machined Finishes. Amer. Machinist. Teil I Sept. 9 1948; Teil II Sept. 23 1948.

17. BROADSTON, J. A.: Standards for Surface Quality and Machine Finish Designation. Product Engng. Sept. 1944 S. 622—625.
18. BRUECHE, E.: Der Einsatz des Elektronenmikroskops für die Oberflächenprüfung. Masch.-Bau Betr. Bd. 22 (1943) S. 61.
19. BUEHRING, H.: Auswahl und Schulung des Prüfpersonals. Masch.-Bau Betr. Bd. 21 (1942) S. 515.
20. BURWELL, J. T.: Surface Finish of Journals. Mech. Engng. Mai 1943 S. 367.
21. CHANEY, L., E. BRAGG, J. TRYTTEN u. E. ABBOTT: The Anderometer. Mech. World Bd. 116 (1944) S. 541—546.
22. CLAY, W. E. R.: Surface Finish in Production Methods. I. Mech. E. London Bd. 153 (1945) S. 342.
23. CONNOR, KIRKE, W.: Surface Finish Related to Wear in Internal Combustion Engines. S. A. F. Journal Bd. 43 Nr. 2 Aug. 1938 S. 305—312.
24. — — A Symposium on Mechanical Surface Finish. The Tool Engineer April 1939.
25. — u. L. S. MARTZ,: Reducing Processing costs by Functional Hone Abrading-Micromatic. Hone Corp., Detroit, Mich. Januar Bd. 16 1947.
26. DAYTON, R. W., H. R. NELSON u. L. H. MILLIGAN: Surface Finish of Journals. Mech. Engng. Bd. 64 (1942) S. 718—726.
27. DREYHAUPT, W.: Oberflächenprüfung von Flächen mit hohem Gütegrad. Werkstattstechnik Bd. 33 (1939) S. 321.
28. — Das Prüfen von Oberflächen auf Traganteil. Schleif- u. Poliertechnik Bd. 19 (1942) S. 1.
29. — Verbesserungen beim Prüfen von Oberflächen auf Traganteil. Schleif- u. Poliertechn. Bd. 20 (1943) S. 15—21.
30. DUFFEK, V., u. H. MAHL: Die übermikroskopische Oberflächenabbildung von Metallen nach dem Abdruckverfahren ohne Beschädigung der Probeoberfläche. Arch. Eisenhüttenw. Bd. 16 (1942) S. 73.
31. FAUST, R. C., u. S. TOLANSKY: A Transparent-Replica Technique for Interferometry. Proc. phys. Soc., London Bd. 59 (1947) S. 951.
32. FESS, E.: Über die beim Diamantdrehen erzielbare Oberflächengüte. Diss. Berlin 1939, Referat Werkstattstechnik Bd. 34 (1940) S. 225.
33. FLEMMING: Beitrag zur Bestimmung der Oberflächengüte. Doktor-Arbeit, Dresden 1935. Besprochen in Z. VDI 1936 S. 792.
34. FRIELING, O.: Oberflächenprüfung im Betrieb. Masch.-Bau Betrieb Bd. 19 (1940) S. 331.
35. FRISCHMUTH, B.: Optische Verfahren zur Prüfung der Oberflächengüte. Schweizer Arch. angew. Wiss. Techn. Bd. 11 (1945) Nr. 9 S. 262—269.
36. FORSTER, A.: Neuartiges Oberflächenmeßgerät nach dem Differential-Tastverfahren. Werkstattst. u. Betr. Bd. 38/23 (1944) H. 9 S. 234—238.
37. GAILLARD, JOHN: Übersicht der üblichen Prüfverfahren für Oberflächen. A. W. F.-Mitt. 1933 Nr. 2 S. 14.
38. GOTTSCHALD, R.: Oberflächengüte und Körperform beim Drehen. Techn. Z. f. prakt. Metallbearb. Bd. 50 (1940) S. 501.
39. GRODZINSKI, P.: Machining Steel and Cast Iron with Diamond. Industr. Diamond Review. Januar Bd. 5 (1945) S. 18.
40. — Diamond Cutting Tools. Mech. Engng. Juni 1945.
41. — Fine Boring Practice with Diamond Tools Industr. Diamond Review. Juli Bd. 6 (1946) S. 197—199.
42. GROSS, W.: Feinstfräsen. Werkstattstechnik Bd. 36 (1942) S. 179.
43. GUILD, J.: Oberflächengüte aus Messung des direkten und des gesamten reflektierten Lichtes. J. sci. Instrum. Bd. 17 (1940) S. 178—182.

44. — Evaluating the surface Finish of Metals. Sheet Metal Ind., London 1941 Nr. 15 S. 163—166.
45. HARRISON, R. E. W.: A Survey of Surface Quality Standards and Tolerance Costs. Machinery, Januar Bd. 1 (1931).
46. — Surface Investigations. A. S. M. E. Transactions MSP 53—12, 1931.
47. HEMINGWAY, E. L.: Wear and Surface Finish. The Gisholt Machine Corp.-Madison, Wisc. 1948.
48. HERSCHMAN, N. K.: Replica Method of Evaluating Finish of a Metal Surface. Mech. Engng. Bd. 67 (1945) S. 119—122.
49. HOBMAN, G.: How to Measure Surface Roughness of Castings. Machinist Bd. 91 (1947) S. 1102.
50. KIESEWETTER, W.: Untersuchung verschiedener Methoden zur Bestimmung der Unebenheiten (Rauhigkeiten) von Metallflächen. Diss. Dresden 1931.
51. KINDER, W.: Ein Mikro-Interferometer nach W. LINNIK. Zeiß-Nachrichten 2. Folge Heft 3 Aug. 1937.
52. KLUGE, J., u. G. BOCHMANN: Vergleich der Oberflächenrauhigkeit feinstbearbeiteter ebener Flächen. Z. VDI Bd. 88 (1944) S. 198—199.
53. KNAPPE, E.: Das Feinstschleifen von Hartmetallschneiden mit Schleifscheiben aus Siliziumkarbid an Stelle von Diamantscheiben. Schleif- u. Poliertechnik Bd. 19 (1942) S. 65.
54. KRESS, K.: Beurteilung feinstbearbeiteter Oberflächen. Schleif- u. Poliertechnik Bd. 18 (1941) S. 21.
55. LEINERT: Feinmeßgerät auf Strömungsgrundlage. Werkstattstechnik Bd. 36 (1942) S. 228.
56. LINDAU, A.: Tatsächlicher und gemessener Feinheitsgrad geschliffener Flächen. Diss. Braunschweig: Vieweg & Sohn 1934.
57. MAATZ, J.: Der gegenwärtige Stand der Oberflächenprüftechnik. Abnahme Bd. 4 (1941) S. 79.
58. — Die Oberflächenprüfung nach dem Verfahren Mechau. Werkstattstechnik Bd. 35 (1941) S. 221—225.
59. MAHL, H.: Über das plastische Abdruckverfahren zur übermikroskopischen Untersuchung von Oberflächen. Z. techn. Phys. Bd. 22 (1941) Nr. 2 S. 33—38.
60. MARTZ, L. S.: Microfinish-What it is and how it is used. Mod. Machine Shop Bd. 13 Aug. 1940 S. 78.
61. — Preliminary Report of Developments in Interrupted Surface Finishes. Proc. I. M. E. London Oktober 1948.
62. — Honing Tools and Related Equipment. Mech. Engng. Dezember 1941.
63. — u. D. T. PEDEN: Latest Developments in Honing. Techniques-Micromatic Hone Corp. Detroit, Mich. Jan. Bd. 10 (1946).

64—71. Massachusetts Institutes of Technology.

Friction and Surface Finish. Proceedings of the Special Summer Conferences Juni 5—7, 1940, Cambridge, Mass. USA. — 9 Beiträge.
64. a) WULFF, JOHN: The Metallurgy of Surface Finish. Mass. Institute of Technology.
65. b) WALLACE, D. A.: The Preparation of Smooth Surfaces, Chrysler Corp., Detroit.
66. c) WAY, STEWART: Description and Observation of Metal Surfaces. Westinghouse Research Laboratories, East Pittsburg.
67. d) HANS ERNST u. M. E. MERCHANT: Surface Friction of Clean Metals a Basic Factor in the Metal Cutting Process. Research Laboratories of Cincinnati Grinding and Milling, Cincinnati, Ohio.
68. e) KARELITZ, G. B.: Boundary Lubrication. Columbus University, New York.

69. f) BEECK, OTTO, J. W. GIVENS, A. E. SMITH u. E. C. WILLIAMS: On the Mechanism of Boundary Lubrication. Shell Development Co. Ltd., Emeryville.
70. g) DAYTON, R. W.: Mechanisms of Wear, Their Relation to Laboratory Testing and Service, Batelle, Memorial Institute, Columbus.
71. h) SCHURIG, O. R.: How should Engineers Describe a Surface? General Electric Co., Schenectady.
72. MC. CONNELL, D.: Requirements in Surface Finish. Proc. I. M. E., London. Bd. 153 (1945) S. 341.
73. MERRITT, H. E.: The Lubrication of Gear Teeth. General Discussion. Lubrication and Lubricants. I. M. E. Oktober 13—15, 1937 Teil 3 S. 92.
74. MIKELSON, W.: Determining Surface Roughness. Mech, Engng. Bd. 69 (1947) S. 391—395.
75. — Surface Finishes (on machined parts). Gen. Elektr. Rev. Bd. 46 (1943) S. 185; Steel 112, 1943, Jan. 26, S. 62; Mach. Shop Mag., London. Juli 1947 S. 93. Ref. Werkst. u. Betr. Bd. 81 (1948) S. 141.
76. MILLIGAN, L. H.: Surface Finish what it is. Norton Company 1943.
77. MOLL, H.: Die Herstellung hochwertiger Drehflächen. Diss. Aachen 1940.
78. NAUMANN, H.: Das Busch-Lichtschnittmikroskop. Bl. Untersuch. u. Forsch.-Instrum. Bd. 16 (1942) Nr. 3/4 S. 25.
79. NELSON, H. R.: Taper Sectioning as a Means of Describing the Surface Contour of Metals. Proc. Spec. S. Conf. Mass. I. Techn. Cambridge Mass. 1940.
80. NICOLAU, P.: Application du micromètre Solex à la mesure des états de surfaces. Mécanique, März—April 1937 S. 80.
81. — La microgéométrie des surfaces. Mécanique. Jan.—Febr. 1938 S. 3—12.
82. — Quelques récents progrès de la microgéométrie des surfaces usinées et de l'intégration pneumatique des rugosités superficielles. Mécanique Bd. 23 (1939) S. 152.
83. NIEBERDING, D.: Die praktische Verwendung des Solex-Meßverfahrens. Werkstattstechnik Bd. 36 (1942) H. 23/24 S. 498.

Normblätter.

84. DIN 7183: Oberflächengeometrie. Begriffe, Benennungen, Zeichen.
85. American Standard: ASA-B. 46, 1—1947. Surface Roughness, Waviness and Lay. Teil I, 1947.
86. National Aircraft Standards Committee, Washington. Surface Roughness Standard NAS 30.
87. OPITZ, H., u. R. GOTTSCHALD,: Anwendung der Tastverfahren für die Oberflächenprüfung. Masch.-Bau Betrieb Bd. 20 (1941) S. 165.
88. PAHLITZSCH, G.: Das Verhalten von Diamantschleifscheiben beim Schleifen von Hartmetallen, insbesondere Hartmetallschneiden. Schleif- u. Poliertechnik Bd. 18 (1941) Heft 3 S. 39.
89. PERTHEN, J.: Die Bedeutung der Flächenprüfverfahren zur Bestimmung der Oberflächenrauhigkeit. Werkstattstechnik Bd. 32 (1932) S. 154.
90. — Prüfen und Messen der Oberflächengestalt. München: C. Hanser, 1949.
91. RAENTSCH, K.: Optische Betrachtungen zum Lichtschnittverfahren für die Oberflächenprüfung. Werkstattstechnik Bd. 35 (1941) S. 309.
92. — Zweckmäßige Verwendung der feinmechanischen und optischen Meßmittel. Werkstattst. u. Betr. Bd. 38/23 (1944) Heft 6 S. 145—147.
93. — Die Optik im Feinmeßwesen. München: C. Hanser, 1948.
94. REASON, E. R.: Some Principles and Methods of Surface Measurement. Symposium of Papers on Surface Finish. Proc. I. M. E, Lond., Bd. 153 (1945) S. 335, s. a. Engineering Bd. 159 (1945) S. 216 bis 217.

95. Reason, Hopkins and Garrod: Report on the Measurement of Surface Finish by Stylus Methods. Taylor, Taylor & Hobson. Research Department, Leicester, England. Report 1944.
96. Sachsenberg, E., u. J. Perthen: Vergleichende Untersuchung von Oberflächenprüfgeräten. Masch.-Bau Betrieb Bd. 17 (1938) S. 123.
97. — Über Oberflächenrauhigkeit und ihre Normung. Werkstattst. u. Betr. Bd. 35 (1941) S. 37.
98. Schaeffer, V. J., u. D. Harker: Surface Replicas for Use in the Electron Microscope. J. Applied Physics Bd. 13 (1942) S. 457.
99. Schallbroch, H., u. R. Wallichs: Die Rückwirkung des Verschleißes am Drehmeißel auf die Oberflächengüte des Werkstücks. Schleif- u. Poliertechnik Bd. 16 (1939) S. 38.
100. Schlesinger, G.: Surface Finish. Rep. Institution Production Engineers London, Jan. 1942.
101. — Surface Finish and the Function of Parts. The Institution of Mechanical Engineers. London 1943, Engng. Juni 1943 S. 458, 478, 498.
102. — Practical Standards for Surface Finish. Machinery, London. Mai Bd. 4 (1944) S. 492—494.
103. — Determination of Wear by Surface Measurement. Machinery, London, Juni Bd. 8 (1944) S. 626—630.
104. — Final Operations. Aircraft Production. Teil I, Juni 1945, Teil II, Juli 1945.
105. — Vibration in the Machine Shop. Machinist, London, Jan. Bd. 10 (1948).
106. — Practical Application of Surface Finish. Amer. Mach. Jan. Bd. 13 (1949).
107. Schmaltz, G.: Technische Oberflächenkunde. Berlin: Springer 1936.
108. Schoening, W.: Beitrag zur Normung der Oberflächengüte in USA. Schleif- u. Poliertechnik Bd. 18 (1941) S. 101.
109. Shaw, Harry: Initial Wear. Machinery, Lond., Dez. Bd. 20 (1934).
110. — Recent Developments in the Measurement and Control of Surface Roughness. Journal I. P. E. Bd. 15 Nr. 8, Aug. 1936.
111. — Measurement of Tool Finishes. Mech. World, Okt., Bd. 21 (1938).
112. — Measuring Surface Roughness with the Profilometer. Machinery, Lond., März, Bd. 9 (1939).
113. Schmidt, A. O.: Surface Finish of Steel in Face-Milling. Trans. Amer. Soc. mech. Engrs. Bd. 69 (1947) Nr. 44 S. 325—328.
114. Tait, W. H.: Present Day Plain Bearing Practice. Industr. Diamond Rev. April, Bd. 8 (1948).
115. Tarasov, L. P.: Relation of Surface Roughness. Readings to Actual Surface Profile. Trans. Amer. Soc. mech. Engrs., April, Bd. 67 (1945) S. 188—196.
116. — Surface Finish. The Meaning of Surface Roughness Readings. Norton Comp. 1945.
117. — Direction, Causes and Prevention of Injury in Ground Surfaces. Norton Comp., Mass. 1946.
118. — Factors Influencing the Quality of Ground Gears and Worms. Norton Comp., Worcester, Mass. 1946.
119. — Rapid Polish with Diamond Hand Hone. Metal Progr. Febr. 1949 S. 183.
120. — u. C. O. Lundberg: Nature and Detection of Grinding Burn in Steel. Norton Comp., Worcester, Mass., Mai, Bd. 17 (1948).
121. Thomas, W. N.: The Effect of Scratches and of Various Workshop Finishes upon Fatigue Strength of Steel. Engng. Bd. 116 (1923).
122. Timms, C.: Surface Finish Measurement. The Manchester Association of Engineers 1944; Mech. World. Bd. 166 (1944) S. 556 u. 588.
123. — Measurement of Surface Roughness. Metal Treatm. Bd. 12 Nr. 46, Sommer 1946, S. 111.

124. TOLANSKY, S.: New Contributions to Interferometry. I: Phil. Mag. Bd. 34 (1943) S. 555; II, III, IV: Phil. Mag. Bd. 35 (1944) S. 120, 179 u. 229; V, VI: Phil. Mag. Bd. 36 (1945) S. 225 u. 236; VII, VIII: Phil. Mag. Bd. 37 (1946) S. 390 u. 453.
125. TUPLIN, W. A.: Auto-Collimator Test for Flatness. Machinery, Lond. Bd. 61 (1942) S. 729—734.
126. — Rational Specification of Surface Finish. Proc. I. M. E., London; Bd. 153 (1945) S. 340.
127. VOOS, K.: Feinziehschleifen (Superfinish). Schleif- u. Poliertechnik Bd. 18 (1941) Nr. 7 u. 8 S. 117—137.
128. — Über die Bestimmung der Rauhigkeit feinstbearbeiteter Oberflächen. AWF.-Mitt. Bd. 23 (1941) Heft 4, 5—6 S. 23, Heft 7—8 S. 43.
129. — Feinstbearbeitung, Feinstdrehen und Feinstbohren. AWF.-Mitt. Nr. 122, 2. Aufl.
130. WAY, S.: Surface Finish, Straight Edge Shadow Method of Observation and Measurement. Mech. Engng. Nov. 1937.
131. WERNER, E.: Oberflächenprüfverfahren. Oberflächentechn. Bd. 16 (1939) S. 97.
132. WHIBLEY, R. J. M.: Production of Flat Surfaces. Machinery, Lond., Nov. Bd. 14 (1946).
133. WILLS, J.: How good should a Surface be? Iron Age Bd. 146 (1946) 22 S. 36.
134. WOLFRAM, W.: Einführung der Oberflächenprüfung in den Betrieb. Abnahme. Anz. Maschinenw. Bd. 6 (1943) Nr. 2 S. 618.
135. WULFF, J.: Surface Finish and Structure. Amer. Inst. Min. & Metall. Engrs. Trans. Bd. 145 (1941) S. 295—320.

Aufsätze ohne Angabe des Verfassers.

136. National Physical Laboratory Investigations. — Surface Finish of Metals. Engng. Bd. 3 Nov. 1939 S. 495.
137. Symposium. Machining of Metals, American Society for Metals 1938 S. 1.
138. Oberflächenprüfgerät für Oberflächen hohen Gütegrades. Masch.-Bau Betrieb Bd. 19 (1940) S. 60.
139. The Brush Surface Analyser. Engineer, April, Bd. 4 (1941) S. 231.
140. Zur Feinstbearbeitung durch Feinziehschleifen. Werkstattstechnik Bd. 36 (1942) S. 70.
141. Diamond Turning. Aircraft Production Bd. 5 (1943) S. 592—594.
142. Interference-Band Inspection of Surface Finish. Engineering, Bd. 17 März (1944) S. 205.
143. Symposium of Papers on Surface Finish. März 1945. Proc. I. M. E., Lond., Bd. 153 (1945) S. 329.
144. Journées des Etats de Surface, Okt. 1945. La Commission technique des Etats de Propriétés de Surface des Métaux, Paris.
145. Surface Finish and Machinability. Engineering, Juni, Bd. 14 (1946) S. 574.

Namenverzeichnis.

Sachverzeichnis.

Gesamtherstellung: Deutsche Graphische Werkstätten, Leipzig. III/18/97